PHYSICS

OF

THE IMPOSSIBLE

不可思议的物理

[美]
加来道雄
（Michio Kaku）
/
著

夏 璐
/
译

中信出版集团｜北京

图书在版编目（CIP）数据

不可思议的物理 / (美) 加来道雄著；夏璐译. --
北京：中信出版社，2021.4（2022.3重印）
　书名原文：PHYSICS OF THE IMPOSSIBLE
　ISBN 978-7-5217-2491-2

Ⅰ.①不… Ⅱ.①加… ②夏… Ⅲ.①物理学—普及
读物 Ⅳ.①O4-49

中国版本图书馆CIP数据核字(2020)第232478号

不可思议的物理

著　　者：[美] 加来道雄
译　　者：夏璐
出版发行：中信出版集团股份有限公司
　　　　　（北京市朝阳区惠新东街甲4号富盛大厦2座　邮编　100029）
承 印 者：宝蕾元仁浩（天津）印刷有限公司

开　　本：787mm×1092mm　1/32　　印　张：12.5　　字　数：252千字
版　　次：2021年4月第1版　　　　　印　次：2022年3月第2次印刷
京权图字：01-2020-2604
书　　号：ISBN 978-7-5217-2491-2
定　　价：69.00元

谨以此书献给我亲爱的妻子静江，

以及

米歇尔和艾利森

目录

如果一个想法在最初听起来并不荒谬可笑，
就不要对它寄予太大希望了。

——阿尔伯特·爱因斯坦

是否会有那么一天，我们能穿墙而过、建造飞行速度超过光速的飞船、解读他人的思想、隐身、以意念之力移动物体、瞬间将我们的躯体传送到太空？

自幼我就对这些问题着迷。与许多物理学家一样，在成长的过程中，我被时间旅行、激光枪、力场、平行宇宙等获得实现的可能性深深吸引。魔术、幻想和科幻小说都是我任凭想象力驰骋的广阔游乐场。它们开始了我与不可能的事物的一生的恋情。

我还记得观看电视上重播《飞侠哥顿》的情形。每个星期六，我都与电视机如胶似漆，对飞侠、扎尔科夫博士与戴尔·阿登的冒险经历和那些令人目眩神迷的未来科技装备（火箭飞船、隐形盾、激光枪、空中城市）惊叹不已。我从未错过任何一个星期的播出，它为我开启了一个全新的世界。我一想到有一天能坐火箭登上一个陌生星球并探索其独特的地貌就激动万分。我被拽入了这些惊人发明的磁场中，明白自己的命运以某种形式与这部剧中展现的科学奇迹紧密相连。

如同事实所证明的那样，我的经历并非个例。许多极为杰出的科学家最初都是通过接触科幻作品对科学产生兴趣的。伟大的天文学家埃德温·哈勃沉迷于儒勒·凡尔纳的作品。在阅读了凡尔纳的作品后，哈勃放弃了一份前途光明的法律工作，并且违背他父亲的意愿，开始从事科学方面的职业，最终成为20世纪最伟大的天文学家。著名天文学家和畅销书作者卡尔·萨根发现埃德加·赖斯·巴勒斯的《火星上的约翰·卡特》系列小说点燃了自己的想象力，梦想有一天能像约翰·卡特那样探究火星上的沙粒。

阿尔伯特·爱因斯坦去世时我还是个孩子，但是我记得人们曾经低声谈论他的生平与死亡。次日，我从报纸上看到了一张他书桌的照片，上面摆着他最伟大的、未完成的研究成果的手稿。我问自己，什么事情如此重要，以至当代最伟大的科学家都无法完成？报纸上的那篇文章宣称爱因斯坦有一个不可能实现的梦想，一个异常困难、人类无法解答的难题。我花费了数年才弄明白那份手稿的内容：一个宏大的、统一的"万有理论"。他的梦想——花费了他人生最后30年的梦想——帮助我将精力集中到自己的想象上。我希望我能够为爱因斯坦的未竟事业尽一份绵薄之力，将一切物理定律统一到一个理论中。

当我更大一些的时候，我意识到，虽然飞侠哥顿是个英雄，并且永远能获得女孩的青睐，但事实上使这部剧获得成功的是科学家。没有扎尔科夫博士，就没有火箭飞船，就没有赴蒙格星球的旅行，地球就不可能被拯救。英雄气概得靠边站，没有科学就不会有科幻。

我开始明白，从这些故事所涉及的科学原理来看，它们是完全不可能实现的，它们仅仅是想象力驰骋的产物。长大成人意味着将这样的幻想搁置起来。我被告知，在真正的生活中，一个人必须放弃不可能的事物，转而拥抱现实。

然而，我得出结论，如果我要继续迷恋不可能的事物，解决之道就进入了物理学领域。如果缺少前沿物理学方面的坚实基础，那么我将永远对着未来科技苦思冥想，而不明白它们究竟是否可行。我意识到自己必须专注于高等数学，并且学习理论物理学。因此我这么做了。

上高中的时候，我在我母亲的汽车库里组装了一台核粒子加速器作为科学展览参展作业。我去西屋电气公司收集了400磅^①变压器废钢。圣诞节期间，我在高中的足球场上绕了22英里^②长的铜丝。最终，我制造出了一台功率为230万电子伏特的电子感应加速器，它需要消耗6千瓦电力（相当于我家房子输出的总功率），能产生相当于地球磁场20 000倍的磁场，目标是制造出威力足以产生反物质的 γ 射线（伽马射线）。

我的科学展览项目使我进入了国家科学展，最后还使我实现了梦想，获得了哈佛大学的奖学金。在那里，我最终得以追求我成为一名理论物理学家的目标，并且追随我的偶像——爱因斯坦的脚步。

如今，我还会收到来自科幻小说作家和剧本作家的电子邮件，让我帮助他们探索物理定律的极限，使他们的故事更具说服力。

"不可能"是相对的

作为一名物理学家，我认识到"不可能"往往是一个相对的概念。我记得在我年少的时候，有一天我的老师走近墙上的世界地图，指着南美洲和非洲的海岸线。"这难道不是一个奇怪的巧合吗？"她

---

① 1磅≈0.453 6 千克。——编者注
② 1英里≈1.609 3 千米。——编者注

说，"两者的海岸线形状相互吻合，不就像一块拼图吗？有些科学家推测它们可能曾经是同一块辽阔大陆的两个部分。但那是愚蠢的。不可能存在能推开两块巨大陆地的力量。这样的想法是无可救药的。"

在这之后的一年我们学到了关于恐龙的知识。我们的老师告诉我们，恐龙统治地球数百万年，然后有一天它们全部消失了。难道这不是怪事吗？没有人知道它们为什么灭绝。一些古生物学者认为可能是一颗来自太空的流星杀死了它们，但那是不可能的，那更像科幻小说里发生的事情。

今天，我们知道，在板块构造中大陆确实会移动，并且6 500万年之前一颗直径达6英里的巨大流星最有可能是毁灭恐龙与地球上许多生命的元凶。在我自己的短暂人生历程中，我已经一次又一次目睹看起来不可能的事物成为确定无疑的科学事实。所以，或许有一天我们能将自己从一处传送到另一处，或者建造出一艘能在某一天带我们到达几光年之外的星球的宇宙飞船，这些难道是不可能的吗？

一般来说，这样的伟业在如今的物理学家看来是不可能实现的。它们是否会在几个世纪内，或者科技更加发达的几千年后，又或者100万年后成为可能呢？从另一个角度来说，如果我们通过某种途径遇见一种领先我们100万年的文明，那么他们的常用科技对我们来说会不会看起来像"魔法"呢？这是贯穿本书的中心问题之一，某些事物仅仅因为在今天是"不可能的"，在未来的几个世纪或数百万年中就仍旧是不可能的吗？

科学在 20 世纪取得了长足的发展，特别是诞生了量子理论与广义相对论，现在我们已经可以大致估计这些梦幻般的科技将在何时（如果的确会有那么一天）可能被实现。现在，随着更为先进的理论（比如弦理论）的产生，连一些属于科幻范畴的概念（如时间旅行和平行宇宙）也正在被物理学家们重新评估。回想 150 年以前那些被当时的科学家们宣布为"不可能"的科技成果，如今已经成为我们日常生活的一部分。儒勒·凡尔纳在 1863 年写完了一部小说——《20 世纪的巴黎》。这部小说被尘封起来，并且被遗忘了一个多世纪，直到凡尔纳的重孙发现它，并且在 1994 年将其首次出版。在书中，凡尔纳预言了巴黎在 1960 年可能会呈现的面貌。他的小说中充满了在 19 世纪看来显然不可能的科技，包括传真机、一个世界性的通信网络、玻璃建造的摩天大楼、燃气动力汽车和高速高架火车。

不出意料，凡尔纳之所以能做出这样了不起的精确预测，是因为他沉浸于科学的世界中，从他周围的科学家那里汲取智慧。对于科学基础原理的深刻理解使他做出了这样惊人的预言。

令人遗憾的是，19 世纪一些最伟大的科学家持相反的立场，并且宣布许多科技是不可能实现的，毫无指望。开尔文勋爵或许是维多利亚女王时代最杰出的物理学家（他葬于威斯敏斯特教堂，在艾萨克·牛顿的身边），他宣称像飞机那样"比空气更重的"装置是不可能实现的。他认为 X 光是无聊的把戏，无线电没有未来。发现了原子核的科学家卢瑟福爵士对制造原子弹的可能性不屑一顾，认为那是妄想。19 世纪的化学家宣布寻找"贤者之石"——神话故事中的一种可以化铅成金的物质，一个科学的死胡同。19 世纪的化学建立在元素像铅那样永恒不变的理论基础上。然而，如今我们原则上可以用现在的核粒子加速器把铅变成金子。想想吧，现今的电视机、计算机和互联网在 20 世纪初看起来是多么不切实际。

离现在更近一些的时候，黑洞曾被认为是科学幻想。爱因斯坦本人在 1939 年写过一篇论文，"证明"黑洞永远不可能形成。然而，今天哈勃太空望远镜和钱德拉 X 射线天文望远镜已经观察到了太空中数千个黑洞。

这些科技之所以被视为"不可能"，是因为在 19 世纪以及 20 世纪前期，物理与科学的基本定律尚未被知晓。考虑到当时对科学理解的巨大空白，特别是在原子层面上的空白，这些发展被认为不可能也不足为奇。

研究"不可能"

具有讽刺意味的是，对不可能的事物的认真研究常常会开拓出富饶并且完全出人意料的科学疆域。举例来说，几个世纪以来，物理学家对于"永动机"的探索徒劳无功，令人沮丧，这使物理学家们得出结论——这样的机器是不可能存在的，迫使他们提出了能量守恒和热力学三大定律的假设。如此一来，对制造永动机的徒劳探索开启了热力学的全新领域，在某种程度上为蒸汽机、机械时代和现代工业社会奠定了基础。

19世纪末，科学家们认定地球"不可能"有数十亿年的历史。开尔文勋爵断然宣布熔融的地球可以在未来的2 000万年到4 000万年间冷却，驳斥了宣称地球可能有几十亿年历史的地质学家和达尔文主义生物学家。由于居里夫人和其他科学家发现核力，证明了地心在放射性衰变的加热下，可以将熔融状态保持几十亿年，"不可能"被证明为完全可能。

我们对不可能的事物的忽略会给自己带来危险。20世纪20年代和30年代，现代火箭学的奠基人罗伯特·戈达德曾遭到认为火箭永远无法在太空运行的人的严重非难。他们挖苦他，并将他的追求称作"戈达德的蠢事"。1921年，《纽约时报》这样挑剔戈达德博士的作品："戈达德教授不知道作用力与反作用力之间的联系，也不知道必须有一些比真空更合适的事物用来进行反作用。他似乎缺乏高中物理的基本知识。"火箭是不可能成功的，编辑唏嘘道，因为在太空没有可以用以推进的空气。令人悲哀的是，有一位国家元首切实理解了戈达德的"不可能的"火箭意味着什么，他就是阿道夫·希特勒。第二次世界大战期间，德国先进得不可思议的V-2火箭如雨点般在伦敦落下，造成了众多的死亡与巨大的毁坏，几乎使伦敦屈服。

对不可能的事物的研究可能也改变了世界的历史进程。20 世纪 30 年代，人们广泛认为，甚至爱因斯坦也认为，原子弹是"不可能的"。根据爱因斯坦的方程 $E=mc^2$，物理学家们了解到，原子核的深处蕴含着巨大的能量，但是由单个原子核释放的能量实在微不足道。不过，原子物理学家利奥·齐拉特记得自己读过 H.G. 威尔斯出版于 1914 年的小说《世界解放》（*The World Set Free*），在小说中威尔斯预测了原子弹的发展。书中说，原子弹的奥秘将在 1933 年由一位物理学家解开。齐拉特是在 1932 年偶然看到这本书的，在这本小说的激励下，他在 1933 年（威尔斯于 20 年前所预测的年份）碰巧产生了通过一个链式反应放大单个原子能量的构想，这样一来，分裂一个铀核产生的能量可以被放大几万亿倍。齐拉特随即开始进行一系列关键性试验和与爱因斯坦以及富兰克林·罗斯福总统的秘密谈判，谈判促成了制造原子弹的曼哈顿计划。

一次又一次，我们看到，对不可能的事物的研究打开了全新的视野，拓展了物理学和化学的疆界，并且迫使科学家们重新对自己所说的"不可能"下定义。正如威廉·奥斯勒爵士所言："一个时代的信仰在下一个时代成为谬误，过去的荒唐愚蠢却成为明日的睿智。"

许多物理学家赞同《永恒之王》(*The Once and Future King*)作者 T.H. 怀特的名言:"凡未被禁止之物皆是必然!"在物理学中,我们一直都能找到相应的证据。除非有物理定律明明白白地不允许一种新现象产生,否则我们最后总能发现它存在。(在寻找新的亚原子粒子的过程中,这种情况就发生了好几次。在探索禁忌事物的极限时,物理学家们常常会意外地发现新的物理定律。)T.H. 怀特的名言或许可以有这样一个推论:"凡并非不可能之物皆是必然!"

举例来说,宇宙学家斯蒂芬·霍金试图找到一条禁止时间旅行的新物理定律,以证明时间旅行是不可能的,他把这一定律称作"时序保护猜想"。不幸的是,在辛勤工作多年后,他未能证明这一原理。事实上,与之相反的是,物理学家们现在已经证明,禁止时间旅行的定律超出了当今数学的范畴。如今,由于没有物理定律可以否定时间机器的存在,因此物理学家们不得不慎之又慎地对待时间机器存在的可能性。

本书的目的是思索那些目前被认为不可能,而在今后的数十年、数百年中可能变得司空见惯的科技。

已经有一种不可能的技术现在被证明为可能,那就是隐形传送(至少在原子层面上可行)。甚至在几年前物理学家们还认为将一个物体从一个点传送或发送到另一个点违背量子物理的定律。最初创作电视剧《星际迷航》(*Star Trek*)剧本的编剧们被物理学家们批评、挖苦，以至他们加入了"海森堡补偿器"来解释他们的传送器，以弥补这一漏洞。今天，由于近期的重大科学突破，物理学家们可以将原子从房间的一边传送到另一边，或者在多瑙河下传送光子。

预测未来

做出预测总是要冒很大风险，特别是对于未来数百到数千年内的预测。物理学家尼尔斯·玻尔说："做预测困难重重，尤其是事关未来。"但是，儒勒·凡尔纳所处的时代与当今有一个根本的区别。今天，物理的基本定律已经几乎都被知晓了。当今的物理学家了解惊人的 43 个数量级，内到质子，外到膨胀中的宇宙。结果，物理学家们可以怀着适当的自信陈述未来科技的大概面貌，并且更好地区分那些未必可能的科技和真正不可能的科技。

因此，在本书中，我将不可能的事物分为三个类别。

第一类被我称作一等不可思议。它们是如今不可能，但不违反已知物理定律的科技。因此它们可能在 21 世纪或 22 世纪以改良后的形式成为可能。它们包括隐形传送、反物质发动机、某些形式的心灵感应、意志力和隐身。

第二类被我定义为二等不可思议。它们是游走在我们对于物理世界的认知边缘的科技。如果它们确实可能，那么它们或许将在未来数千年到数百万年的时间内实现。它们包括时间机器、超空间旅行的可能性和穿越虫洞。

最后一类被我称为三等不可思议。它们是违反已知物理定律的科技。令人惊讶的是，这样的科技非常少。一旦它们被证明确实可能，就将标志着我们对于物理学的认识发生了根本转变。

我感觉这个类别至关重要，因为科幻小说中有如此之多的科技被科学家们不屑地视为全然不可能，而他们事实上想说的是，这些科技对于如人类这般原始的文明而言是不可能的。比如说，访问外星球被一概认为是不可能的，因为星球之间的距离过于遥远。当星际旅行对于我们的文明而言显然不可能的时候，或许它对于领先我们数百年、数千年或数百万年的文明来说是可行的。所以，总结这三类不可思议非常重要。对于我们目前的文明而言，不可能的技术对于其他类型的文明而言不见得同样不可能。关于什么可能、什么不可能的断言必须考虑到领先我们数千年到数百万年的科技。

卡尔·萨根曾经写道："对于一种文明来说，有上百万年的历史意味着什么？我们已经拥有射电望远镜和宇宙飞船好几十年，我们有几百年的科技文明历史……先进文明领先我们上百万年，正如我们领先灌丛婴猴和猕猴那么久。"

在我自己的研究工作中，我专门集中精力在完成爱因斯坦"万有理论"的梦想上。从个人角度而言，我发现，致力于发现一种最终可能回答当今科学中一些最困难的不可能的问题的"终极理论"，是令人振奋的。这些问题有时间旅行是否可行、黑洞的中央有什么和宇宙大爆炸前的情形等。我仍然陶醉于我与不可能的事物的终身恋爱，并且想知道这些不可能的事物中是否能有一些进入日常生活的范畴。

第1部分
一等不可思议

1 力场

"打开防护罩！"

这是《星际迷航》中柯克船长向船员们发出的第一道命令，其目的是升起力场，在敌人炮火下保护企业号飞船。

在《星际迷航》中，力场极为重要，以至战斗的走向可以用力场的支撑情况来衡量。每当力场中的能量被抽走，企业号的船体就会承受越来越多的破坏性重击，直到最终不可避免地投降。

力场是什么？在科幻小说里，它非常简单，带有误导性：一层薄薄的、隐形的却无法穿透的屏障，能使激光和火箭之类的东西改变攻击方向。乍一看，力场非常简单，它作为一种战场上的屏障被创造出来似乎是近在眼前的事。人们期待某天会有某个富有进取心的发明家宣布发现了防御性力场。但事实远比这复杂得多。

正如爱迪生的电灯泡彻底改变了现代文明一样，力场可能会对我们生活的每个方面都产生深远的影响。军队可以利用力场使自身变得固若金汤，创造一种能够抵抗敌人飞弹和子弹的、无法穿透的盾牌。理论上，只按一下按钮，桥梁、高速公路和道路就可以被建造起来。整个城市可以立即在沙漠中破土而出，拥有完全用力场建造的摩天大楼。笼罩住整个城市的力场可以让其中的居民任意减少天气带来的影响，这些天气包括强风、暴雪和龙卷风。在力场的安全罩的保护下，城市可以被建造在海洋底下。玻璃、钢铁和灰浆可以被完全替代。

不过，非常奇特的是，力场或许是最难以在实验室里被创造出来的装置之一。事实上，一些物理学家相信，如果不重新定义其性质，那么创造力场或许是不可能的。

迈克尔·法拉第

力场的概念出自 19 世纪伟大的英国科学家迈克尔·法拉第的

研究工作。

法拉第出生于工人家庭（他的父亲是一名铁匠），19世纪初，他长期靠当装订工人学徒勉强维持生计。年轻的法拉第深深着迷于因两种新力量的神秘性质被揭开而产生的巨大突破。这两种新的力量是电和磁。法拉第贪婪地尽他一切所能学习与这些问题相关的内容，并参加了英国皇家学会汉弗莱·戴维教授的讲座。

一天，戴维教授的眼睛在化学事故中严重受伤，他雇用了法拉第当他的助手。法拉第慢慢取得了皇家学会科学家们的信任，并且被允许独立操作重要的实验，尽管他常常受到冷落。年复一年，戴维教授越来越嫉妒他年轻的助手所表现出的杰出能力。法拉第已经成为实验圈子里冉冉上升的新星，最终使戴维教授的名声黯然失色。在戴维于1829年去世后，法拉第得以自由地做出一系列惊人的突破，发明了发电机，发电机可以为整个城市提供能源，并改变了世界文明的进程。

法拉第最伟大发现的关键是他提出的"力场"。你如果将铁屑放在一块磁铁上，就会发现铁屑会形成蜘蛛网状的图案，占据整个空间。这就是法拉第的力线，它以图形的形式描绘了电和磁的力场是如何散布在空间中的。举例来说，你如果绘出整个地球的磁场，就会发现磁场线从北极地区伸出，然后在南极地区落回到地球上。同样，你如果画出雷阵雨中一枚避雷针的电场线，就会发现这些线集中在避雷针的尖端。在法拉第看来，"空的空间"其实根本不是空的，而是充斥着能使遥远的物体移动的力线。（由于早年穷困，法拉第没有受过足够的数学教育，因此他的笔记本中密密麻麻的不是等式，而是这些力线的手绘图表。具有讽刺意味的是，数学训练的不足使他创造了如今在任何物理课本中都可以看到的、美丽的力线图。从科学上来说，物理图像通常比用来对其进行描述的数学语言更重要。）

历史学家们推测过法拉第是如何发现力场的，它是所有科学中最重要的概念之一。事实上，全部现代物理学都是用法拉第的场的语言写就的。1831年，他实现了关于力场的关键性突破，改变了人类文明。一天，他正在将一块儿童磁铁移过一个金属线圈，他注意到，他甚至没有碰到电线就可以在金属线里制造一股电流。这意味着磁铁不可见的场可以推动电线中的电子穿越"空的空间"，产生电流。

法拉第的"力场"曾经被视为毫无用处，是无所事事的随意涂鸦，但它是真实的、物质的力量，可以移动物体并产生能源。今天，你在阅读这一页书时所就着的光线或许就是利用法拉第关于电磁学的发现点亮的。一块转动的磁铁会制造力场，推动一根电线中的电子，使它们以电流的形式移动。其后，这股电线中的电力可以点亮一盏灯。同样的原理被用以生产为全世界城市提供能量的电力。比如，水流过一个大坝，在一个涡轮机中产生了巨大的磁力，使其进行转动，随后，这个涡轮机再推动电线中的电子，形成一股电流，通过高压电线把电送进我们的家。

换言之，迈克尔·法拉第的力场是驱动现代文明的动力，从电动推土机到如今的计算机、互联网还有 iPod（苹果音乐播放器）。

法拉第的力场在一个半世纪中成为物理学家们的灵感之源。这些力场给了爱因斯坦极大的启示，他用力场的语言来描述和表达他的引力理论。同样，我也被法拉第的成果启迪。多年前，我成功地用法拉第的力场描述了弦理论，从而建立了弦场论。在物理学界，如果有人说"他思考起来像一根力线"，那便意味着一种高度的赞美。

四种力

在过去的 2 000 年中，物理学的最高成就之一便是分离并鉴别了主宰宇宙的四种力。它们全部可以用法拉第提出的场的术语进行描述。不幸的是，它们全都不怎么具备大多数科幻小说中所描述的力场的特性。这些力是：

（1）引力

它能使我们的双脚站在地面上、防止地球与恒星解体，并且将太阳系和银河系维系在一起。没有了引力，我们就会被转动中的地球以每小时 1 000 英里的速度甩到太空中去。问题是，引力恰恰拥有与科幻小说中的力场截然相反的性质。引力是吸引性的，不是排斥性的；它相对而言极为微弱；它在非常遥远的天文学距离内发挥作用。换句话说，它差不多就是人们在科幻小说中读到或从科幻电影中看到的扁平、轻薄、无法穿透的屏障的对立事物。例如，用整个地球的引力才能吸引住一根羽毛，但是我们用一根手指抬起羽毛就能抵消地球的引力。我们一根手指的动作可以对抗整个星球的引力，这个星球的重量超过 6×10^{24} 千克。

（2）电磁力（EM）

它是点亮我们城市的力。激光、无线电、电视机、现代电子学、计算机、互联网、电学和磁学都是受电磁力的影响而产生的。这可能是人类有史以来掌控的最为有用的力。与引力不同，它既有吸引性又有排斥性。但是，有几个原因使它不适于成为力场。第一，它很容易被中和。举例来说，塑料和其他绝缘体能够轻易穿过一个强大的电场或磁场。一片被丢进磁场的塑料可以顺利通过磁场。第二，电磁通过远距离发生作用，不能很方便地集中到一个平面上。电磁场的定律是使用詹姆斯·克拉克·麦克斯韦的方程描述的，而这些等式看起来并不允许力场成为解。

（3）弱核力；（4）强核力

弱核力是放射性衰变的力。它是加热地球中心的力，具有放射性。它是火山、地震和大陆漂移背后的力量。强核力是将原子核维系在一起的力。太阳与星体们的能量始自核力，核力担负着点亮宇宙的职责。问题在于核力是一种短程力，主要在一个原子核的距离内起作用。由于它非常依赖原子核的性质，因此极难控制。目前，我们仅有的操控这种力的方法是在核粒子加速器中将亚原子粒子打散或者引爆原子弹。

虽然科幻小说中使用的力场可能并不符合已知的物理定律，但仍有可能存在使这样的力场产生的漏洞。比如，可能存在实验室中仍然未发现的第五种力。这个力可能在仅仅数英寸[①]到数英尺[②]的距离内，而不是在天文距离内进行作用（然而，评估这第五种力存在与否的初期尝试得出了否定的结果）。

或许我们可以使用等离子体来模拟力场的一些定律。等离子态是"物质的第四种状态"。固态、液态和气态是物质常见的三种状态，但宇宙中最普遍的物质形式是等离子体——一种电离的气体。由于等离子体的原子是被撕裂的，电子从原子上被撕下，因此原子带电，可以利用电场和力场轻易地进行控制。

等离子体是宇宙中含量最丰富的可见物质的形式，组成了太阳、星体和星际气体。等离子体对我们来说并不熟悉，因为它们在地球上很少见，不过我们可以见到以闪电、太阳和离子电视机内部结构形式出现的等离子体。

---

① 1 英寸 =0.025 4 米。——编者注
② 1 英尺 =0.304 8 米。——编者注

等离子窗

如上所述，如果一股空气被加热至足够高的温度，就能由此创造出一个等离子体，它的外形可以被电磁场塑造或改变。比如，它可以被改变成一层薄片或窗户的形式。另外，这个"等离子窗"可以被用来从普通空气中隔离出一个真空区域。原则上，我们或许可以防止一艘宇宙飞船中的空气泄漏到太空中，从而在太空和宇宙飞船之间创造一个简易、透明的分界面。

在《星际迷航》中，这样的力场被用来隔离停放小型穿梭机的穿梭机港与太空的真空。这不仅是一个节约道具支出的好办法，还是一个可以实现的装置。

等离子窗是由物理学家艾迪·赫斯基科维奇于 1995 年在纽约长岛的布鲁克海文国家实验室发明的。他开发等离子窗是为了解决使用电子束焊接金属的难题。焊工的乙炔炬喷出高热气流，将金属部件熔化，然后焊接在一起。然而，这必须在真空中完成。这一要求相当让人为难，因为这意味着要创造一个可能与整个房间一样大的真空盒。

赫斯基科维奇博士发明的等离子窗解决了这一问题。等离子窗仅仅 3 英寸高，直径不到 1 英寸，将空气加热至 12 000 华氏度 [①]，

---

① 华氏度与摄氏度之间的转换公式为：华氏度 =32+ 摄氏度 ×1.8。——编者注

制造了一个被电磁场困住的等离子体。和在任何气体中一样，这些粒子使用压力来阻止空气涌入真空空间，由此将空气从真空中分离。（在等离子窗中使用氩气的时候，它的火苗是蓝色的，就像《星际迷航》中的力场一样。）

等离子窗在太空旅行和工业中有广泛的应用。很多时候，制造工艺流程要求能够实现工业上的微型加工和干蚀刻，但在真空中作业是很昂贵的。可是，有了等离子窗，我们通过轻按按钮就能控制真空，十分方便。

但是，等离子窗是否也可以用来作为无法穿透的盾牌呢？它能承受住来自光炮的冲击吗？在未来，我们可以想象更有威力、温度更高的等离子窗，足以破坏或者气化进攻的炮弹。但要创造如科幻小说中那样更为实际的力场，我们需要把数种技术层层堆积起来。可能每一层都并不能坚固到足以阻止炮弹，但它们的组合或许能。

最外层可以是一道增压后的等离子窗，被加热至足够气化金属的温度。第二层可以是由高能量激光束组成的帘幕。这道帘幕包含数千束交叉成十字形的激光束，形成能够对通过的物体进行加热、并且有效气化它们的网格。我将会在下一章中进一步讨论激光。

在这道激光帘幕后，我们可以想象一层由"碳纳米管"组合而成的网格。这种"碳纳米管"是单个碳原子组成的微小管子，厚度相当于一个原子，强度比钢高出许多倍。虽然目前单个碳纳米管长度的世界纪录仅为 15 毫米左右，但我们可以指望有一日我们或许能制造出任意长度的碳纳米管。如果碳纳米管能被编织成网格的形状，它们就能成为强度极高的屏障，可以抵挡大多数攻击物。虽然这道碳纳米管网格屏障是隐形的，但由于它具有原子级别的尺寸，因此它比任何常规材料都坚固。

如此一来，经过等离子窗、激光帘幕和碳纳米管屏障的组合，我们可以创造一道几乎不能被穿透的隐形墙。

然而，哪怕是这一多层屏障也不完全符合科幻小说中力场的特性——因为它是透明的，并且因此无法抵挡激光束。在使用激光炮的战斗中，这一多层屏障将会毫无用处。

想要抵挡激光，这一屏障需要同时拥有"光致变色材料"的先进技术。这是一种应用在太阳眼镜上的工艺，这些太阳眼镜一旦暴露在紫外线辐射下颜色就会自动变深。光致变色材料的基础是至少能以两种状态存在的分子。在其中一种状态下，分子是透明的。但这样的分子一旦暴露在紫外线辐射之下就会立刻变成第二种状态，即不透明的。

有一天，我们或许可以使用纳米科技制造一种像碳纳米管一样坚固的物质，并且它在暴露于激光之下时光学性质会发生改变。如此一来，一道屏障就可以抵挡激光冲击和粒子束，或者炮火。但是，目前，能够抵御激光束的光致变色材料是不存在的。

磁悬浮

在科幻小说中，力场除了能抵御激光枪的攻击，还有一个功用，那就是作为抵抗万有引力的平台。在电影《回到未来》中，迈克尔·J.福克斯踏着一块飞行滑板，它看上去与普通滑板一模一样，但它飘浮在街道上空。根据我们现今已知的物理定律（我们将在第10章中谈到），这样一个抵抗引力的装置是不可能实现的。但磁悬浮滑板和磁悬浮汽车在未来是可能成为现实的，它们将给予我们随意托举大型物体的能力。在未来，如果"室温超导体"成为现实，我们就有可能使用磁力场的力量抬升物体。

如果我们将两条磁铁 N 极对 N 极并排放置，那么两块磁铁会相互排斥。（如果我们旋转磁铁，使一条的 N 极对准另一条的 S 极，那么两条磁铁相互吸引。）这一定理，即同极相斥，可以被用来将重量极大的物体抬离地面。已经有几个国家建造了先进的磁悬浮列车（磁浮列车），这样的列车使用普通的磁力悬浮在铁轨上方很近的地方。由于没有摩擦，它们能达到破纪录的速度，悬浮在空气的软垫之上。

1984 年，世界上第一套商业化自动磁浮系统在英国投入运营，从伯明翰国际机场行驶到附近的伯明翰国际火车站。德国、日本和韩国也建造了磁悬浮列车，尽管它们没有被设计成高速列车。第一列高速运营的商用磁悬浮列车是上海的高速磁浮列车示范运营线

（IOS），行驶速度为每小时 268 英里。日本山梨县的磁悬浮列车的速度达到了每小时 361 英里，比有轮子的普通列车还快。

但是这些磁悬浮装置极其昂贵。增加效率的方法之一是使用超导体，它们在被冷却到绝对零度左右的时候会完全丧失电阻。超导性是由海克·翁内斯在 1911 年发现的。如果将某些物质冷却到绝对零度以上不足 20 开尔文的范围内，电阻就会完全丧失。通常，当我们把金属的温度降低时，它的电阻会逐渐减弱（这是因为金属丝中原子的随机振动妨碍电子的流动。降低温度后这些随机运动减少了，因此电子流动的阻力变小）。可是，让翁内斯大吃一惊的是，他发现某些特定材料的电阻在极端温度下突然下跌到零。

物理学家们立刻认识到了这一结果的重要性。电源线在长距离传送电力的过程中会损失大量的能量。但若电阻能被全部消除，电力就几乎能被毫无损失地传送。事实上，如果电被置于金属线圈中循环流动，那么它可以流动数百万年，而能量丝毫没有损失。除此之外，不费多大力气就能用这些巨大的电流创造出力量非凡的磁铁。有了这样的磁铁，我们可以轻而易举地抬起重量极大的物体。

尽管有了这些奇迹般的力量，但超导体的问题在于，将大块磁铁浸入巨大容器所盛的超冷液体中是非常昂贵的。要想保持液体的超冷却状态，需要巨型制冷设施，这使得超导磁铁的成本高得令人难以承受。

但物理学家们或许有一天能创造出"室温超导体"——固体物理学家们的圣物。在实验室中发明室温超导体将会再次激起一场工业革命。能抬起汽车和火车的强力磁场将会变得非常廉价，这样悬浮汽车或许会在经济上变得可行。有了室温超导体，《回到未来》、《少数派报告》和《星球大战》中梦幻般的飞行汽车就会成为现实。

原则上，人们可以系上一条用超导磁铁制成的腰带，这条腰带可以毫不费力地让人离开地面飘在空中。有了这么一条腰带，我们可以像超人那样在空中飞行。室温超导体是如此的非同凡响，以至它们曾经出现在无数科幻小说中（比如拉里·尼文在1970年创作的《环形世界》系列）。

几十年来，物理学家已经在室温超导体上进行过探索，但徒劳无功。这已经成为一个冗长的、无计划的过程，对材料一种一种地进行测试。但是，1986年，有人发现，一个被称为"高温超导体"的新级别物质会在绝对零度以上90度（90开尔文）成为超导体，这在物理界引起了轰动。水闸的阀门似乎被打开了。日复一日，物理学家们你追我赶，要用一种超导体打破下一个世界纪录。有那么短暂的一刻，室温超导体的可实现性似乎要跳出科幻小说的书页进入我们的起居室。可是在多年的极速前进之后，对于高温超导体的研究开始放慢了。

目前，高温超导体的世界纪录由一种叫汞铊钡钙铜氧化合物的物质保持，它在138开尔文（约为零下135摄氏度）时成为超导体。

这一相对较高的温度离室温超导体仍有很大距离，但是 138 开尔文这一纪录仍然具有重要意义。氮在 77 开尔文（零下 196.15 摄氏度）时液化，并且液氮的价格和普通的牛奶差不多。因此，普通的液氮可以花费相当低廉的成本冷却这些高温超导体。（当然，室温超导体根本用不着被冷却。）

非常令人尴尬的是，目前没有理论能解释这些高温超导体的性质。事实上，一块诺贝尔奖牌正等待着某个能解释高温超导体如何运作的敬业的物理学家来领取。（这些高温超导体是由被排列成特殊层次的原子制成的。许多物理学家建立理论，解释了将陶瓷材料这样分层能使电子在各个层次间自由流动成为可能，从而形成了超导体。可是这一过程究竟如何具体运作仍是一个谜。）

不幸的是，由于缺乏这方面的认知，物理学家需要采用一种无计划的程序来寻找新的高温超导体。这意味着传说中的室温超导体可能会在明天被发现，可能会在明年被发现，也可能根本无法被发现。没有人知道这一物质会在何时被找到或是否能被找到。

可一旦室温超导体被发现，一股商业应用的狂潮就会掀起。比地球磁场（约 0.5 高斯[①]）强大数百万倍的磁场或许会变得随处可见。

超导体的共同属性之一被称为迈斯纳效应。如果将一块磁铁放置到一个超导体上，磁铁就会悬浮起来，就像被某种看不见的力举

---

① 1 高斯 =10^{-4} 特斯拉。——编者注

起一样。（迈斯纳效应的原理是磁铁有在超导体内部制造一个"镜像"的能力，因此磁铁本身会与镜像磁铁相斥。另一种对这种效应的解释是，磁场无法穿透一个超导体。相反，磁场会被排斥。因此，如果一块磁铁被放置在超导体上方，其力线就会被超导体排斥，于是力线将磁铁向上推，使其悬浮。）

应用迈斯纳效应，我们可以想象，未来的高速公路可能会由这样的特殊陶瓷建成。于是我们的腰带和轮胎中所放置的磁铁能使我们魔法般地向目的地飘移而不发生摩擦，也不损失能量。

迈斯纳效应只在具有磁性的材料（如金属）上起作用。但是也可能使用超导磁铁使无磁性材料悬浮，这种无磁性材料分为顺磁体和抗磁体。这些物质本身并不具有磁性，只有在处于外部磁场中的时候才能获得磁性。顺磁体受外磁铁吸引，而抗磁体则被外磁铁排斥。

举个例子，水是一种抗磁体。由于一切生物都由水组成，因此它们可以在强力磁场中悬浮。在一个约 15 特斯拉（相当于地表磁力的 30 000 倍）的磁场中，科学家们已经能使小型动物（比如青蛙）悬浮。但是如果室温超导体成为现实，那么它有可能通过使用抗磁体的属性使大型非磁体也同样悬浮。

总而言之，在科幻小说中被广为刻画的力场不符合宇宙四种力的描述，但我们仍有可能通过使用由等离子窗、激光幕墙、碳纳米管和光致变色材料组成的多层屏障模拟力场的多种性质。但是开发出这样一道屏障可能是几十年甚至一个世纪之后的事情了。如果室温超导体被发现，那么人们或许可以使用强大的磁场抬升汽车和火车并让它们急速升空，正如科幻电影中那样。

考虑到这些因素，我将力场归为一等不可思议——即以今天的科技无法实现，但在一个世纪左右的时间里能以改良后的形式成为可能的事物。

2 隐形

当你的想象力模糊不清时，你不能信赖你的双眼。

——马克·吐温

在《星际迷航4：抢救未来》中，一艘克林贡战斗巡洋舰被企业号的船员们劫持了。与联邦星际舰队的宇宙飞船不同，克林贡帝国的宇宙飞船有一种秘密的"隐蔽装置"，能使它们在光线下和雷达中隐形，这样克林贡的飞船就能悄悄从背后接近联邦的飞船，然后突然袭击联邦的飞船而自身毫无损伤。这一隐蔽装置给予了克林贡帝国超越星际联邦的战略优势。

这样的一种装置真的可行吗？从《隐形人》的字里行间到《哈利·波特》系列中神奇的隐身衣，或者《指环王》中的指环，隐形一直都是科幻小说和幻想中的奇妙事物之一。可是，在至少一个世纪的时间里，物理学家对于隐身衣存在的可能性不屑一顾，断言它们是不可能存在的：它们违反了光学定律，并且不符合任何已知的物质属性。

但在今天，不可能或许能够成为可能。一种在"超材料"上取得的进步正在有力地推动一场光学课本的大规模修订。这一材料的工作原型实际上已经在实验室中制造出来了，这激起了媒体领域、工业领域和军事领域人士的兴趣。

历史上的隐形

隐形或许是古代神话中最古老的概念之一。有史以来，独自度过令人不寒而栗的夜晚的人们始终被看不见的死者灵魂、早已离世之人潜伏在黑暗中的魂魄惊吓。古希腊神话中的英雄珀尔修斯在戴上可使人隐形的头盔后得以杀死邪恶的美杜莎。军队将领们一直梦想拥有隐形装置，隐形后，他们可以轻易突破敌人防线，并且出其不意地取得胜利。罪犯们可以利用隐形来实现偷盗。

隐形是柏拉图伦理道德理论的核心部分，柏拉图在他的哲学杰作《理想国》中详细讲述了裘格斯戒指的神话。在吕底亚，有一位贫穷但诚实的牧羊人，有一天，他在一个隐蔽的山洞里发现了一座坟墓，里面有一具佩戴着一枚黄金戒指的尸体。裘格斯发觉这枚戒指具有让他隐身的魔力。很快，穷苦的牧羊人就被这枚戒指赋予他的力量控制。在偷偷潜入国王的宫殿后，裘格斯使用他的魔力诱惑了皇后，并在她的帮助下杀死了国王，成为吕底亚的下一任国王。

柏拉图想要阐述的寓意是：没有人能够抗拒自由偷盗和杀戮的诱惑。每一个人都是可以被腐蚀的。道德是从外界强加于人的社会建构。一个人或许可以在公众面前表现得品行端正以维护他正直诚实的名誉，可他一旦具有了隐身的能力，对这种能力的运用就不可避免了。（有些人相信这个伦理故事是 J.R.R. 托尔金《魔戒》三部曲的灵感来源，在这部作品中，一枚能给予佩戴者隐身能力的指环同时也是邪恶之源。）

隐形也是科幻小说中常见的剧情铺垫。在 20 世纪 30 年代的影视作品《飞侠哥顿》中，飞侠隐身以摆脱酷明的行刑队。在《哈利·波特》系列小说和电影中，哈利只要披上一件特殊的袍子，就能在霍格沃茨城堡中漫步而不被发现。

H.G. 威尔斯通过他的经典小说《隐形人》将这一神话事物在很大程度上现实化了。在小说中，一位医科学生偶然发现了四维的力量，并且隐身了。不幸的是，他将这一玄妙的能力用于私人攫取，开始了一系列犯罪活动，并且最终在试图躲避警察的时候绝望地死去。

麦克斯韦方程和光的奥秘

直到苏格兰物理学家、19 世纪物理学界的巨人之一詹姆斯·克拉克·麦克斯韦的研究成果问世，物理学家们才对光学定律有了确定的了解。从某些意义上来说，麦克斯韦正是迈克尔·法拉第的对立面。法拉第在试验中有着惊人的直觉，却完全没有受过正式训练，而与法拉第同时代的麦克斯韦则是高等数学的大师。他在剑桥大学上学时擅长数学物理学，在那里，艾萨克·牛顿于两个世纪之前完成了自己的工作。

牛顿发明了微积分。微积分以"微分方程"的语言描述了事物在时间和空间中如何顺利地经历细微的变化。海洋波浪、液体、气体和炮弹的运动都可以用微分方程的语言进行描述。麦克斯韦朝着清晰的目标开始了工作，那就是用精确的微分方程表达法拉第革命性的研究结果和他的力场。

麦克斯韦从法拉第电场与磁场可以互相转变这一发现着手，根据法拉第对于力场的描述，用微分方程的精确语言对其进行重新描述，得出了现代科学中最重要的方程组之一。它们是一组 8 个看起来十分深奥的方程式。世界上的每一个物理学家和工程师，在研究生阶段学习电磁学时，都必须努力消化这些方程式。

随后，麦克斯韦向自己提出了具有决定性意义的问题：如果磁场和电场可以相互转变，那么，当它们永远不断地相互转变时，又会发生什么情况？麦克斯韦发现这些电—磁场会制造出一种波，与海洋波十分类似。令他吃惊的是，他计算了这些波的速度，发现那是光的速度！发现这一事实（1864 年）后，他预言道："这一速度与光速如此接近，看来我们有充分的理由相信光本身是一种电磁干扰。"

这可能是人类历史上最伟大的发现之一，光的奥秘终于被揭开了。麦克斯韦突然意识到，旭日的光辉、落日的红焰、彩虹的绚丽色彩和星星的光芒，都可以用他匆匆写在一页纸上的波来描述。今天我们认识到，整个电磁波谱，包括红外线、可见光、紫外线、X射线、微波和γ射线，都只不过是麦克斯韦波，即振动的法拉第力场。

爱因斯坦在评论麦克斯韦方程式的重要性时写道，它们是"自牛顿的时代以来物理学经历的最深远、最富成果的事件"。

（悲惨的是，麦克斯韦，19世纪最伟大的物理学家之一，于48岁英年早逝，死于肺癌，这很有可能是在同样的年龄夺走他母亲生命的疾病。如果他能活得更久，他或许能发现他的方程式在允许时空畸变的情况下会直接得出爱因斯坦的相对论。也就是说，麦克斯韦要是能活得长久一些，相对论可能在美国内战期间就被发现了，真是让人惊讶。）

麦克斯韦的光学理论和原子理论为光学和隐身做出了简单的解释。在固体中，原子是紧密排列的，而在液体或气体中，分子的分布较为松散。大多数固体都是不透光的，因为光线无法穿透固体中高密度的原子矩阵，其作用就像一面砖墙。相反，许多液体和气体是透明的，因为光线可以毫无阻碍地穿过它们原子之间的大空隙，那是比可见光的波长更大的空隙。例如，水、酒精、氨水、丙酮、过氧化氢、汽油等都是透明的，就像氧气、氢气、氮气、二氧化碳、甲烷等气体一样。

这条规则有一些非常重要的特殊情况。许多水晶都既是固体又是透明的，但是水晶的原子是以一种精确的网格结构排列的，堆积成有规则的行列，中间有着规则的空隙。因此便有了许多途径让光线穿过水晶网格。所以，即使水晶和其他固体一样结构紧密，光仍然能有效穿过水晶。

在特定的情况下，如果原子被随机排列，一个固体就可能变得透明。这可以通过将特定材料加热至高温后再迅速使其冷却来实现。比如，玻璃是一种由于其原子随机排列而具有许多液体性质的固体。某些糖果也可以通过这个方法变成透明的。

显而易见，隐形是一种在原子水平上凭借麦克斯韦方程产生的特性，因此，用普通方法复制它是极其困难的。要想让哈利·波特隐身，我们必须将他液化、把他煮沸以产生蒸汽、让他结晶、再次加热他，然后把他冷却，哪怕对于一个巫师而言，这一切都相当难以实现。

军方无法制造出隐形飞机，因此已经尝试着退而求其次，开发隐身技术，使飞机在雷达上隐形。隐身技术依靠麦克斯韦的方程式创造了一系列戏法。一架隐身战斗机在肉眼中完全可见，但它在敌军的雷达图像上仅有一只大鸟般大小。（隐身技术实际上就是一堆障眼法的大杂烩。通过改变战斗机内部材料，减少它的金属含量，用塑料和树脂替代、改变机身的曲度、重新调整它的排气管等方法，我们可以让敌军命中机身的雷达信号向四面八方散开，这样它们就永远不可能返回到敌军的雷达屏幕上。就算有了隐身技术，一架战斗机也不可能完全隐形，它只能在技术允许的范围内尽量折射或驱散雷达信号。）

超材料与隐形

不过，隐形技术中最有前途的新进展或许是一种叫作"超材料"的奇异材料，有朝一日它也许真的能让物体隐形。具有讽刺意味的是，超材料曾被认为是不可能存在的，因为它们违反了光学定律。然而，2006年，杜克大学（位于北卡罗来纳州达勒姆）和帝国理工学院（位于伦敦）的研究者成功挑战传统概念，使用超材料让一个物体在微波射线下隐形。尽管仍有许多难关需要克服，但我们有史以来第一次拥有了能使普通物体隐形的方案。［美国国防部高级研究计划局（DARPA）资助了这一研究。］

微软的前首席技术官内森·梅尔沃德说，超材料那革命性的潜力"将彻底改变我们对待光学的方式，以及电子学的几乎每一个方面……有些超材料能够成就在几十年前看来属于奇迹的伟业"。

超材料是什么？它们是具备自然界中不存在的光学性质的物质。超材料是通过将微小的组件植入一种材料而产生的，这种材料能强迫电磁波向非正常的角度弯曲。在杜克大学，科学家们将微型电路植入排列成位于同一平面内的同心圆的铜圈（有点儿像电炉的线圈）中。结果是产生了由陶瓷、聚四氟乙烯、混合纤维和金属组成的混合物，铜圈中的微型植入体使其可以用特定的方式使微波辐射路径弯曲和引导微波辐射。想象一下围绕一块巨石流动的河水。由于河水迅速包围巨石，巨石会被冲向下游。同样，超材料可以不断改变微波辐射路径或使微波辐射路径弯曲，这样它们就绕着一个物体（如圆柱体）流动，基本上使圆柱体内的一切物质在微波内不可见。如果超材料能消除一切反射和阴影，它就能确保一个物体在该种射线下完全隐形。

科学家们成功使用一个由10个覆盖铜元素的玻璃纤维环组成的装置演示了这一原理。装置内部的一个铜环在微波辐射下几乎完全隐形，只投下了非常小的影子。

超材料的核心是它们能够控制一种叫作"折射率"的事物。折射是指当光线穿过透明媒介时产生偏折。如果你把手伸入水中，或者透过眼镜的镜片看自己的手，你就会注意到水和玻璃使正常的光的路径发生了扭曲和弯折。

光在玻璃和水中会弯折的原因在于光在进入一个密集、透明的媒介时会放慢速度。光在真空中的速度永远保持一致，但穿透玻璃或者水的光必须穿过上万亿个原子，因此速度就变慢了。（光在真空中的速度除以光在该介质中的速度，所得的数值为折射率。由于光在玻璃中减速，因此玻璃的折射率永远大于 1.0。）例如，真空的折射率是 1.0，空气是 1.000 3，玻璃是 1.5，钻石是 2.4。通常，媒介密度越高，弯折的度数越大，于是折射率也越大。

折射率常见的实例之一就是海市蜃楼。当你在炎热的日子里开车并直视地平线时，道路看起来可能像是有微光闪烁，形成波光粼粼的湖面的幻象。在沙漠中，人们有时能看到远处的地平线上有城市和高山的轮廓，这是因为从沙漠或道路上升起的炙热空气的密度低于正常空气，因而折射率比周围较冷的空气低，这样，来自远方物体上的光线就会从道路上折射到眼中，造成正在看着远方事物的假象。

通常情况下，折射率是一个常数。一束狭窄的光线进入玻璃时会被弯曲，随后保持沿直线前进的状态。但是假设你可以任意控制折射率，它就能在玻璃中的每一点不断改变方向。当光线在这个新的材料中移动时，如果光能被弯曲并向不同的新方向流动，就能创造出能够穿过整个物质的蛇形路径。

如果能控制超材料内部的折射率，光就能从物体的周围通过，这样，这个物体就能隐形。为了实现这一点，这种超材料必须具备负折射率，这是所有光学课本中都写着的不可能的事物。（超材料是在 1967 年由苏联物理学家维克托·韦谢拉戈在一篇论文中首次理论化的，并且被证明具有不同寻常的光学性质，如负折射率和逆多普勒效应。超材料是如此的古怪和反常，以至它曾被认为是不可能形成的。但在过去几年中，超材料确实已经在实验室中被制造出来了，这迫使满心不情愿的物理学家们改写了所有光学方面的教科书。）

超材料的研究者们不断受到记者骚扰，他们希望知道隐身衣什么时候会被投放到市场中。回答是：近期不会。

杜克大学的戴维·史密斯说："记者们打电话过来，他们只需要你说出一个数字：所需的月数或所需的年数。他们不停地追问、追问，再追问，如果你最后说：'嗯，大概15年。'那么他们便弄到了新闻的标题，不是吗？'15年做出哈利·波特的隐身衣'。"这就是他现在拒绝给出任何详细的时间表的原因。《哈利·波特》迷和《星际迷航》迷或许不得不等待。当真正的隐身衣在物理定律的范围内已经成为可能时，正如大多数物理学家会认同的那样，这一技术遗留的难以克服的技术障碍或许是：将研究范围拓展到可见光，而不仅限于微波。

通常，被植入超材料中的内部组件的大小必须小于射线的波长。比如，微波的波长约为3厘米，因此，植入能够使微波路径弯曲的超材料的微型植入体必须小于3厘米。但要使一个物体在波长为500纳米的绿光下隐形，超材料必须具备只有约50纳米长的内部构造，而纳米是原子水平的长度单位，需要使用纳米技术。（1纳米在长度上相当于1米的十亿分之一。1纳米大约可以容纳5个原子。）这可能是我们在创造真正的隐身衣的过程中要面临的关键问题。超材料中的单个原子必须被改进，从而把光束弯曲成蛇形。

可见光范围的超材料

竞赛在继续。

自从宣布超材料已经在实验室中被制造成功，这一领域内就已风起云涌，每隔几个月就有新的进展和惊人的突破出现。目标很清楚：使用纳米科技制造出不仅能使微波路径弯曲，还能使可见光路径弯曲的超材料。已经有数种方案被提出，全都很有前景。

有一种方案是使用已有的技术，即从半导体行业借用已有的技术来制造新的超材料。一种叫"光刻术"的技术在计算机微型化中处于核心地位，因此也推动着计算机革命。这一技术使工程师得以将数亿个微型晶体管集成到一块不大于拇指的硅芯片上。

计算机的处理能力每 18 个月翻一番（这被称作摩尔定律）的原因是科学家使用紫外线辐射把越来越微小的零件"蚀刻"到硅芯片上。这一技术很像用模板生产彩色 T 恤的技术。（计算机工程师从一块薄片入手，随后将由多种材料组成的极薄外层置于其上。然后薄片被覆上一层塑料掩模，作为模型。它包括电线、晶体管和组成电路系统基础构架的计算机零件的复杂轮廓。接着，薄片沐浴在波长非常短的紫外线射线中，射线将形状印在光敏性晶片上。用特殊的气体和酸处理薄片后，塑料掩模上的复杂电路就被蚀刻到薄片曾经暴露在紫外线中的部分上。这一过程会制造出含有数亿微型沟槽的薄片，这些沟槽构成了晶体管的轮廓。）目前，使用这种蚀刻方法能够制造出的最小部件尺寸大约 30 纳米（约为 150 个原子的长度）。

当一组科学家使用这种硅芯片蚀刻技术制造第一种能在可见光范围内起作用的超材料时，隐形探索的里程碑出现了。德国和美国能源部的科学家在 2007 年年初宣布，有史以来第一次，他们制造出了一种能在红光下起作用的超材料。不可能的事情在短得不同寻常的时间内被实现了。

艾奥瓦州埃姆斯实验室的物理学家科斯塔斯·苏库勒斯与德国卡尔斯鲁厄大学的斯特凡·林登、马丁·韦格纳和贡纳尔·德林创造出了一种在波长 780 纳米的红光下具有 –0.6 的折射率的超材料。（先前，被超材料弯曲的射线的世界纪录是 1 400 纳米，这使其被排除在可见光光谱范围之外，属于红外线范围。）

科学家先使用一块玻璃薄片，然后涂上银、氟化镁，随后再涂一层银，形成了一个只有 100 纳米厚的氟化物"三明治"。接着，使用常规蚀刻技术，在"三明治"中制造出一大片显微镜下可见的方形孔，形成渔网状的格子结构。（方孔只有 100 纳米宽，比红光的波长小得多。）之后，他们将红光光束射过这一材料，并测出它的折射率：–0.6。

这些物理学家预测了这一技术的许多种实际应用。超材料"或许会有一日能促成在可见光谱范围内起作用的超级透镜的开发"，苏库勒斯博士说，"这样的透镜会带来比传统技术更为优越的解决之道，捕获比光的波长小得多的细节。"这一"超级透镜"将以前所未有的清晰度拍摄微型对象，比如一个活的人体细胞内部，或者判断一个子宫内的婴儿所患的疾病。理想情况下，人们能够获得DNA（脱氧核糖核酸）分子组成部分的照片，而不必使用笨拙的X射线衍射晶体分析法。

目前为止，科学家已经证实了红光的负折射率。他们的下一步将是使用这一技术制造一种能使红光弯曲，完全绕过一个物体的超材料，使其完全在红光下隐形。

顺着这些道路前进，下一步的发展可能会发生在"光子晶体"领域。光子技术的目标是创造出使用光而不使用电的芯片，以处理信息。这涉及使用纳米科技将微型部件蚀刻到芯片上，这样折射率就根据每一个部件的材料而变化。使用光的晶体管与使用电的晶体管相比，有几个优势。比如，光子晶体的热量损失要小得多。（先进的硅芯片产生的热量足够用来煎鸡蛋。因此，它们必须不断被冷却，否则就会失灵。让它们保持低温非常费钱。）光子晶体科学非常适合超材料，这一点儿也不奇怪，因为这两种科技都涉及在纳米量级操控光的折射率。

通过等离子体光子实现隐形

尽管还没有实现超越，但还是有一个小组在 2007 年宣布他们已经使用一种完全不同的方法制造出了一种能弯曲可见光的超材料，这种方法叫"等离子体光子"。加州理工学院的亨利·列兹克、珍妮弗·迪翁和哈利·阿特沃特宣布他们已经制造出一种在难度更高的蓝-绿可见光光谱范围内具有负折射率的超材料。

等离子体光子可以"挤压"光，我们可以在纳米量级操控物体，特别是在金属的表面。金属之所以导电，是因为电子松散地与金属原子捆绑在一起，这样它们就可以顺着金属的结构表面自由移动。在家中的电线里流动的电流代表了这些金属表面松散捆绑着的平稳电子流。但是，在特定条件下，当一束光撞击金属表面时，电子会和原始的光束一起振动且频率一致，在金属表面创造出波状的运动（称为等离子体），这些波状运动又与原始的光束进行频率一致的拍动。更重要的是，我们可以"挤压"这些等离子体，这样一来，它们就与原始光束具备了同样的频率（因此也就携带了同样的信息），但是波长短得多。从理论上来说，我们随后可以将这些被挤压的波塞入纳米线中。就如同使用光子晶体一样，等离子晶体的终极目标是创造使用光而非使用电来运行的计算机芯片。

加州理工学院的小组使用两层银制造了他们的超材料，两层银中间有一个硅镍绝缘层（厚度仅 50 纳米），起到引导等离子体波方向的"波导"作用。激光通过两条刻在超材料上的狭长切口进出仪器。通过分析激光在穿过超材料时形成的角度，我们可以证实光是以负折射率被弯曲的。

超材料的未来

未来，超材料的发展速度可能会进一步加快，简单来说，这是因为目前在创造使用光束和非电力的晶体管方面已有了巨大的需求。因此，对于隐形的研究也能搭上进行中的以制造出硅芯片替代品为目的的光子晶体和等离子体光子的顺风车。已有上亿美元被投资于创造硅芯片替代品的技术，超材料的研究会从这些研究尝试中获益。

由于在这一领域内每隔数月就会产生突破，因此一些物理学家认为某种形式的实用性隐形盾牌可能会于几十年内在实验室中产生，这并不让人惊讶。举例来说，科学家们有信心在未来几年内创造出至少可以使物体在二维中完全在一种可见光频率下隐形的超材料。要想做到这一点，就需要把微型的纳米植入体以复杂的形式排列，而不是排在规则的行与列中，这样光束就可以平滑地绕着一个物体弯曲。

下一步，科学家们必须制造出能在三维中而不仅仅在平面的二维表面弯折光线的超材料。光刻对于制造平面硅晶片来说是完美的技术，但是制造三维超材料需要将晶片垒成复杂的形式。

此后，科学家们还必须解决一个难题——制造出能弯曲不止一种频率，而是许多种频率的超材料。这可能是最困难的一步，因为目前为止设计出的微型植入体只能精确地弯曲一种频率。科学家们或许将不得不制造以多层次为基础的超材料，每一层弯曲一种特定频率。解决这一问题的方法还不太明朗。

然而，隐形盾牌一旦被制成，就可能是一个笨重的装置。哈利·波特的隐身衣是用轻薄、柔韧的布料制成的，并且能让任何披着它的人隐身。但是为了实现这一点，隐身衣内部的折射率必须随着它的飘动不停改变，而这是不实际的。真正的隐身"衣"更有可能是由用超材料组成的固态圆柱体构成的，至少最初会是这样。如此一来，圆柱体的内部折射率就会是固定的。（更加先进的隐形盾牌最终可能会加入柔韧的、能够扭曲光线，而仍旧使内部的光线沿着正确的路径通过的超材料。通过这种方法，隐身衣内部的任何人都可以自如活动。）

有人指出了隐形盾牌的一个缺陷：任何处于其内部的人都无法在不现身的情况下看到外面。想象一下，如果哈利·波特除眼睛以外全身都隐形，那么眼睛看上去就像飘浮在半空中一样。任何隐身衣上为眼睛挖出的洞都可以从外面被清楚地看见。如果哈利·波特完全隐身，他就会两眼一抹黑地坐在他的隐身衣下。（这一问题的解决方法之一可能是在眼洞附近放置两块玻璃片。这两块玻璃片可以起到"分光片"的作用，将很小一部分射在玻璃片上的光分走，随后把光送入双眼。如此，大多数到达隐身衣的光线就会绕着它并从其周围散开，保证隐身衣中的人隐形，但是有非常小的一部分光会被转移到眼中。）

尽管困难重重，科学家和工程师们仍然乐观地认为，在未来的几十年中，人们能够制造出某种形式的隐身盾牌。

隐形和纳米技术

就如我先前提到的那样，隐形的关键可能是纳米技术，即操控直径为 10 亿分之一米的原子尺寸结构的能力。

纳米技术的诞生要追溯到 1959 年的一场由诺贝尔奖得主理查德·费曼主讲的讲座，这场讲座面向美国物理学会，标题俏皮而讽刺——"在底层有着巨大的空间"。在这场讲座中，理查德·费曼预测了符合已知物理定律的最小机械可能呈现的形态。他意识到，机械的尺寸可以越来越小，直到达到原子间距，然后，原子可以被用于制造其他机械。"原子机械，比如动滑轮、杠杆和轮子都处于物理定律的范畴之内，"他总结道，"尽管它们极其难以制造。"

纳米技术衰落了一段时间，因为操控单个原子所需要的技术超出了当时的技术水平。但是后来，在1981年，随着扫描隧道显微镜的发明，物理学家取得了一个突破——在IBM（国际商业机器公司）实验室（位于苏黎世）工作的科学家格尔德·宾宁和海因里希·罗雷尔获得了诺贝尔奖。

突然间，物理学家就能获得由单个原子排列成的惊人"图像"——就像在化学书中看到的那样，原子理论的批评者们一度认为这是不可能的。排列在水晶和金属中的原子的绚丽照片如今成为可能。科学家们常常使用的化学式中，一个分子包裹着一系列复杂的原子。此外，扫描隧道显微镜使得操控单个原子有了可能性。事实上，将"IBM"三个字母用原子拼写出来这件事，在科学界引起了一阵轰动。科学家们在操控单个原子时不再茫然了，他们能够真实地看到它们，与它们嬉戏。

扫描隧道显微镜简单得出乎意料。就像一根唱针扫过一张唱片一样，一根探针慢慢地通过要被分析的材料。（针尖极为尖锐，仅仅由一个原子组成。）一个小小的电荷被放置在探针上，一股电流从探针流出，通过整个材料，到达底层表面。当探针通过单个原子时，流过探针的电流量会发生变化，这些变化会被记录下来。当探针经过一个原子的时候，电流起伏不定，如此便极其精确地描绘出它的轮廓。通过绘出电流量的波动，人们可以得到组成一个网格结构的单个原子们的美丽图片。

（扫描隧道显微镜是由于一条奇特的量子物理定律而变得可行

的。电子通常不具有足够从探针中流出、通过物体、到达底层的能量。但由于测不准原理，存在着电流中的电子能"钻洞"或穿透障碍的微小可能性。这样一来，流过探针的电流就对材料中的微型量子产生了效应敏感。我稍后将更具体地探讨量子理论的影响。）

探针也具有足够的敏感度，可以移动独立的原子，创造出由独立的原子组成的简单的"机械"。这一技术非常先进，如今原子团可以被陈列在屏幕上，只需移动计算机的光标，原子就可以按照你想要的任何方式移动。你可以像玩乐高积木一样操控大堆原子。除了用独立的原子拼出字母表上的字母，我们还可以制造原子玩具，比如用一个个原子制成的算盘。原子被排列在有纵向窄槽的平面上。这些纵向窄槽中可以放入用碳制成的巴克球（形状像足球，但是由一个个碳原子组成）。随后，这些球就可以在各条窄槽中被移上移下，这样一来就做出了一个原子算盘。

使用电子束来雕刻原子装置也是有可能的。例如，康奈尔大学的科学家们已经制造出全世界最小的吉他，其大小是一根人类的头发直径的 1/20，用晶体硅雕刻而成。它有 6 根弦，每一根有100 个原子那么粗，这些琴弦可以在原子力显微镜下弹拨。（这把吉他确实可以弹出音乐来，但是它产生的音频远远高于人耳听力范围的上限。）

目前，这些纳米技术"机械"大多只是玩具。有齿轮和滚珠轴承的、更为复杂的机械尚未被制造出来。但是许多工程师都很有信心，认为我们制造真正的原子机械的一天终将到来。（原子机械其实已经在自然界中被发现了。细胞可以在水中自由游动，因为它们能够摆动微小的纤毛。但是当我们分析纤毛和细胞之间的连接处时，我们会看到，事实上是一种原子机械使纤毛朝各个方向摆动。因此，发展纳米技术的关键之一是模仿自然，自然界在数十亿年前就掌握了原子机械的技艺。）

全息图与隐形

另一种能使人部分隐形的方法是拍摄一个人身后的背景，然后将这一背景影像投射到这个人的衣服上或者他身前的屏幕上。从前面看，这个人似乎变得透明了，光以某种方式不偏不倚地穿过了他的身体。

东京大学田智实验室的川上直树一直在为这一方法努力工作，这种工艺被称作"视觉伪装"。他说："这将用来帮助飞行员透过机舱地板观察下面的跑道，或者帮助司机看到护栏另一侧的司机泊车。"川上的"隐身衣"覆盖着微小的反光小珠子，起到电影银幕的作用。一台摄像机将衣服背后的景象拍摄下来，随后这一影像被输送到一台放映机里，放映机将衣服的前面照亮，这样一来，看上去就像光穿过了这个人似的。

视觉伪装的雏形事实上存在于实验室中。当你直视一个穿着这件类似于银幕的袍子的人时，那个人就消失了，因为你只能看到他身后的东西。但是如果你发现，即使改变视线，袍子上的图像也不会改变，你就知道那是个假象了。更为逼真的视觉伪装需要制造出 3D 影像的幻象。为了达到这一目的，我们需要全息图。

全息图是激光制造的 3D 影像（例如《星球大战》中莱娅公主的 3D 影像）。如果用一个特殊的全息照相机把周围景色拍摄下来，随后把全息图像投射到一个人身前的一整片全息银幕上，这个人就可以处于隐身状态。站在这个人面前的观看者会看到有着背景景色 3D 图像的全息银幕，但看不到这个人。就算移动视线，你也无法确定自己所见到的是假象。

这些 3D 图像是由于激光"相干"而成为可能的，即所有的波完全共振。全息图像是通过将一束相干的激光分裂成两半而产生的。一半光束照射在照相胶片上，另一半照射到一个物体上，被弹开，然后反射到同一张照相胶片上。当这两束光在胶片上产生干涉时，一种干涉图形就形成了，并且将原始 3D 光波的所有信息都编码。胶片上随后会出现类似于错综复杂的蜘蛛网的（看上去不怎么像）回旋和线条。但是随后有一束激光会投射到这张胶片上，一个原始物体的精确 3D 复制品突然间就像被施了魔法一样出现了。

然而，全息隐形的技术问题是难以克服的。其挑战之一是制造出一秒钟至少能拍摄 30 帧画面的全息照相机。另一个问题是储存和处理所有的信息。最后，我们必须把这幅图像投射到一块银幕上，这样图像看起来会显得真实。

第四维度实现隐形

我们还必须提及一种更为复杂的隐形方法，H.G. 威尔斯在《隐形人》中提到了它。这种方法涉及使用第四维度的力量。（我会在本书后面的章节中更加详尽地探讨高维空间存在的可能性。）我们是否可能离开我们的三维宇宙，在四维空间的有利地点之上翱翔呢？就像一只三维的蝴蝶在一张二维的纸片上方飞舞一样，对于任何生活在我们下方的宇宙中的人来说，我们都是隐形的。这个想法有一个问题：高维空间的存在尚未被证明。并且，去往一个更高维度的假想旅行需要的能量远远超出我们现有科技可实现的水平。作为一种实现隐形的可行方法，这种方式无疑超过了我们当今的知识和能力。

鉴于迄今为止在实现隐形方面取得的巨大进展，它具备了一等不可思议的资格。在未来几十年中，或者至少在 21 世纪之内，某种形式的隐形将会变得稀松平常。

3 光炮与死星

无线电没有未来。比空气更重的飞行器是不可能实现的。

X 射线将被证明是一场骗局。

——物理学家开尔文勋爵，1899 年

（原子）炸弹永远都不会爆炸。我以爆炸物专家的身份宣布。

——海军上将威廉·莱希

4—3—2—1，开火！

死星是一件巨大的武器，有一整个月球那么大。死星对无助的奥德兰行星——莱娅公主的家园直接开火，将它烧成灰烬，使它在一场毁天灭地的爆炸中瞬间迸裂，残骸飞溅到整个太阳系中。10 亿个冤魂在极度痛苦中纵声尖叫，干扰了整个银河系的原力感应。

但是，《星球大战》中的死星武器真的可能存在吗？这么一个武器能够操纵一整排激光炮，将整个星球蒸发吗？卢克·天行者和达斯·维德手持的光剑能劈开加强型钢铁，而它是用光束制成的，这也是真的吗？激光枪，比如《星际迷航》中的光炮，有可能成为未来执法人员和士兵们的新一代武器吗？

上百万的电影观众对《星球大战》中这些独创的、了不起的特效赞许有加。可这些特效在一些批评者眼中不值一提，他们严厉批评这些特效，宣称它们虽然非常有娱乐性，但显然不可能成真。月球大小、能粉碎一个星球的激光枪是无稽之谈，由凝固的光束制成的刀剑也一样，哪怕这些发生在一个遥远的星系中——他们反复叫嚷道。特效大师乔治·卢卡斯这回一定是玩过头了。

尽管令人难以置信，但事实上一束光中可以注入的原始能量大小在物理上并没有限制。阻碍一个死星或一把光剑产生的物理定律并不存在。其实，能粉碎一个星球的 γ 射线束存在于自然界中。来自遥远的太空深处的一场 γ 射线爆发，其威力仅次于宇宙大爆炸。任何不幸被 γ 射线瞄准的行星都会被炸成碎片。

历史上的光束武器

控制和利用能量束的梦想其实并不新鲜，而是牢牢根植于古老的神话和传说中。希腊神话中的主神宙斯以向凡人释放闪电而闻名；北欧神话中的索尔有一柄魔锤，可以点燃闪电；而印度教天神帝释天因为能用一把有魔力的长矛释放出能量束而闻名。

把射线作为实用武器的概念可能始于伟大的古希腊数学家阿基米德。他或许是所有古人中最伟大的科学家，在 2 000 年前发现了微积分的原始版本，早于牛顿和莱布尼茨。在公元前214年第二次布匿战争中一场对抗古罗马将军马塞勒斯的史诗般的战役里，阿基米德帮助叙拉古王国保卫了国土。据信，他制造出了巨大的太阳反射镜组，能将阳光聚焦到敌舰的船帆上，使它们着火。（即使在今天，科学家中对于这是不是一件实际、有效的光束武器仍存在争论；已有各种各样的科学家小组试图再现这一辉煌功绩，结果各不相同。）

1889年，随着H.G.威尔斯的经典之作《世界大战》的问世，激光枪突然出现在科幻小说中。在书中，来自火星的外星人用他们安装在三脚架上的武器发射热能束，将整个城市彻底毁灭。第二次世界大战期间，纳粹一直急于取得科技上的最新进展，以征服世界。他们试验了不同形式的激光枪，包括一种以抛物面反射镜为基础、可以聚集强大音束的装置。

用聚集起来的光束制造的武器随着"007"系列电影《金手指》进入了公众的想象，这是第一部给予激光重要戏份的好莱坞电影。（当这位充满传奇色彩的英国间谍被绑在一张金属桌子上的时候，一道强烈的激光缓缓推进，逐渐熔化了他两腿间的桌子，对方威胁他要将他切成两半。）

最初，物理学家们之所以对威尔斯小说中大肆渲染的激光枪冷嘲热讽，是因为它们违反了光学定律。根据麦克斯韦方程，我们在自己周围看到的光会快速消散，并且是非相干的（换言之，这是一团频率和相位各不相同的杂乱电磁波）。曾经，相干的、聚焦的、均匀的光束——正如我们发现的激光束——被认为是不可能创造出来的。

量子革命

这一切都随着量子理论的到来而改变了。20世纪初，尽管牛顿的定律和麦克斯韦的方程极为成功地解释了行星的运动和光的行为方式，但未能解释为什么材料可以导电，为什么金属会在特定的温度下熔化，为什么气体被加热后会发光，为什么某些材料会在低温下成为超导体——这些全都需要对原子内部动态有所了解。进行一场革命的时机成熟了。250年的牛顿物理学将要被推翻，这宣告一种新物理学即将诞生。

1900年，马克斯·普朗克在德国提出，能量并不像牛顿所认为的那样是连续的，而是在小型的、离散的单位中发生的，这些单位叫作"量子"。随后，爱因斯坦于1905年假设光是由这些微型单位（或称量子）组成的，后来它们被命名为"光子"。有了这一强有力却很简单的想法，爱因斯坦得以解释光电效应：为什么将一道光照射在金属上的时候电子会释放出来。今天，光电效应和光子组成了电视、激光、太阳能电池和大量现代电子设备的基础。（爱因斯坦的光子理论具有很强的革命意义，就连爱因斯坦的忠实支持者马克斯·普朗克一开始也无法相信它。关于爱因斯坦，普朗克写道："他有时候可能没有命中目标……比如说，他的光量子假设，这不能真的怪他。"）

后来，1913 年，丹麦物理学家尼尔斯·玻尔给了我们一幅全新的原子图，看上去像是一个微缩版的太阳系。但是，和太空中的太阳系不同，电子只能在互不相干的轨道中或者原子核周围的壳层中移动。电子从一个壳层"跳跃"到一个较小的、能量较少的壳层中时，会释放出一个光子的能量。如果一个电子吸收了一个光子的离散能量，它就会"跳跃"到一个具有较多能量的较大原子核的壳层中。

1925 年，伴随着量子力学和埃尔文·薛定谔、韦纳·海森堡以及许多人影响深远的研究的问世，一个几乎完整的原子理论出现了。根据量子理论，电子是一种粒子，但是有波与其相联系，使它既有了粒子的属性也有了波的属性。这样的波遵守一个方程，名叫薛定谔波动方程，它使我们得以推算原子的性质，包括一切玻尔假设的"跳跃"。

1925 年以前，原子还被认为是神秘的事物，许多人，比如哲学家恩斯特·马赫觉得它可能根本不存在。1925 年以后，我们能够真实地深入观察原子的动态，并且准确地预测其性质。令人吃惊的是，这意味着，如果拥有一台足够大的计算机，你就可以用量子理论的定律得出化学元素的性质。同样，如果有一台足够大的计算机器，牛顿物理学家就可以计算出宇宙中所有天体的运动；量子物理学家宣布，理论上他们可以计算出宇宙中一切化学元素的性质。如果某人拥有一台足够大的计算机，那么他同样可以写出整个人类的波函数。

微波激射器和激光

1953 年，加利福尼亚大学伯克利分校的查尔斯·汤斯教授和他的同事制造出了一种微波形式的相干射线。它被郑重地命名为"微波激射"（是通过受激发射实现高效率微波放大的方法）。查尔斯·汤斯教授与苏联物理学家尼古拉·巴索夫和亚历山大·普罗霍罗夫最终在 1964 年获得了诺贝尔奖。很快，他们的研究成果拓展到了可见光，激光由此诞生。（然而，光炮是一种因为《星际迷航》而广为人知的虚构装置。）

要产生激光，就先要从一个能够传播激光束的特殊媒介开始，比如特殊气体、晶体或者二极管。随后把能量从外界以电力、无线电、光或者化学反应等方式大量注入这一媒介。这一突发的能量涌入会使媒介的原子膨胀，这样电子就吸收了能量，随即跳跃到外层电子壳层中。

在这一兴奋、膨胀的状态下，媒介是不稳定的。如果随后将一束光送入这一媒介，光子将和原子逐个发生碰撞，使其突然衰变到一个低水平，在这个过程中释放出更多的光子。这转而引发更多的电子释放出光子，最终造成原子一泻千里的衰变，使几万亿的光子突然释放到光束中。关键在于，对于特定的物质来说，当光子的"雪崩"发生时，所有的光子都在共振，也就是说，它们是相干的。

（设想一排多米诺骨牌。多米诺骨牌平躺在桌子上的时候处于它们的最低能态，竖直站立的时候处于一种高能量、膨胀状态，类似于媒介中膨胀的原子。如果你推倒一块多米诺骨牌，你会立即引发所有这些能量的突然崩溃，正如在一束激光中那样。）

只有特定的材料才会"放射激光"，确切地说，只有在特殊的材料中，当一个光子撞击一个膨胀的原子时，才会放射出一个和原先的光子相干的光子。这一相干性带来的结果是，在这场光子的洪流中，所有的光子都在共振，制造出和铅笔一样细的激光束。（和神话中正相反，激光束并不永远保持铅笔般细瘦。比如，一束向月球上射出的激光会逐渐扩大，直到它制造出一个直径数英里的斑点。）

一个简单的气体激光器是由一管氦气和氖气组成的。当电流通过电子管时，原子被赋予能量。随后，如果能量突然一次性释放，一束相干光就产生了。光束被放在两端的两面镜子增强，这样光线会在它们之间弹来弹去。一面镜子是完全不透光的，但是另一面镜子可以让光在每一次通过时逃逸很小一部分，制造了一束从镜子一端射出去的光。

今天，激光随处可见，从杂货店的收银台到传送互联网的光缆，从激光打印机到现代计算机。它们也被用于眼科手术、文身的去除甚至美容沙龙。

激光与聚变的种类

由于可释放激光的新材料和将能量注入媒介的新方法的发现，几乎每天都有新的激光类型被发现。

问题在于，这些技术是否适用于激光枪或者光剑？是否有可能制造出一种足够强大、能给一颗死星提供能量的激光？现今存在种类多得令人费解的激光，其区别取决于放射激光的材料和被注入材料的能量（例如：强烈的光束甚至化学爆炸）。其中一些是：

- 气体激光。这类激光包括氦-氖激光，很常见，会制造出常见的红光束。它们是由无线电波或者电提供能量的。氦-氖激光相当微弱。但是二氧化碳气体激光可以用于重工业中的爆破、切割和焊接，并且能够制造出威力巨大、完全不可见的光束。

- 化学激光。这类强有力的激光是由某种化学反应给予能量的，比如乙烯和三氟化氮（NF_3）的燃烧喷射。这类激光足以应用于军事。化学激光在美国军方的空中和地面激光设施中被使用，能够产生数百万瓦的能量，用于击落短途导弹和中程导弹。

- 准分子激光。这类激光同样由化学反应提供能量，一般涉及一种惰性气体（例如氩气、氪气或者氙气）和氟（或氯）。它们产生紫外光，在半导体工业中可用于将微型晶体管蚀刻到芯片上，在医学上可用于精细的激光眼科手术。

- 固态激光。有史以来的第一种实用激光是由铬–蓝宝石红宝石晶体的组合制造的。有许多种晶体能与钇、钕、铒和其他化学元素一起维持一种激光束。它们能制造出高能超短激光脉冲。

- 半导体激光。二极管在半导体工业中被普遍应用，它能产生用于工业切割和焊接的强力光束。它们也常常见于杂货店的收银台上，用于读取你购买的物品上的条形码。

- 干激光。这类激光使用有机染料作为它们的媒介。它们在制造通常只能持续上万亿分之一秒的超短光脉冲方面异常有用。

激光和激光枪？

既然商用激光种类极多，军用激光威力巨大，那么为什么我们没有在战斗中和战场上使用激光枪呢？各式各样的激光枪似乎是科幻电影中的标准武器。为什么我们没有动手制造它们？

答案很简单：缺乏一种便携式动力装置。我们需要一个微型动力装置，它具备一个巨型发电站的电力，但是又小到能够放在手掌上。目前，控制、利用一个大型商业电站的电力的唯一方法就是建造一个大型商业电站。现在，具备巨大能量的最小军用设施是微型氢弹，它或许会在毁灭目标的同时也消灭你。

还有一个次要的、辅助性的问题——激光放射材料的稳定性。理论上说，能集中到一束激光上的能量是没有上限的。问题在于手持激光枪中的激光放射材料不稳定。比如，如果被泵入过多的能量，晶体激光器就会过热，并且破裂。因此，要想制造出一种极为强大的激光，用来气化目标或者抵消所受到的攻击，我们可能需要使用一次爆炸的力量。假如是那样，激光放射材料的稳定性就不构成限制了，因为这样一束激光只能被使用一次。

由于制造便携式动力装置和稳定激光放射材料方面的问题，使用当今的科技不可能制造出手持式激光枪。激光枪是有可能实现的，但是得用一根电缆把它们和电源连接起来。或者，有了纳米技术，我们能够制造出储存或产生足够的能量的微型电池，从而创造一个手持式装置剧烈爆炸所需的能量。当前，就如我们所见，纳米技术相当原始。在原子水平上，科学家们已经制造出颇具匠心但不实用的原子装置，比如原子算盘和原子吉他。但可以想象的是，在21世纪末或者22世纪，纳米技术或许能给我们提供可以储存如此大的能量的微型电池。

光剑受困于一个类似的问题。20世纪70年代，当光剑在电影《星球大战》中首次被推出，并且成为孩子们中最畅销的玩具时，许多批评者指出，这样一种装置永远不可能被制成。首先，把光固化是不可能的。光永远都以光速运动，它不可能变成固体。其次，光束不可能像《星球大战》中的光剑那样终止在半空中。光线永远保持前进，一把真正的光剑会延伸到天空中。

事实上，有一种方法可以使用等离子体或者超热离子化气体锻造某种形式的光剑。等离子体可以被加热到能够在黑暗中熠熠生辉，也可以切开钢铁。一把等离子光剑由一根从手柄中滑出的、细瘦的中空杆子组成，像一架望远镜。在这根管子里，热等离子体会被释放出来，随后从杆子上均匀设置的小洞中渗出。它会制造出一长管子燃烧着的超热气体，足以熔化钢铁。这一装置有时候会被称为等离子炬。

所以，制造一个高能量的、与光剑相似的装置是可能的。但正如激光枪一样，你不得不制造一种高能量便携式动力装置。不是需要将光剑和电源连接起来的长长电缆，就是不得不通过纳米技术制造一种能传送巨大功率的微型电源。

因此，虽然当今可以制造出某种形式的激光枪和光剑，但科幻电影中出现的手持武器却超越了目前的科技。但在 21 世纪末或 22 世纪，凭借材料科学和纳米技术方面的新进展，或许可以开发出某种形式的激光枪，使它成为一项一等不可思议。

死星所需的能量

要想制造出能摧毁整个星球、威震银河系的死星激光炮，比如《星球大战》中描述的那个，我们需要创造出有史以来最具威力的激光。现在，地球上某些最具威力的激光被用于释放只有在恒星中心才存在的温度。它们或许会在某一天以聚变反应堆的形式在地球上操控恒星所具有的力量。

熔样机尝试模仿一颗星体最初形成时太空中发生的事情。一颗恒星开始时是一团无确定形状的巨大氢气球体，直到万有引力压缩气体，将它加热，温度才达到天文水平。比如，在一颗星体的内核深处，温度可以猛蹿至 5 000 万到 1 亿摄氏度，热到能够让氢的原子核相互猛烈撞击，制造出氦核子，并造成能量的突然爆发。恒星的能量之源是氢原子和氦原子的聚变，通过爱因斯坦的著名等式 $E=mc^2$，我们知道，这种聚变能将少量质量转变为恒星的爆炸能量。

科学家目前正在尝试用两种方法来操控地球上的核聚变。这两种方法都远比预想中难以发展。

聚变的惯性约束

第一种方式被称作"惯性约束"。它使用地球上最具威力的激光器在实验室里模拟"太阳的一角"。钕玻璃固体激光器最适合模仿只有星体内核才具有的极端温度。这些激光器系统有一个大型工厂大小，包括一组向一条长长的隧道射出平行激光束的激光器。这些高能量激光束随即击中排列在一个球状物周围的一组小镜子。镜子将激光束细致地统一聚焦到一个微型的、富含大量氢气的小球上（由诸如氘化锂——氢弹的活跃成分之类的材料制成）。小球通常为针头大小，仅重 10 毫克。

激光的爆炸烧毁小球的表面，导致小球表面气化并压缩小球。当小球被摧毁时，一股冲击波产生，直达小球的内核，使温度猛地达到数百万度，足够将氢核聚变为氦核。温度和压力都是天文数字，满足劳森判据，这就是氢弹和星体的内核中所满足的标准。（劳森判据陈述了在氢弹、星体或聚变仪器中引发聚变反应必须达到的温度范围、密度和约束时间。）

在惯性约束的过程中，巨大的能量被释放，包括中子。（氘化锂的温度可以达到 1 亿摄氏度，密度可以达到铅的 20 倍。）中子随即爆发，从小球中放射出来，中子撞击围绕容器的球形毡垫材料，毡垫被加热。随即，被加热的毡垫使水沸腾，所产生的蒸汽可以用来为一台涡轮机提供动力，并产生电力。

然而，如何将这样高强度的能量均匀地集中于一个微型小球上是个问题。希瓦激光器（Shiva laser，Shiva 即希瓦，是有许多手臂的印度女神，是这一激光器系统设计所效仿的对象）是首个创造激光聚变的认真尝试的成果，这是一个在加利福尼亚州劳伦斯·利弗莫尔国家实验室（LLNL）中被制造，于 1978 年开始运行的 20 路光束激光器系统。希瓦激光器系统的表现令人失望，但它足以证明激光聚变在技术上是可行的。希瓦激光器系统后来被诺瓦激光器系统取代，后者的能量是前者的 10 倍。但是诺瓦激光器也未能实现小球的正确点火。但是，它为现在的美国国家点火装置（NIF）的研究铺平了道路，这一工程于 1997 年在劳伦斯·利弗莫尔国家实验室开始建设。

美国国家点火装置于 2009 年投入使用，是一台令人震惊的机器，由 192 束激光组成，拥有 700 万亿瓦特的输出功率（相当于约 70 万个核电厂集中一次性爆发的能量输出）。它是最尖端的激光器系统，目的是实现富氢小球的完全点火。（批评者还指出了它明显的军事用途，因为它能模仿一颗氢弹的爆炸，或许会使得一种新型核武器——纯氢弹的产生成为可能。纯氢弹不需要铀或者钚原子弹发动聚变程序。）

即使拥有地球上最强大的激光器，美国国家点火装置激光核聚变机器也无法产生与《星球大战》中死星的毁灭性力量相媲美的能量。要制造这样一个装置，我们必须留意其他能量来源。

聚变的磁约束

科学家可能会用来为一颗死星提供能量的第二种方法叫作"磁

约束"，它是一个用磁场约束高温氢气等离子体的过程。事实上，这一方法其实可以为第一个商用聚变反应堆提供蓝本。目前，这一类型最先进的聚变项目是国际热核聚变实验堆（ITER）。2006年，欧盟、美国、中国、日本、韩国、俄罗斯和印度决定在法国南部的卡达拉舍建造国际热核聚变实验堆。它的目标是将氢气加热到1亿摄氏度。它将成为历史上第一个产生的能量多于其消耗能量的聚变反应堆。它的目标是产生5亿瓦特的功率，并持续500秒（目前的纪录是1 600万瓦特，持续1秒）。国际热核聚变实验堆计划在2016年产生它的第一等离子体，并于2022年实现完全运转。它耗资120亿美元，是历史上第三昂贵的科学项目（仅次于曼哈顿计划和国际空间站）。

国际热核聚变实验堆看上去像一个巨大的环状物，里面充满氢气，表面缠绕着巨型线圈。线圈被冷却，直到它们成为超导体为止，随后，大量的电能被泵入其中，制造出磁场，困住环状物中的等离子体。当环状物中有电流注入时，气体就被加热到恒星的温度。

科学家们之所以对国际热核聚变实验堆如此兴奋，是因为看到了创造一种廉价能源的前景。聚变反应堆所需的燃料是普通的海水，含有丰富的氢。至少在理论上，聚变可能会提供给我们取之不尽的廉价能源。

那么，为什么我们现在没有聚变反应堆？为什么在核聚变过程于20世纪50年代被制定成功后花了好几十年才取得进展？问题在于，要想把氢燃料均匀地压缩，会面临巨大的困难。在星体中，万有引力把氢气压缩成一个完美的球形，这样气体就会被均匀、完全地加热。

在美国国家点火装置的激光聚变中，焚烧球体表面的同心激光光束必须绝对均匀，而实现这种均匀是极端困难的。在磁约束机器中，磁场既有 N 极又有 S 极，结果，把气体均匀地压缩成一个球体非常不易。我们能做到的最好程度是制造一个环形磁场。但压缩气体就像挤压一个气球，每当你从一头挤压气球，空气就让其他某个部位鼓起。从各个角度同时均匀地挤压气球是一个颇具难度的挑战。炙热的气体通常会从磁瓶中泄漏出来，最终触及反应堆壁，使聚变反应中断。这就是为什么将氢气压缩超过一秒会如此困难。

与这一代的裂变核电站不同，聚变反应堆不会制造出大量核废料。（每个传统的裂变核电站每年产生 30 吨具有极高放射性的核废料。相反，聚变机器产生的核废料主要是反应堆最终被废弃后残留的放射性钢铁。）

核聚变不会在不久的将来完全解决地球的能源危机。法国诺贝尔物理学奖得主皮埃尔－吉勒·德热纳已经说过："我们说我们将把太阳放进一个盒子里。主意不错。问题在于我们不知道如何做这个盒子。"但如果一切顺利，那么科学家们希望国际热核聚变实验堆可以在 40 年之内为聚变能量的商业化铺平道路，这是可以为我们的住宅提供电力的能源。有朝一日，聚变反应堆或许可以缓解我们的能源危机，在地球上安全地释放太阳的能量。

但即便是磁约束反应堆也无法提供足够的能量来为一台死星式的武器提供能量。要想做到这一点，我们需要一种全新的设计。

核动力 X 射线激光器

目前，还有一种模拟死星激光炮的可能，那就是使用氢弹。一组 X 射线激光器所控制和聚集的核武器威力，理论上足以运行一台可以焚毁整个星球的装置。

核力一磅一磅地释放，其释放的能量约为一个化学反应堆的能量的 1 亿倍。一份比棒球还小的浓缩铀足以让一座城市在熊熊燃烧的火球中毁灭——即使只有 1% 的质量被转换了成能量。就如我们已经探讨过的那样，有许多种方法可以将能量注入一束激光中。迄今最有威力的方法是利用一枚原子弹释放的力量。

X 射线激光器有巨大的科学和军事价值。由于它们波长极短，因此可以被用于探测原子距离和破译复杂分子的原子结构，这是一件使用普通方法极难完成的事情。当你"看到"移动中的原子和分子内部整齐排列的原子本身时，一扇化学反应的全新窗口会向你打开。

由于氢弹会释放出在 X 射线范围内的巨大能量，X 射线也可以靠核武器提供能量。与 X 射线激光器联系最紧密的人是物理学家爱德华·泰勒——氢弹之父。

当然，泰勒就是于 20 世纪 50 年代向美国国会做证，证明负责曼哈顿计划的罗伯特·奥本海默由于其政治倾向不能可信地继续氢弹研究的那位物理学家。泰勒的证词导致奥本海默威望扫地，并且使他的安全准许证被吊销。许多杰出的物理学家永远无法原谅泰勒的所作所为。

（我本人与泰勒的联系要追溯到我上高中的时候。当时，我主持了一系列关于反物质的性质的实验，并且赢得了旧金山科学展的大奖和一次去参加新墨西哥州奥布魁尔市全国科学展的旅行机会。我在地方台的电视节目中与泰勒一起出现，他对聪明的年轻物理学家很感兴趣。最后我获得了泰勒的赫兹工程奖学金，这支付了我在哈佛大学接受本科教育的费用。我每年都去伯克利拜访泰勒几次，对他的家人相当熟悉。）

本质上，泰勒的 X 射线激光器是被铜杆环绕的小型原子弹。核武器的爆炸释放出强烈的 X 射线球面激波。这些高能量射线随即穿过起激光放射材料作用的铜杆，将 X 射线的能量集中到强烈的 X 射线束中，这样 X 射线束就可以瞄准敌人的弹头。自然，这样的装置只能使用一次，因为原子爆炸会导致 X 射线激光器自爆。

核动力 X 射线激光器的首次实验被称为卡夫拉实验，它于 1983 年在一个地下竖井中进行。一枚氢弹被爆破，它的非相干 X 射线巨浪随即被聚集成一道相干 X 射线激光束。最初，实验被视为一大成就，并且在1983年激励了罗纳德·里根总统，使他在一次历史性的演讲中宣布了建立"星球大战"防御计划的意向。于是，一项耗资数十亿美元、甚至今天还在持续的工程——建造类似于核动力X射线激光器的装置阵列，以击落敌人的洲际弹道导弹——便开始了。（后来的调查显示，在卡夫拉实验期间，用于测量的探测器被毁坏了，因此它的读数不可靠。）

这样一个广受争议的装置现在能被实际应用于击落洲际弹道导弹吗？或许可以。但是敌人可以使用各种简单、廉价的方法使这一武器失效（例如，敌人可以放出上百万廉价的假目标骗过雷达，或者旋转弹头以驱散X射线，或者放射出一层化学涂层来对抗X射线）。或者，敌人可以简单地大量生产弹头，穿透《星球大战》中的防御盾牌。

所以，目前核动力X射线激光器和导弹防御系统一样不实用。但是否有可能制造一颗死星，用以对付逼近的小行星，或者完全消灭一颗星球呢？

死星的物理学原理

《星球大战》中那种能毁灭一颗星球的武器可以被制造出来吗？理论上说，答案是肯定的。有多种方法可以制造它们。

一颗氢弹能够释放的能量是没有物理极限的，这表明了它的运转方式。（氢弹的精确要点是顶级机密，直到今天仍被美国政府列为密件，但是粗略的要领广为人知。）一颗氢弹实际上是由多级反应组成的。通过恰当地按顺序累加这些步骤，可以制造出几乎各个量级的原子弹。

第一级是一枚标准的裂变弹，使用铀-235的能量来释放X射线，就如广岛原子弹那样。在不到一秒钟的时间里，原子弹释放出的气浪扫尽一切，不断扩大的X射线球体冲到气浪之前（因为它以光速进行运动），随后重新聚焦到一个装有氘化锂（氢弹的活性物质）的容器上。（如何做到这一点仍然被列为机密。）X射线撞击氘化锂，使其崩溃，并且被加热到上百万度，制造二次爆炸，比第一次剧烈得多。从这颗氢弹中爆发出来的X射线随后可以被重新聚焦到第二件氘化锂容器上，制造出第三次爆炸。通过这种方式，我们可以把氘化锂一个挨一个地摞在一起，创造出一枚拥有无法想象的巨大威力的氢弹。事实上，有史以来，人类制造出的最大氢弹是由苏联在1961年引爆的两级氢弹，具有5 000万吨三硝基甲苯（TNT）的能量，尽管它理论上能够引爆超过1亿吨三硝基甲苯的能量（约为广岛原子弹的能量的5 000倍）。

然而，焚毁整个星球完全是另一个量级上的事情。要想做到这一点，死星必须在太空中启动上千台这样的X射线激光器，而且它们必须在同一时刻开火。（相比之下，在冷战的高峰期，苏联和美国各自积累了大约3万颗原子弹。）如此大量的X射线激光器的总能量足以烧毁一颗星球的表面。所以，未来数百万年中完全可能有个银河帝国制造出这样一件武器。

对于一个非常先进的文明来说，还有第二个选择：利用γ射线爆发的能量制造一颗死星。这样，一颗死星会释放出仅次于大爆炸的辐射。γ射线大爆发在太空中会自然发生，但是可以想象，一个先进的文明会利用它们的巨大威力。通过在一颗恒星坍缩和释放出一颗特超新星之前控制它的自转，我们或许可以将γ射线瞄准太空中的任何一点。

γ 射线爆发

γ射线爆发实际上是在20世纪70年代首次被观测到的，美国军方发射船帆座号人造卫星用于探测"核闪光"（未经授权的原子弹爆破的证据）。但是船帆座号没有识别出核闪光，而是发现了来自太空的强烈射线爆发。最初这一发现在五角大楼引起了一阵惶恐：是苏联在太空中测试一种新的核武器吗？后来科学家判定这些辐射均匀地来自空中的各个方向，这意味着它们事实上来自银河系之外。但如果它们来自银河系外，那么它们肯定释放着真正的天文学数量的能量，足以点亮整个可见的宇宙。

苏联解体时，数量巨大的天文数据突然被五角大楼解密，这让天文学家们大开眼界。突然间，天文学家们意识到，一种新的神秘现象正面对面地凝视他们，它将改写科学教科书。

由于γ射线爆发在消失前仅仅持续几秒钟到几分钟，因此必须有一个精巧的探测器来识别和分析它们。人造卫星探测到第一次射线爆发并将爆发的准确坐标送回地球。这些坐标随即被传送到光学或射电天文望远镜上，在该天文望远镜上把γ射线大爆发的位置校准。

虽然有许多细节肯定仍旧被保密，但关于γ射线爆发的起源有一种理论——它们是具有无穷能量的"特超新星"，在尾迹留下巨大的黑洞。看起来γ射线爆发似乎是排成队列的巨型黑洞。

但是黑洞会放射出两条辐射"喷射"，一条出自北极，另一条出自南极，就像一个陀螺。观测到的一次来自远方的γ射线爆发的辐射显然是去往地球的喷射之一。如果γ射线爆发的喷射瞄准地球，并且γ射线爆发就在我们银河中的邻近位置（离地球数百光年），那么其威力足以毁灭我们星球上的一切生命。

γ射线爆发的X射线脉冲会创造一次就能摧毁地球上所有电子设备的电磁脉冲，其强烈的X射线和γ射线束足以毁坏地球大气层，毁灭保护我们的臭氧层。γ射线的喷射随即会使地球表面温度升高，最终导致巨大的爆炸风暴，最终会吞噬整个星球。γ射线爆破或许不会真的让整个星球像在电影《星球大战》中那样爆炸，但它肯定会消灭所有的生命，留下一个焦黑、贫瘠的星球。

可以想象，一个比我们先进数十万到数百万年的文明或许可以让这样一个黑洞瞄准目标的方向。这可以通过在一颗死亡中的恒星坍缩之前以精确的角度把行星和中子星的路径调整到它的方向来实现。这一调整将足以改变一颗恒星的自转轴，这样它就可以被瞄准到特定的方向。死亡中的恒星可以成为能想象到的最大的激光枪。

总的来说，使用威力巨大的激光制造便携或手持式激光枪和光剑可以被归为一等不可思议（在近期或一个世纪内可能会实现）。但是要在一颗自转中的恒星爆发并成为黑洞之前瞄准它，将其转变为一颗死星——这样的高难度挑战必须被视为二等不可思议，虽然不违反物理定律（这样的 γ 射线爆发是存在的），但是或许只能在未来数千年到数百万年中成为可能。

4 隐形传送

我们已经遇到了矛盾，这真是太好了。现在我们有希望取得进步了。
——尼尔斯·玻尔

"我无法改变物理定律，船长！"
——斯柯蒂，《星际迷航》中的总工程师

　　隐形传送，或者说把一个人或一个物体从一个地点在一瞬间运送到另一个地点的能力，是一种可以改变文明进程和国家命运的技术。它将不可逆转地改变战争规则：军方可以把部队隐形传送到敌军阵线后面，或者轻松地隐形传送敌方领导人并俘获他们。今天的交通运输系统——从汽车和船只到飞机和铁路，以及所有为这些系统服务的大量行业——都不会再被使用。我们可以简单地将自己隐形传送去上班，并且将我们的货物隐形传送到市场上销售。度假将变得毫不费力，因为我们可以把自己隐形传送到目的地。隐形传送将会改变一切。

最早对隐形传送的提及可以在宗教文字（比如《圣经》）中找到，这段出自《新约全书》的文字似乎暗示着腓利的隐形传送："从水里上来，主的灵把腓利提了去，太监也不再见他了，就欢欢喜喜地走路。后来有人在亚锁都遇见腓利，他走遍那地方，在各城宣传福音，直到该撒利亚。"

隐形传送也是每个魔术师戏法和幻术的一部分：从一顶帽子里拉出一只兔子，扑克牌从袖子里出现，从某个人耳朵后面取出硬币。近代最为宏大的魔术之一是让大象从惊诧不已的观众面前消失。在这一表演中，一头好几吨重的大象被关在一个笼子里。然后，魔术棒一挥，大象消失了，观众们大为吃惊。（当然，大象其实没有消失。魔术是使用镜子表演的。又长又细的、直立的条形镜子被放在笼子的每一根铁条后。就像一扇门一样，每一块条形镜子都可以旋转。魔术开始的时候，当所有这些直立条形镜子被整齐放置在铁条后面时，镜子是无法被看见的，大象则可见。但是当这些镜子旋转45度面向观众时，大象会消失，留下观众们对着从笼子侧面反射出来的影像干瞪眼。）

隐形传送和科幻小说

科幻小说中最早提到隐形传送的是爱德华·佩奇·米切尔于1877年出版的小说《没有身体的人》（*The Man Without a Body*）。在这部小说中，一位科学家能够将一只猫分解成原子，并且通过一根电报线传送这些原子。不幸的是，在科学家试图传送自己的时候电池用尽了，被成功传送的只有他的头。

柯南道尔爵士因为他的"夏洛克·福尔摩斯"系列小说而知名，他被隐形传送的概念迷得神魂颠倒。在年复一年地写作侦探小说和短篇小说后，他开始对"夏洛克·福尔摩斯"系列厌倦，并且最终"杀死"了他的侦探，让他与莫里亚蒂教授跌落瀑布共同赴死。这招来了公众的强烈抗议，柯南道尔不得不让神探复活。由于不能"杀死"夏洛克·福尔摩斯，柯南道尔转而决定创造一个全新的系列，主角是查林杰教授，福尔摩斯的同行。两者都具备解开谜团的敏捷智慧和锐利双眼。但福尔摩斯使用冷静、侦探式的逻辑破解复杂的案件；查林杰教授探索精神力量与超常现象的黑暗世界，包括隐形传送。在小说《解体主机》(*The Disintegration Machine*)中，教授遇到了一位绅士，他发明了一台可以把一个人分解并且在其他地方重新将其装配起来的机器。但是当发明者自夸他的机器即使落入坏人手中也仅需按一下按钮就能分解有着几百万人的城市时，查林杰教授非常惊恐。后来查林杰教授使用机器分解了发明者，随后离开了实验室，没有再把他装配起来。

最近，好莱坞发现了隐形传送这一元素。1958年的电影《变蝇人》生动地审视了当隐形传送发生可怕的错误时会发生的事。当一位科学家成功地把自己从一间房间的一端传送到另一端时，他的原子和一只偶然进入传送室的苍蝇的原子混在了一起。所以科学家变成了变异的可怕怪物，半人半蝇。（由杰夫·戈德布卢姆主演的重拍版本于1986年推出。）

随着《星际迷航》系列的问世，隐形传送首次在流行文化中受到极大的关注。《星际迷航》的缔造者吉恩·罗登贝瑞把隐形传送引入了这一系列，因为派拉蒙工作室的预算负担不起模拟太空船在遥远星球上起飞和降落所需的昂贵特效。简单地把企业号的船员们传送到他们的目的地，花费得比较少。

许多年来，科学家们提出了不知多少对于隐形传送的可能性的反对。要隐形传送一个人必须知道一具活体中每一个原子的精确位置，这可能违反了海森堡不确定性原理（这一原理陈述了我们无法得知一个电子的确切位置和动量）。《星际迷航》的制作人接受了批评者们的意见，在传送室里引进了"海森堡补偿器"，就像我们在传送器上加一个小器具就能补偿量子物理定律似的。但正如事实证明的那样，创造这些海森堡补偿器的可能性还远未成熟。早先的批评者和科学家们或许是错了。

隐形传送和量子理论

毫无疑问，根据牛顿的理论，隐形传送是绝不可能成立的。牛顿定律建立在物质由微型、坚硬的弹球组成这一想法的基础上。物体不被施加外力就不会移动；物体不会突然消失和在他处重新出现。

但在量子理论中，这恰恰是粒子可以做到的事情。居于绝对统治地位 250 年的牛顿定律于 1925 年被推翻，海森堡、薛定谔和他们的同事发展了量子理论。在分析原子的怪异属性时，物理学家们发现电子像波一样运动，而且，在原子内，它们可以在看似无序的运动中实现量子跃迁。

与这些量子波联系最密切的人是在维也纳出生的物理学家薛定谔，他写下了以他名字命名的著名波动方程，该方程是物理学和化学领域中最重要的方程式之一。研究生阶段的全部课程都致力于解答这个著名的方程式，物理学图书馆的整面墙都装满了研究其深远影响的书。原则上，化学的全部内容可以被归纳为对这一方程的解答。

1905 年，爱因斯坦证明光波可以具备粒子的性质，也就是说，它们可以被描述为名叫光子的能量包。但是到了 20 世纪 20 年代，薛定谔开始意识到，相反的事实也是正确的：像电子这样的粒子可以表现出波的行为。这一想法首先由法国物理学家路易·德布罗意提出，他因为这一推测赢得了诺贝尔奖。（在我们大学，我们向本科生论证了这一点。我们在一个阴极射线管——比如那些通常能在电视机里找到的——里面点燃电子。电子穿过一个微小的洞，所以通常你可以看到一个电子撞击电视机屏幕留下的小点。而当一股波——而非一个点状微粒，穿过一个洞时，会留下同心的波状环。）

有一天，薛定谔就这一奇特现象做了一个讲座，他遇到了来自物理学同行彼得·德拜的挑战。德拜问薛定谔：如果电子是用波来描述的，那么它们的波动方程是什么？

自从牛顿创造了微积分，物理学家们得以用微分方程描述波，因此薛定谔将德拜的问题——写下微分方程当成一项挑战。那个月薛定谔前去度假，当他回来的时候他已经写出了方程。正如在他之前采用了法拉第力场的麦克斯韦，提炼了光的麦克斯韦方程那样，薛定谔采用德布罗意的物质波，提炼出了光子的薛定谔方程。

（科学历史学家们做了一些努力，试图搜索出薛定谔在发现永远改变了现代物理学和化学面貌的方程时究竟做了什么。显然，薛定谔是自由之爱的信奉者，并且一直由情人们或者他的妻子陪伴着度假。他甚至留有一份关于他众多情人的详细日记存档，对每一次相遇都精心地编码。历史学家现在认为，在他发现方程的那个星期，他与他的一位女友住在阿尔卑斯山的赫维格别墅。）

当薛定谔开始解决氢原子的方程时，他相当吃惊地发现氢的确切能级已经被前辈物理学家仔细地编写了下来。他随即意识到，尼尔斯·玻尔绘制的电子绕着原子核高速运动的旧原子结构图（甚至今天它仍被使用在书本和广告中作为现代科学的象征）其实是错误的。轨道应该用包围原子核的波来代替。

薛定谔的工作成果还给物理学界带来了冲击。突然间物理学家得以仔细观察原子自身内部，细致观察组成其电子壳层的波，并且为这些能级选出完美符合其数据的精确预测。

但仍有一个至今还时常困扰物理学家的烦人问题。如果电子可以用一种波来描述，那么波动是什么样的？这已经被物理学家马克斯·玻恩解答了，他说这些波其实是概率波。这些波只是告诉你在任意地点和任意时刻找到某个特定电子的可能性。换言之，电子是一种粒子，但找到那个粒子的概率由薛定谔的波提供。波越大，在那一点找到特定粒子的可能性越大。

这些进展将偶然性和概率直接引入物理学的核心，从行星到彗星到炮弹，它们曾帮助我们精确预测粒子的详细轨迹。

这一不确定性最终在海森堡的不确定性原理中被制定为规则，它说的是，你不可能同时知道一个电子的准确速度和它的位置。同样，你也不可能在特定时间测量它的确切能量。基于量子理论，一切的基本定律常识都被违背了：电子会消失，并在他处重新出现，而且电子可以在同一时刻存在于许多地方。

（讽刺的是，量子理论的教父、于1905年促使革命开始的爱因斯坦，和给予我们波动方程的薛定谔，对将偶然性引入基础物理学感到惊恐万分。爱因斯坦写道："量子力学需要获得高度尊重。但一些来自内部的声音告诉我们这不是真正的雅各。这一理论贡献良多，但它几乎一点儿也没有让我们更加靠近上帝的秘密。对我来说，至少，我确信他不玩骰子。"）

海森堡的理论是革命性的，也是广受争议的——但它起了作用。

物理学家们得以一举解释大量令人不解的现象，包括化学的定律。为了让我的博士生们深刻了解量子理论是多么古怪，我有时让他们计算他们的原子突然消散并且在砖墙另一边突然出现的概率。这样的隐形传送事件在牛顿物理学中是不可能发生的，但在量子力学范畴中确实被允许。答案是，我们必须等待比宇宙的寿命更长的时间而让它发生。（你如果用一台计算机绘出你自己身体的薛定谔波，就会发现它与你的身体特征非常相像，只是绘出的曲线会有点儿模糊，你的一些波向四面八方流出，甚至会延伸到遥远的星体上。因此存在一个很小的概率，有一天你会发现自己在一颗遥远的星球上醒来。）

电子似乎可以在同一时刻存在于许多地方，这一事实组成了化学的基础。我们知道电子围绕一个原子的原子核运转，就像一个微型太阳系。但是原子和太阳系不尽相同。如果两个太阳系在太空中相互冲突，那么太阳系会支离破碎，星体们会被抛掷到太空深处。然而，当原子发生冲突时，它们通常会组成极为稳定的分子，共享它们之间的电子。在高中化学课堂上，教师通常会用一个与足球非常相似、把两个原子联系在一起的"弥散电子"来代表它。

但化学老师很少告诉学生，电子根本就不在两个原子之间"弥散"。这个"足球"实际上演示了在足球内部电子在同一时刻存在于许多地方。换句话说，所有解释我们体内的分子的化学，都是建立在电子可以在同一时刻存在于许多地方，并且正是两个原子间的电子共享把我们身体的分子结合在一起这个概念上的。没有量子理论，我们的分子和原子会立刻解体。

量子理论这一独特而深远的性质（在有限的概率内，甚至连最怪异的事件也有可能发生）被道格拉斯·亚当斯用在他引人入胜的小说《银河系漫游指南》中。他需要以一种便利的方式高速穿过银河系，所以他发明了"无限不可能发动机"，"一种在几乎0秒内穿过遥远星际距离的全新绝妙方法，免于在超空间内虚度时光"。他的机器使你得以任意改变任何量子事件的概率，哪怕是极不可能的事件也能成为老生常谈。所以，如果你想要火速前往最近的星系，你仅仅需要改变你在那个星系上重新实体化的概率即可。然后，瞧！你会被即刻传送到那里。

在现实中，在原子中如此普遍的量子"跳跃"无法被简单地普及到大型物体上，比如说由数万亿个原子组成的人。尽管我们体内的电子在它们环游原子核的美妙旅程中舞动着、跳跃着，但它们的数量如此之多，以至它们的运动相互抵消了。粗略而言，那就是为什么在我们的水平上物质看起来是固体的、稳定的。

所以，虽然隐形传送在原子水平上是可以发生的，但我们必须等待比宇宙的寿命更长的光阴才能真的见证宏观水平上发生的这些奇特效应。但是一个人是否可以像在科幻小说中那样，使用量子理论定律来制造一台机器以根据需要来传送东西？令人吃惊的是，答案是一个有所保留的"是"。

EPR 实验

量子隐形传送的关键在于一篇由阿尔伯特·爱因斯坦和他的同事鲍里斯·波多尔斯基和内森·罗森于 1935 年完成的论文。他们颇有讽刺意味地提出了 EPR 实验（以三位作者的姓氏首字母命名），最后一次阻止将偶然性引入物理学。（爱因斯坦对量子理论在实验上不可否认的成功感到悲伤，他写道："量子理论越是成功，看起来就越愚蠢。"）

只要两个电子最初能保持同步振动（一种被称为相干的状态），它们就可以保持同一波状，哪怕相隔很远的距离。即使两个电子之间的距离要以光年计算，也仍然有一个看不见的薛定谔波联系着它们，就像一根脐带。如果一个电子发生了什么，那么这一信息中有一部分会立刻传送到另一个电子上。这被称为"量子纠缠"，指的是相干的粒子之间存在某种深层联系将它们连接在一起。

我们从两个同步振动的相干电子开始。随后，让它们以相反的方向飞出去。这时它就像陀螺一样，自旋都可以被加强或减弱。如果我们假设整个系统的自旋为零，那么当一个电子的自旋增强时，你就自然知道另一个电子的自旋减弱了。根据量子理论，在你进行测量之前，电子的自旋既不增强也不减弱，而是以一种同步增强自旋或同步减弱自旋的状态存在。（一旦你进行了观测，波函数就"坍缩"了，使一个粒子停留在确定的状态里。）

然后，测量一个电子的自旋。假设它的自旋在加快，你立刻就会知晓另一个电子的自旋在减慢。就算两个电子的距离能以光年计算，只要测量第一个电子，你立刻就会得知第二个电子的自旋状态。事实上，你以比光速更快的速度得知了这一信息！因为这两个电子是"纠缠的"，也就是说，它们的波函数是一致的，它们的波函数被一股看不见的"细线"或"脐带"连接在一起。在其中一个电子上发生的任何事情都会自动在另一个电子上产生影响。（这意味着，在某些意义上，在我们身上发生的任何事情都会自动即时影响遥远的宇宙角落里的事物。因为我们的波函数可能在时间的初始就纠缠在了一起。在某些意义上，有一张错综复杂的网，将宇宙的各个遥远角落联系在一起，包括我们。）爱因斯坦嘲讽地把这叫作"鬼魅超距作用"，这一现象使他得以"证明"量子理论是错误的，因为在他看来，没有任何事物可以移动得比光速更快。

起初，爱因斯坦设计 EPR 实验是为了给量子理论敲响丧钟。但是，20 世纪 80 年代，法国的艾伦·阿斯佩克特和他的同事使用两个相距 13 米的探测器进行了这个实验，测量从钙原子中放出的光子的自旋，实验结果与量子理论精确吻合。显然，上帝的确在宇宙里掷骰子。

信息真的比光传送得更快吗？关于光速是宇宙的速度极限这一点，爱因斯坦错了吗？不完全错。信息的确比光速传送得更快，但是信息是随机的，因此毫无用处。你不能通过 EPR 实验传送一条真正的消息或者莫尔斯密码，哪怕信息传送得比光速更快。

知道在宇宙另一端的一个电子正在减缓自旋是一条无用的信息。你不能通过这一方法传送今天的股票行情。举例来说，让我们假设一位朋友总是穿一只红袜子和一只绿袜子，次序随机。假设你查看一条腿，那条腿上穿着一只红色袜子。那么你就知道——比光速更快地知道——另一只袜子是绿色的。信息的确比光传送得更快，但是这一信息是无用的。没有包含非随机信息的信号可以用这种方式被送出。

多年来，EPR 实验被当作量子理论战胜它的批评者们的例子，但那是一个无真正价值的胜利，不具备实际影响。直到现在。

量子隐形传态

一切都在 1993 年改变了。由查尔斯·贝内特领导的 IBM 的科学家们用 EPR 实验证实了在物理学上隐形传送物体是可能的，至少在原子水平上如此。（更确切地说，他们证明你可以隐形传送一个粒子含有的所有信息。）从此，物理学家们已经可以传送光子甚至整个铯原子。在几十年内，科学家们或许能传送第一个 DNA 分子和病毒。

量子隐形传态利用了 EPR 实验中的一些更为奇特的性质。在这些传送实验中，物理学家从两个原子 A 和 C 开始。假设我们希望把信息从原子 A 传送到原子 C。我们从引入第三个原子 B 入手，它一开始时与 C 纠缠，所以 B 和 C 是相干的。现在原子 A 开始与原子 B 建立联系。A 扫描 B，这样一来，原子 A 的信息内容就转移到原子 B 上了。A 和 B 在进行过程中变得纠缠。但是由于 B 和 C 最初是纠缠在一起的，A 内部的信息现在已经被转移到了原子 C 上。最后，原子 A 现在已经被传送到原子 C 中，也就是说，A 的信息内容现在与 C 的完全相同。

注意，原子 A 内的信息已经被销毁（这样在传送后不会有两份副本）。这意味着任何假设被传送的人都会在这个过程中死亡，但是他身体的信息内容会出现在别处。还要注意，原子 A 没有移动到原子 C 的位置。相反，是 A 中的信息（比如它的自旋和极化）被转移到了 C 上。（这不表示原子 A 被解体，随后被迅速移动到另一个位置。这表示原子 A 的信息内容已经被转移到了另一个原子——C 上。）

从这一突破最早被宣布开始，取得进步的竞争就变得激烈了，因为不同的实验小组都试图胜过其他竞争对手。在第一次量子隐形传态的历史性演示中，紫外线的光子被传送，该演示于 1997 年在因斯布鲁克大学进行。紧接着这一实验的是次年加州理工学院的实验，他们进行了一个涉及传送光子的更为精确的实验。

2004 年，维也纳大学的物理学家成功使用一根光纤电缆在多瑙河底将光的粒子传送了 600 米，创下了一个新纪录。（电缆本身长 800 米，铺设在多瑙河下的公共下水道系统下方。发送者站在河的一边，接收者站在河的另一边。）

这些实验受到了一种非议：它们是使用光子进行的。这几乎就不是科幻小说里的内容了。因此，2004年，当量子隐形传态使用真正的原子而不是光子来演示时，我们又向更为实际的隐形传送装置近了一步。美国国家标准和技术研究院的物理学家们成功地将三个铍原子纠缠在一起，并且将其中一个原子的性质转移到了另一个原子上。这项成就非常重要，还上了《自然》杂志的封面。另一个小组还成功传送了钙原子。

2006年，科学家们取得了另一项更为出色的进展，第一次涉及一个宏观物体。哥本哈根尼尔斯·玻尔研究所和德国马克斯·普朗克研究所的物理学家已经能够用铯原子气体纠缠光束，这是一项涉及数万亿原子的成就。随后，他们将激光脉冲内包含的信息进行编码，并成功地把这一信息传送了大约半码[①]的距离，到达铯原子上。"有史以来第一次，"尤金·波尔齐克（研究者之一）说，量子隐形传态"在光–信息的载体和原子之间实现"。

不涉及纠缠态的隐形传送

隐形传送的进展在飞快地加速，在2007年实现了另一个突破。

---

① 1 码 = 0.914 4 米。——编者注

物理学家们提出了一种不涉及纠缠态的隐形传送。我们记得，纠缠态是量子隐形传送最为困难的特点。解决这一问题能为隐形传送开启新的前景。

"我们谈论的是如何让约5 000个粒子从一处消失，然后在另一个地方出现。"澳大利亚研究理事会量子光学卓越研究中心（位于布里斯班）的物理学家阿斯顿·布拉德利说，他帮助开辟了一种新的隐形传送方式。

"我们觉得自己的方案在精神上更接近最初的虚构概念。"他声称。在他们的方案中，他和他的同事使用了一束铷原子，将它的全部信息传到一束光线中，通过一根光纤电缆传输这束光，随后在一个较远的地方重建最初的原子束。如果他的说法能成立，那么这一方法将清除隐形传送的头号绊脚石，并且为传送越来越大的物体开辟全新的道路。

为了将这种新方法与量子隐形传态区别开，布拉德利博士已经把他的方法命名为"古典隐形传送"。（这有一点儿误导人，因为他的方法也非常依赖量子理论，但不依赖纠缠态。）

这种新型隐形传送的关键是一种新的物质形态，称作玻色-爱因斯坦凝聚（BEC），是整个宇宙中最冷的物质之一。自然界中，最低的温度是在太空中被发现的，是绝对零度以上3开尔文（这归因于大爆炸留下的残热，它仍旧充满了宇宙）。但是玻色-爱因斯坦凝聚的温度是绝对零度以上百万分之一度到十亿分之一度，这是只有在实验室里才能达到的温度。

当某些形式的物质被冷却到绝对零度附近的温度时，它们的原子会全部跌落到最低能态，这样一来，它们的全部原子都会协调一致地振动，变得相干。所有原子的波函数重叠，以至从某些意义上来说一块玻色–爱因斯坦凝聚就像一个其所有原子一致地振动的巨大的"超级原子"。这一物质的奇特状态被爱因斯坦和萨地扬德拉·玻色在 1925 年预测到了，但是在 70 年之后的 1995 年，该物质才最终在麻省理工学院和科罗拉多大学被制造出来。

以下讲述布拉德利和他的同伴的隐形传送装置如何起作用。首先，他们从一组处于玻色–爱因斯坦凝聚状态的超低温铷原子开始，随后用一束物质（同样由铷原子组成）接触玻色–爱因斯坦凝聚。这些物质束中的原子同样希望骤降到最低能态，所以把它们过剩的能量以脉冲光的形式释放。这一光束随即被送入一根光纤电缆。值得注意的是，这一光束包含全部描述初始物质束所必需的量子信息（比如其全部原子的位置和运动速度）。然后，光束撞击另一个玻色–爱因斯坦凝聚，它随即将光束转变为初始的物质束。

这一新的隐形传送方式具备广阔的前景，因为它不涉及原子纠缠。但是这一方法同样有它的问题。它极度依赖玻色–爱因斯坦凝聚的性质，而玻色–爱因斯坦凝聚难以在实验室中制造。此外，玻色–爱因斯坦凝聚的性质非常独特，因为它们表现得很像一个巨大的原子。原则上只能在原子水平见到的奇异量子效应，我们现在可以使用肉眼在一个玻色–爱因斯坦凝聚中见到。这曾被认为是不可能的。

玻色–爱因斯坦凝聚的直接实际应用是制造"原子激光"。当然，激光是由基于共振的光子组成的相干光子束。但是一个玻色–爱因斯坦凝聚是共振的原子的集合，因此可能制造出完全相干的玻色–爱因斯坦凝聚原子束。换言之，一个玻色–爱因斯坦凝聚可以制造出激光的类似物——原子激光或物质激光，由玻色–爱因斯坦凝聚原子组成。激光的商业应用的意义是巨大的，原子激光的商业应用同样具有深远意义。但由于玻色–爱因斯坦凝聚只存在于绝对零度的温度下，因此，这一领域的进展尽管稳定，但很缓慢。

鉴于我们已经取得的进展，我们何时才有可能传送我们自己呢？物理学家们希望在未来的几年能够传送复杂的分子。在那之后，DNA分子甚至一个病毒，都或许可以在几十年之内被传送。理论上，没有任何事物禁止传送一个真正的人——就像在科幻电影中那样，但是这一伟大成就所面临的技术问题确实非常棘手。仅仅在光的微小光子和单个原子之间创造相干性，就需要世界上最好的物理实验室。制造涉及真正宏观的物体（比如人）的量子相干性，无疑需要很长时间才能实现。实际上，要让每个物体都可以被传送，还需要许多个世纪，或者更长时间——如果这真的可能实现。

量子计算机

最后，量子隐形传态的命运与量子计算机的发展紧紧地联系在了一起。这两者基于相同的量子物理学和技术，因此存在高度的相互获益的关系。或许有一天，量子计算机会替代我们熟悉的数字计算机。事实上，世界经济在未来的某一天或许会仰仗这样的计算机，因此这些技术有巨大的商业利益。有一天硅谷可能会变成"铁锈地带"，被来自量子计算的新技术取代。

普通的计算机在 0 和 1 的二进制系统上运行，称为"比特"（bit）。但是量子计算机要更加强大。它们可以在量子位上运算，可以计算 0 和 1 之间的数值。假想一个放置在磁场中的原子。它像陀螺一样旋转，所以它的旋转轴可以向上指或者向下指。常识告诉我们，原子的旋转可能向上也可能向下，但不可能同时向上和向下。但在量子的奇异世界中，原子被描述为两种状态的总和，一个向上旋转的原子和一个向下旋转的原子的总和。在量子的奇妙世界中，每一种物体都是由所有可能的状态的总和来描述的。（如果用这种量子的方式来描述大型物体，例如猫，那么这意味着你不得不将一只活猫的波函数与一只死猫的波函数相加，这样猫既不死去也不活着——我将在第 13 章更为详细地探讨。）

现在，想象一串原子排列在一个磁场中，以相同的方式旋转。如果一束激光照耀在这串原子上方，激光束就会从这组原子上弹开，迅速翻转一些原子的旋转轴。通过测量射入和射出的激光束的差异，我们完成了一次复杂的量子"计算"，涉及了许多自旋的快速翻转。

量子计算机的发展还处于襁褓之中。量子计算机的世界纪录是 $3 \times 5 = 15$，算不上一种能取代今天的超级计算机的计算能力。量子隐形传态和量子计算机存在同样的缺陷：维持大量原子的相干性。如果这一问题可以被解决，那么这对两个领域来说都是一项重大突破。

美国中央情报局（CIA）和其他秘密组织对量子计算机极度感兴趣。世界上的许多密码都依赖于一个"密钥"，那是一个非常大的整数，人们需要将它分解为质数。如果密钥是两个各有 100 位的数的乘积，那么一台数字计算机或许要花上 100 多年来从零开始找出这两个因数。这样一个密码目前基本上是无法被破译的。

但是，1994 年，贝尔实验室的彼得·肖尔证明，对这样的数字进行因数分解对于量子计算机来说是小菜一碟。这一发现立刻伤害了智能团体的利益。原则上，一台量子计算机可以破译世界上所有的编码，将当今计算机系统的安全性推入彻底的无序中。首个成功建立这样一个系统的国家将得以破解其他国家和组织最深层的秘密。

某些科学家已经推测出，未来世界经济将依赖于量子计算机。以硅为构架的数字计算机被认为将在 2020 年后的某个时间达到它们计算能力上的物理极限。如果科技要继续发展下去，那么可能需要一个新的、更强大的计算机家族。另一些科学家正在探索通过量子计算机复制人脑能力的可能性。

然而，这样做风险非常高。如果我们能解决相干性的问题，那么我们不仅能够应对隐形传送的挑战，或许还能用量子计算机以未知的方式拥有各种各样的推动科技发展的能力。这一突破非常重要，我将在后面的章节中回过头来进行这一讨论。

正如我在前面指出的，相干性在实验室中极难被维持。即使是最微小的振动也会扰乱两个原子的相干性，并且破坏计算过程。目前，即使是少量原子的相干性，我们也很难维持。最初同步的原子会在 1 纳秒（最多一秒）之内开始退相干。传送必须被非常迅速地完成，赶在原子开始退相干之前，这样便为量子计算机和隐形传送造成了其他限制。

尽管存在这些挑战，牛津大学的戴维·多伊奇还是相信这些问题可以被克服："凭着运气和近期理论进步的协助，（一台量子计算机）或许能在远远少于 50 年的时间内制造成功……那将是一种全新的利用自然的方法。"

要想制造一台有用的量子计算机，我们需要使数百到数百万个原子一致地振动，这远远超出我们目前的能力。传送柯克船长将是极为艰巨的事情。我们不得不在一对柯克船长之间制造一个量子纠缠。就算有了纳米科技和先进的计算机，我们也很难想象这如何实现。

因此，隐形传送存在于原子水平，我们或许终将在几十年内实现复杂的分子甚至是有机分子的传送。但是，一件大型物体的传送必须等上几十年到几百年，或者更久——如果它的确可能实现。因此，传送复杂分子，甚至一个病毒或一个活细胞，符合一等不可思议的要求，应该会在 21 世纪之内成为可能。至于传送人类，虽然它被物理定律允许，但它或许要在好几百年之后才能实现——假设它真的可能实现。因此，我将那种类型的隐形传送定义为二等不可思议。

5 心灵感应

如果你在一天中没有发现任何奇怪的事情，那么这天就不是一个好日子。
—— 约翰·惠勒

只有那些努力尝试荒唐事物的人才能实现不可思议的成就。
—— M.C. 埃舍尔

沃格特的小说《斯兰》（*Slan*）抓住了我们关于心灵感应最为黑暗的恐惧心理。

乔米·克劳斯，小说的主角，是一位"斯兰"，那是一个正在灭绝的拥有超常心灵感应能力的种族。

他的双亲被愤怒的人类暴民残忍杀害，这些暴民惧怕和蔑视所有的读心术师，因为那些能侵入他们最为隐私、最不可告人的思想的斯兰掌握着巨大的力量。人类就像对待动物一样毫无怜悯地对斯兰穷追猛杀。由于具有从头部长出的独有卷须，斯兰很容易被识别。在书中，乔米试着与其他斯兰取得联系，但他们可能已经逃离到太空中以躲避决心将他们斩尽杀绝的人类进行的捕杀了。

历史上，读心术曾被认为非常重要，经常与神灵联系在一起。任何神所具备的基本力量之一都是读取我们的想法，并且因此回应我们最深沉的祈祷。一位真正能够任意读取心智的读心术师可以轻易成为地球上最富有的人，他不仅能够进入一位华尔街银行家的思想，还能勒索和强迫他的竞争对手。他会对政府的安全构成威胁。他可以不费吹灰之力地窃取一个国家最敏感的机密。就像斯兰一样，他将被畏惧，或许还会被消灭。

艾萨克·阿西莫夫里程碑式的"基地"（*Foundation*）系列小说将真正的读心术师的巨大力量突出了出来，这经常被宣传为有史以来最伟大的科幻史诗之一。一个已经统治了上千年的银河帝国处在崩溃和毁灭的边缘；一个名为"第二基地"的秘密科学家社团使用复杂的方程式预测到帝国最终会灭亡，并且使文明陷入3万年的黑暗中。科学家草拟了一个建立在他们的方程式上的精密计划，力图将这一文明的崩溃减少到仅仅数千年。但灾难突然来袭。他们的方程式单单没能预测到一个事件——一个名叫"骡"的变异体的降生，它能够远距离控制心智，并因此得以夺取对银河帝国的控制。银河系注定要陷入3万年的混乱和无序，除非这个读心术师能被制止。

尽管科幻小说充满了关于读心术师的幻想，但事实要平凡得多。由于思想是个人的、不可见的，因此，几个世纪以来，江湖术师和骗子利用了我们当中一些天真和容易上当受骗的人。魔术师和心灵感应者使用的简单家常把戏之一是利用一个"托儿"——一个埋伏在观众中的同伙,他的思想被心灵感应者"读取"。

一些魔术师和心灵感应者的事业其实是建立在著名的"帽子戏法"的基础上的。人们将私人信息写在纸条上,纸条随后被放进一个帽子里。魔术师接下来告诉观众每张纸条上写了什么,使每个人都惊奇不已。这一精心设计的戏法有一个非常简单的解释。

心灵感应最为著名的实例之一不是关于人的,而是关于动物的,这个动物就是聪明的汉斯,一匹在 19 世纪 90 年代震惊了欧洲观众的令人赞叹的马。聪明的汉斯令观众称奇,能进行复杂的数学计算。比如,如果你让聪明的汉斯计算 48 除以 6,它就会把它的蹄踩 8 下。聪明的汉斯实际上会除法、乘法、加法、拼字,甚至会辨别音乐曲调。聪明的汉斯的拥趸声称,要么它比许多人类都聪明,要么它可以用心灵感应读取人们的想法。

1904 年,杰出的心理学家施特伦普夫教授对这匹马进行分析,未能发现明显的障眼法和给马的秘密信号,该结果增加了公众对聪明的汉斯的迷恋。然而,三年后,施特伦普夫的学生,心理学家奥斯卡·方斯特进行了更为严谨的测试,最终发现了聪明的汉斯的秘密。它真正做的只是观察它的驯兽师微妙的面部表情。它可以一直踩蹄,直到它的驯兽师的面部表情发生轻微改变,在那一刻它会停止踩脚。聪明的汉斯无法读取人的心智或者演算数学题,它仅仅是一个人类面孔的敏锐观察者。

历史上还有其他"能读心的"动物。早在 1591 年，一匹名叫摩洛哥的马在英格兰成名，它通过从观众中找出人来、指出字母表上的字母和计算一堆骰子的数字总和，为它的主人赚了一大笔钱。它在英格兰引起了巨大的轰动，以至莎士比亚在他的戏剧《爱的徒劳》中让它以"跳舞马"的形象永存。

赌徒也可以有限地读取人们的思想。一个人在看到令他高兴的事物时，其双眼的瞳孔通常会扩大。当他看到讨厌的东西（或进行一次数学运算）的时候，他的瞳孔会缩小。赌徒可以通过观察瞳孔的扩大或缩小读出面无表情的对手的情绪。这就是赌徒们常常戴着遮住他双眼的彩色护目镜的原因——遮住他们的瞳孔。你也可以将一束激光射入一个人的瞳孔，并分析它从哪里被反射，从而精确地确定这个人在看哪里。通过分析激光反射点的运动，你可以确定一个人如何扫视一幅图片。通过合并这两种技术，你可以在一个人毫不知情的情况下就确定这个人在扫视一幅图片时的情绪反应。

灵学研究

第一项关于心灵感应和其他超常现象的科学研究是由 1882 年在伦敦成立的灵学研究社主持的。（"心理传心术"这一术语在那一年由该研究社的一位合伙人 F.W. 迈尔斯创造。）这一研究社的历任社长包括一些 19 世纪最显赫的人物。该研究社今天仍然存在，成功揭穿过许多骗局，但经常分成两派，一派是坚决深信超自然现象的唯灵论者，另一派是希望更加严肃地进行科学研究的科学家。

一位与该研究社有联系的研究者约瑟夫·班克斯·莱因博士于 1927 年在美国开始了第一次系统和严肃的灵学研究，在北卡罗来纳州的杜克大学创立了莱因研究所（现在叫作莱因研究中心）。几十年来，他和他的妻子路易莎进行了大量关于各种类型的超心理学现象的科学对照实验，这些实验在美国尚属首次进行，而且他们将实验结果发表在同行点评的出版物上。正是莱因在他最早的书中创造了"超感官知觉"（ESP）这一术语。

莱因的实验室事实上为灵学研究设立了标准。他的合伙人之一卡尔·齐纳博士开发了含有五种符号的卡片系统，现在被称为齐纳卡片，用于分析心灵感应力。绝大多数实验结果显示绝无心灵感应的迹象，但是很少数的实验显示了数据中很小但是不寻常的相关性，无法单纯用巧合解释。问题是这些实验通常无法被其他研究者重复。

尽管莱因试图建立严谨的名声，但他的声誉因为与一匹名叫神奇女士的马的相遇而受到损害。这匹马可以表演心灵感应的精湛绝技，比如撞倒玩具字母积木，从而拼出一位观众正在思考的单词。莱因显然不知道聪明的汉斯的结局。1927 年，莱因对神奇女士进行了详细的分析，并总结道："那么，剩下的就只有心灵感应这种解释——由一个未知的过程引起的心智影响。没有发现任何与其不符的情况，从结果来看，似乎也没有提出其他站得住脚的假设。"后来，米尔本·克里斯托弗揭露了神奇女士读心能力的真正来源——马主人持有的马鞭的细微移动。马鞭的细微移动是让神奇女士停止踩马蹄的提示。（但即使是在神奇女士能力的真实来源被曝光后，莱因仍然相信那匹马真的能够读取心智，但由于某种未知的原因失去了它的读心能力，迫使主人求助于障眼法。）

然而，莱因的名誉遭受了致命的打击，当时他正要退休，正在寻找一名名誉清白的继任者继续他研究所的工作。最有希望的候选人是他在 1973 年雇用的沃尔特·利维博士。利维博士是这一领域的新星，曾取得引起轰动的研究成果，似乎可以证明老鼠能用心灵感应改变一台计算机的随机数字发生器。然而，心存狐疑的实验室工作人员发现利维博士在夜间偷偷摸摸地潜入实验室篡改了实验结果。他在伪造数据的时候被抓个正着。进一步的测试显示，老鼠根本不拥有什么心灵感应能力，利维博士不光彩地被迫从研究所辞职。

心灵感应与"星门"

对超自然的兴趣在冷战的高峰时期转入了死胡同，在此期间，一批关于心灵感应、精神控制和遥视（通过读取他人的思维，仅仅使用精神来"观察"一个遥远的地点）的秘密实验开始兴起。"星门"

是美国中央情报局赞助的一系列秘密研究（比如太阳飞跑、烤火和中央小巷）的代号。这项研究从 1970 年左右开始，当时美国中央情报局得出结论：苏联每年用于"精神"研究的花费高达 6 000 万卢布。当时有人担心苏联可能正在利用超感官知觉找出美国潜水艇和军事设施、指认间谍和读取秘密文件。

为美国中央情报局的研究进行拨款始于 1972 年，斯坦福研究所（SRI）的拉塞尔·塔格和哈罗德·普索夫负责此事。最初，他们试图训练能加入"精神战争"的一个核心小组的通灵师。在超过20 年的时间里，美国在"星门"上的花费超过 2 000 万美元，工资单上有超过 40 名人员、23 名遥视师和 3 名通灵师。

到 1995 年为止，在每年 50 万美元的预算支持下，美国中央情报局已经主持了上百次情报收集项目，涉及上千次遥视活动。具体来说，遥视师被要求：

- 在 1986 年利比亚空袭前锁定卡扎菲上校
- 在 1994 年找出朝鲜的钚库存
- 在 1981 年于意大利找出一名被红色旅绑架的人质
- 找出一架已经落到非洲的苏联图-95 轰炸机

1995 年，美国中央情报局请美国科学研究协会（AIR）评估这些项目。美国科学研究协会建议停止这些项目。"没有证据证明它对于情报团体有任何价值。"美国科学研究协会的戴维·高斯林写道。

"星门"的拥护者们自夸在这些年中他们已经获得"8 杯马天尼"的成果（结论如此出色，以至你不得不出去喝上 8 杯马天尼来调整情绪）。然而，批评者们坚称绝大多数的遥视产生的是一文不值之物、毫不相干的信息，浪费纳税人的钱，而且，他们取得的寥寥几次"命中"都含糊不清，非常空泛，以至可以适用于任何状况。美国科学研究协会的报告指出，"星门"最重要的"成功"涉及对于他们正在学习的行动已经有些了解的遥视者，并且他们由此可能做出了一些有根据的、听起来比较合理的猜测。

最终，美国中央情报局得出结论，"星门"没能产生一条能指导他们情报工作的信息，所以这个项目应该终止（有传言坚持认为美国中央情报局在海湾战争中使用遥视师来找出萨达姆·侯赛因的位置，但所有的努力都没有成功）。

大脑扫描

同时，科学家们开始了解到一些大脑活动背后的物理现象。19 世纪，科学家们怀疑有电波信号在大脑内传送。1875 年，理查德·卡顿发现，将电极放在头部表面可以探测到大脑发射出的微弱电波信号。这最终导致了脑电图（EEG）机的发明。

基本上，大脑是一个发报机，我们的思维在其中以微弱电波和电磁波的形式传播。但是，要用这些信号来读取某个人的思想就有难度了。第一，这些信号极度微弱，仅达到毫瓦级别。第二，这些信号是模糊不清的，很大程度上难以与随机发生的噪声区别开来。从这些混乱的信号中，只能收集到关于我们思维的粗略信息。第三，我们的大脑不能通过这些信号接收来自其他大脑的类似信息，也就是说，我们缺少一根天线。第四，就算我们能够接收这些模糊的信号，我们也无法解读它们。使用常规的牛顿和麦克斯韦物理学，通过无线电来进行心灵感应看起来是不可能的。

有些人相信心灵感应是由第五种力——"心灵"之力进行调节的。但是，即使是心灵学的鼓吹者也承认，他们对这种心灵之力没有具体的、可重复的证据。

但是这留下了一个问题：如果使用量子理论来分析心灵感应，会怎么样呢？

21 世纪初，历史上首次能使我们窥探思考中的大脑的新量子仪器面世了。领导这次量子革命的是正电子发射层析术（PET）和磁共振成像（MRI）。正电子发射层析术扫描是通过将放射性糖注射入血液来实现的。这些糖在大脑能被思维过程激活的一些部位集中，思维过程需要能量。放射性糖发出能被仪器轻易探测到的正电子（反电子）。这样一来，通过追踪反物质在一个活体大脑中制造的形状，我们也可以画出思考的模型，精确地分离出大脑中哪个部分正在进行哪种活动。

磁共振成像仪以同样的方式运作，只不过它更为精确。病人的头部被放在一个巨型环状磁场中。磁场使大脑中原子的原子核与场线平行。一束射电脉冲被送入病人体内，使这些原子核震颤。原子核在转换方位的时候，会放射出一束能被探测到的微弱"回声"，从而用信号表达某种特定物质的存在。例如，大脑活动与氧气消耗相关，所以磁共振成像仪可以通过瞄准含氧血的浓度分隔出思考的过程。含氧血的浓度越高，该部分大脑的思维活动就越活跃。［今天，功能性磁共振成像仪（fMRI）可以在不到一秒内瞄准大脑中仅仅直径一毫米的微小区域，这使得这些机器成为描绘出一个活体大脑思维模式的理想工具。］

磁共振成像测谎仪

有了磁共振成像仪，就有了某一天科学家们破译一个活体大脑思维的大致轮廓的可能性。最简单的"读心"测试是判断一个人是不是在说谎。

根据传说，世界上第一台测谎仪是由一位印度牧师在几个世纪之前发明的。他会把嫌疑人和一头"魔驴"关入一个封闭的房间，根据指示，嫌疑人应该拉住驴的尾巴。若驴开始说话，则表示这名嫌疑人在说谎；如果驴保持沉默，那么嫌疑人说的就是实话。（但是，牧师会偷偷地在驴尾巴上放炭灰。）

嫌疑人在被带出房间后，通常会宣称自己是无辜的，因为他在拉住驴尾巴的时候驴没有说话。但是，牧师随后会检查嫌疑人的手。若手是干净的，则表示他在说谎。（有时候使用测谎仪对嫌疑人的震慑比测谎仪本身更有效。）

现代的第一只"魔驴"诞生于 1913 年，当时心理学家威廉·马斯顿写了一篇关于分析一个人的血压会在说谎的时候升高的文章。（这种关于血压的说法实际上可以追溯到古代，嫌疑人会在被一名调查员握住双手的情况下接受询问。）这个说法迅速流行，很快，就连美国国防部也开始建立自己的测谎仪研究所。

但是，年复一年，测谎仪会被对自己的行为毫无悔意的反社会犯人愚弄，这种情况已经越来越突出。最著名的案例是美国中央情报局双重间谍奥尔德里奇·埃姆斯，他将大量美国间谍送上死路，泄露美国海军核机密，因此从苏联获得巨款。几十年间，埃姆斯顺利通过了一系列美国中央情报局测谎仪的测试。同样的情况也发生在连环杀手加里·里奇韦身上，他是臭名昭著的"绿河杀手"，他杀害了近 50 名妇女。

2003 年，美国国家科学院发表了一篇关于测谎仪可靠性的报告，口气刻薄，列出了所有能够骗过测谎仪而使无辜之人被误认为是说谎者的方法。

但是，如果测谎仪仅仅测量焦虑程度，那么测量大脑本身又会取得怎样的结果呢？观察大脑活动、击破谎言的想法要追溯到

20年前美国西北大学彼得·罗森菲尔德的工作。他观察到，一个人在说谎过程中脑电图的 P300 波与说实话的人波形不同。（P300波通常在大脑遇到新奇事物或者不寻常的事情时被激发。）

使用磁共振成像扫描来测谎是宾夕法尼亚大学的丹尼尔·蓝格尔本的想法。1999 年，他偶然发现一篇论文，讲述患有注意缺陷障碍的孩子在说谎上有困难，但是他根据经验得知这是错误的，这样的孩子在说谎上没有困难。他们真正的问题是他们难以隐瞒真相。"他们会随口说出真相。"蓝格尔本回忆。他推测，说谎时，大脑必须首先阻止自己说出真相，随后制造一个谎言。他说："当你小心地说出一个蓄意编造的谎言的时候，你不得不在心中瞒住事实。因此可以理解为，说谎意味着更多的大脑活动。"换句话说，说谎是一件苦差事。

通过在大学生中进行实验，要求他们说谎，蓝格尔本很快发现，说谎使大脑的几个区域的活动增加，这些区域包括额叶（高层思维集中的区域）、颞叶和边缘系统（处理情绪的区域）。他尤其注意到了前扣带回皮层（这个部位与冲突消解和反应抑制相关）不寻常的活动。

他宣布，在分析学生们是否说谎的对照实验中，他的成功率高达 99%（比如，他让学生们在玩牌的时候说谎）。

人们对这一技术的兴趣显而易见，已经开办了两家商业公司，把这一服务提供给公众。2007 年，一家叫无谎磁共振成像（No Lie

MRI）的公司接下了它的第一个案子，有个人正在控告他的保险公司，因为那家保险公司称他蓄意在自己的熟食店放火。（功能性磁共振成像仪扫描显示他不是纵火犯。）

蓝格尔本技术的支持者称它比老式测谎仪可靠多了，因为脑电图是任何人都无法控制的。尽管人们可以通过训练来控制脉搏和出汗，但不可能控制脑电图。事实上，拥趸们指出，在一个对恐怖主义的担忧日益增加的年代，这一技术可以通过预见恐怖袭击而拯救无数生命。

虽然承认这一技术在测谎上有明显的成功率，但批评者们指出功能性磁共振成像仪并不能真的识别出谎言，而仅仅能发现某个人在说谎时增加的大脑活动。这一机器可能得出错误的结果，比如，如果一个人在焦虑状态下叙述事实，根据设定，功能性磁共振成像仪只会探测到焦虑的情绪，并且错误地显示这个人在说谎。"对于将真相与欺骗区分开的测试，人们有着不可思议的渴望，科学被厌恶了。"哈佛大学的神经生物学家史蒂芬·海曼这样警告。

一些批评者还宣称，一台真正的测谎仪就像一个真正的读心术师那样，能够使日常的社交互动变得令人不自在，因为在一定程度上，谎言也是"社交润滑剂"，能帮助社会的车轮滚动。如果把所有给予自己老板、上级、配偶、爱人和同事的溢美之词都当作谎言，就是对我们的名誉的一种损害。一台真正的测谎仪事实上同样可以暴露我们全部的家庭秘密、隐藏的情绪、压抑的欲望和秘密的计划。

正如科学专栏作家戴维·琼斯所说的，一台真正的测谎器"就像一颗原子弹，它最好被保留起来作为终极武器。如果它在审判室之外被广为使用，就会使社交生活举步维艰。"

通用翻译机

有些人义正词严地谴责大脑扫描，认为他们所拍摄的全部思考中的大脑的壮观照片都过于粗糙，不能衡量孤立的、单独的想法。当我们进行最简单的大脑活动的时候，可能有上百万个神经元同时活动，而功能性磁共振成像仪探测到的这种活动只是屏幕上的一个小圆点。一位心理学家将大脑扫描比作观看一场喧闹的足球比赛并倾听坐在你身边之人说话。那个人的声音被上千名观众发出的噪声淹没了。譬如，大脑中能够被一台功能性磁共振成像仪进行可靠分析的最小的组块称为"体素"。但是每个体素都对应数百万个神经元，因此，一台功能性磁共振成像仪的灵敏度不足以分离出独立的想法。

科幻小说有时候会使用"通用翻译机"，这是一种能够读取一个人的思想，随后将它们直接发射到另一个人的大脑中的装置。在一些科幻小说中，外星读心术师会把思想放入你的脑海，哪怕他们不懂得你的语言。在 1976 年的科幻电影《未来世界》（*Futureworld*）中，一个妇女的梦境被即时投射到了一面电视机屏幕上。在 2004

年金·凯瑞的电影《暖暖内含光》(*Eternal Sunshine of the Spotless Mind*)中，医生找出痛苦记忆的准确位置并且将其擦除。

"那是一种每个身处这一领域的人都有的幻想，"德国莱比锡马克斯·普朗克研究所的神经生物学家约翰·海恩斯说，"但如果那是你希望制造出来的装置，那么我非常确定你必须从单个神经元开始记录。"

由于目前探测单个神经元发出的信号是不可能的，因此一些心理学家退而求其次：减少噪声，并分离出单个物体产生的功能性磁共振图形。比如，识别由某个单词引起的功能性磁共振图形或许会成为可能，然后制造一本"思想的辞典"。

例如，卡内基梅隆大学的马歇尔·A.嘉斯特成功识别了一小部分选定物体产生的功能性磁共振图形（比如木工工具）。"我们拥有12种类别，并能判断12种类别中的哪些正在思考，精确程度达到80%~90%。"他宣布。

他的同事汤姆·米歇尔，一位计算机科学家，正在使用计算机技术（例如神经网络）来鉴别被功能性磁共振成像仪探测到的与进行特定实验相关联的复杂脑电图。"我希望做的实验是找出能产生最易辨别的大脑活动的单词。"他强调。

但是，就算我们可以制造出思想的词典，这仍旧与创造一个"通用翻译器"大相径庭。通用翻译器直接将来自另一个大脑的思想传播进我们的大脑，与它不同，一台功能性磁共振精神翻译器包括许多烦琐的步骤：首先要辨认出特定的功能性磁共振图形，将它们转换成英语单词，然后根据对象说出这些单词。在这种意义上，这样一个装置不会与《星际迷航》中出现的心灵融合相同（但它在打击敌人方面依旧十分有用）。

便携式磁共振成像扫描仪

实现心灵感应还有另一块绊脚石，那就是功能性磁共振成像仪的可怕体积。这是一种巨大的装置，需耗资数百万美元，占据整个房间，重达数吨。磁共振成像仪的心脏是一块环形磁铁，直径数英尺，制造出一个几个特斯拉的巨大磁场。（这一磁场非常大，已经有好几个工人因为电源意外开启而被空中飞过的锤子和其他工具砸伤。）

最近普林斯顿大学的物理学家伊戈尔·萨夫科夫和迈克尔·罗马利斯提出了一种新的技术，最终或许能把便携式磁共振成像扫描仪变成现实，由此可能把一台功能性磁共振成像仪的价格大幅削减到原来的1%。他们宣布，巨大的磁共振成像磁铁可以用能探测到微弱磁场的超灵敏原子磁力仪替代。

一开始，萨夫科夫和罗马利斯让热钾蒸汽悬浮在氦气中，从而制造了一台磁传感器。然后，他们使用激光让钾的电子自旋方向一致。随后，他们在一份水样中制造一个微弱磁场（来模拟人体）。

下一步，他们把一道射电脉冲送入水样中，使水分子震颤。震颤的水分子造成的"回声"使钾的电子也震颤，这一震颤可以被第二道激光探测到。他们得出了一个重要结论：哪怕是一个微弱的磁场也可以制造出能被他们的传感器发现的"回声"。他们不仅可以用一个微弱的磁场替代标准磁共振成像仪的巨大磁场，还可以获得即时照片（而磁共振成像仪可能要花上多达 20 分钟来生成一张照片）。

最终，他们得出理论，拍摄一张磁共振成像照片可以像用一台数码相机拍照一样容易。（然而，还是有绊脚石存在。问题之一是对象和机器必须与外界的磁场隔离开。）

便携式磁共振成像仪如果成为现实，就可以与装载能够破译某些词组、单词或者句子软件的微型计算机连接起来，但这样的装置永远也不可能像科幻小说中出现的心灵感应装置那样成熟，但它可以与之接近。

作为神经网络的大脑

但是，在未来的某一天，会不会有某些磁共振成像仪，能够逐字逐句地读取精确的思想，就像一名真正的读心术师那样？这还不能确定。有些人辩称磁共振成像仪仅仅能辨认思想的模糊轮廓，因为大脑根本就不是一台真正的计算机。在一台数字计算机里，运算过程是局域化的，并且遵守一系列极度严格的规则。数字计算机遵守"图灵机"的规则，这是一种具备中央处理器（CPU）、输入和输出设备的机器。一块中央处理器（比如奔腾芯片）执行固定的输入操作和输出操作，因此，"思想"在中央处理器中被局域化。

然而，我们的大脑不是一台数字计算机。我们的大脑没有芯片，没有中央处理器，没有操作系统，也没有子程序。如果你取走一台计算机中央处理器中的一个晶体管，那么你很有可能严重损坏它。但在有些案例中，一半大脑都已经缺失了，而剩下的一半大脑仍旧可以接管一切。

人脑事实上更像一台学习机、一个"神经网络"，不断在学习新任务之后自己重新接线。磁共振成像研究可以确认，大脑中的思维不是像图灵机中那样在一个点被局域化的，而是铺开到大脑的很大部分，这是神经网络的一个典型特征。磁共振成像扫描结果显示，大脑思考的过程其实就像一场乒乓球赛，电活动在脑中四处跳跃，大脑的不同部分依次被点亮。

由于思考的过程涉及大脑的许多部分，或许科学家们能做到的最佳程度就是编纂一本思考辞典，也就是说，在特定的思维和具体的脑电图或者磁共振成像扫描图形之间建立一一对应的关系。比如，奥地利生物医学工程师格特·福斯彻勒通过将注意力集中在从脑电图中发现的 μ 波上来训练一台计算机辨认具体的大脑模式和思维。显然，μ 波与做出某些肌肉活动的意念相联系。他让他的病人抬起一根手指、微笑或者皱眉，然后用计算机记录哪种 μ 波被激活。每当病人做出一种精神活动，计算机就仔细记录其 μ 波图形。这一过程是艰难又冗长的，因为你不得不认真辨认出假的波动，但是最终福斯彻勒成功找出了简单活动和特定脑电图之间令人兴奋的对应关系。

随着时间的推移，这一努力加上磁共振成像的成果或许会促成一部综合思想"词典"的诞生。通过分析一次脑电图或磁共振成像扫描图形，一台计算机或许可以鉴别出这种特定图形，并且揭露病人正在思考什么，至少一般来说是这样。这样的"读心"会在特定的 μ 波、磁共振成像扫描和具体的思维之间一一建立对应关系。但是，这本词典是否能够从你的思想中分辨出具体的词则值得怀疑。

投射你的思想

如果有一天我们能够读取另一个人思维的大致轮廓，那么是否可能发生相反的事，把你的思想投射到另一个人的脑袋里？答案似乎是肯定的。无线电波可以被直接发射到人脑中，使得已知控制某些功能的大脑区域兴奋。

这一方向的研究始于 20 世纪 50 年代加拿大神经外科医师怀尔德·彭菲尔德对癫痫病人所做的脑部手术。他发现，当使用电极刺激大脑颞叶的某些区域时，人们开始听到说话声和看到幽灵般的事物。心理学家已经知道，大脑癫痫损伤可以导致病人感觉到超自然的力量正在起作用，魔鬼和天使控制着它们周遭的事物。（一些心理学家甚至已经建立理论，说这些区域的刺激可能导致了许多构成宗教的基础的半神秘体验。有些心理学家推断，或许独立带领法国军队在与英军的战斗中取得胜利的圣女贞德便受到过这种损伤的困扰，那是由头部被击中引起的。）

根据这些推测，安大略省萨德伯里的神经科学家迈克尔·波辛格制造出了一顶特别用导线改造过的头盔，能够将无线电波发射入大脑，从而引出具体的思想和情绪，比如宗教感情。神经科学家知道，对左颞叶的某种特定的伤害可以使左脑失去判断力，于是，大脑或许会把右半球内的活动解释为来自另一个"自己"。这一损伤可能会让人觉得房间里有幽灵般的鬼魂，因为大脑意识不到这一影像其实只是自己的另一部分。由于坚信其自身的宗教信仰，病人可能会把这个"另一个自己"解释为一个魔鬼、一位天使、一个外星生物，甚至上帝。

在未来，将电磁信号投射在能控制具体功能的大脑的精确部位或许会成为可能。通过把这样的信号投射到杏仁核，一个人或许能够产生某些情绪。通过刺激大脑的其他区域，一个人或许可以产生视觉影像和想法。但是这个方向的研究还处在起始阶段。

大脑图谱

有些科学家提出了一项类似于人类基因组计划的"神经元图谱计划"，这个计划详细地绘制了人类基因组中的全部基因。一项神经元图谱计划会确定人类大脑中每一个神经元的位置，并且绘制显示它们之间所有联系的三维地图。这将是一项真正具有里程碑意义的计划，因为大脑中有超过 1 000 亿个神经元，每个神经元都与其他数千个神经元联系。如果这项计划得以实现，我们就能确认一个人的某种思想是如何刺激某些神经通路的。与利用磁共振成像扫描和脑电波获得的思想词典相结合，我们用这一方法或许能够可靠地破译产生某些想法的神经构造，确定哪些具体单词或者大脑影像对应哪些具体被激活的神经元。如此，我们就能在一个具体想法、它的磁共振成像表达和为了在大脑中制造这样的想法而被激活的具体神经元之间实现一一对应。

2006 年，在这个方向上的研究向前迈了一小步，艾伦脑科学研究所（由微软的联合创始人保罗·艾伦创办）宣布他们已经成功绘制了老鼠大脑内基因表达的三维图谱，详细列出了细胞水平上 21 000 个基因的表达。他们希望能用一个相似的人脑图谱跟进这一成果。"艾伦脑图谱的完成代表了医药科学中最伟大的前沿之一——大脑的巨大飞跃。"研究所的主席马克·泰西耶 – 拉维涅宣布。这一图谱对于任何希望分析人脑内神经联系的人来说都必不可少，尽管脑图谱是在缺少真正的神经图谱计划的情况下绘出的。

总的来说，在科幻小说和幻象中经常被提及的那种天然的心灵感应目前是不可能实现的。磁共振成像扫描和脑电波可以被用于仅仅读取我们最简单的思想，因为思维以复杂的方式铺开到整个大脑。但是在未来的数十年到数百年中，这一科技将如何前进？科学家探究思维过程的能力将不可避免地按指数级增强。随着我们的磁共振成像装置和其他传感装置灵敏性的增强，科学家们将能高度精确地把大脑依次处理思维和情绪的路径局域化。有了更强的计算机能力，我们将得以用更高的精确程度分析这些海量的数据。一本思维词典或许将能把大量思维图形分类，使磁共振成像显示屏上的不同思维图形与不同的想法和感受对应。尽管完整的磁共振成像图形和思维的一一对应或许永远都不可能实现，但一本思维的词典可以正确地鉴别出关于某些对象的大致想法。磁共振成像思维图形能映射到神经图谱上，精确表示大脑中哪个神经被激活，从而产生特定的思想。

但是，由于大脑不是一台计算机而是一个神经网络，思维在整个大脑中扩展，因此我们最终会撞上一块绊脚石：大脑本身。因此，尽管科学家会越来越深入地探测思考中的大脑，使一些思考过程的破译成为可能，但像科幻小说那样精准地"阅读你的思想"仍是不可能的。考虑到这一点，我会把阅读大致感受和思维图形的能力定义为一等不可思议，把更为精确地读取思维中更深层次的工作方式的能力归为二等不可思议。

　　不过，要接近大脑的巨大力量，或许有另一种更为直接的途径。一个人能够直接进入大脑神经，而不使用微弱又容易分散的无线电吗？如果能，那么我们或许可以解放一种更为强大的力量：意志力。

6 意志力

一个新的科学真理并不是通过说服反对者、使他们赞同而取得胜利的，
而是由于其反对者最终死去、对其熟悉的新一代成长起来。
——马克斯·普朗克

道出他人不会说出的真理是傻子的特权。
——莎士比亚

有一天，诸神在天堂会面，抱怨人性的可悲现状。他们对我们
的虚荣、愚昧和无谓的蠢笨感到厌恶。但有一位神怜悯我们，并决
定进行一次实验：授予一个非常普通的人无限的力量。一个人对于
成为神会有何反应？他们问道。

那个乏味、平凡的人是乔治·福瑟林盖伊，一家男装店的店主，
他突然发现自己拥有了神力。他可以使蜡烛飘浮，可以改变水的颜
色，可以制造出绝妙的晚餐，甚至能变出钻石。一开始，他将他的
力量用于娱乐和做善事。但最终，他的虚荣心与对权利的欲望掌
控了他，他变成了渴望权威的暴君，拥有令人难以置信的宫殿和财
富。由于沉醉于这样的力量，他犯了一个致命的错误。他傲慢地命令

地球停止旋转。突然，无法想象的混乱爆发了，狂风以每小时 1 000英里的速度将所有物体甩到空中，所有人都被甩入了太空。在绝望中，他许了他最后一个愿望：把一切事物都恢复到原来的状态。

这是电影《制造奇迹的人》的故事梗概，它改编自 H.G. 威尔斯1911 年的短篇小说。（它后来被重新改编成电影《冒牌天神》，由金·凯瑞主演。）在所有被认为是由 ESP（超意识）产生的力量中，意志力——或者心胜于物、用思考移动物体的能力——绝对是一个最强大的、本质上带有神性的力量。威尔斯在他的短篇小说中提出的观点是，神一般的力量同样需要神一般的判断力和智慧。

意志力在文学作品中占有重要地位，特别是在莎士比亚的戏剧《暴风雨》中。术士普洛斯彼罗、他的女儿米兰达和精灵爱丽儿由于普洛斯彼罗邪恶的弟弟的背叛，长年被困在一个荒无人烟的小岛上。当普洛斯彼罗听说他邪恶的弟弟乘小船在附近航行的时候，为了复仇，他召唤他的意志力并变出一场巨大的风暴，使他弟弟的船撞上了那个小岛。普洛斯彼罗随后用意志力控制不走运的幸存者们的命运，包括费迪南德，一个无辜、英俊的年轻人，普洛斯彼罗安排他与米兰达产生了爱情。

（作家弗拉基米尔·纳博科夫注意到《暴风雨》表现出了与科幻故事惊人的相似度。事实上，大约 350 年之后，《暴风雨》于1956 年被改编成一部叫《禁忌星球》的经典科幻电影。在电影中，普洛斯彼罗变成了阴郁的科学家莫比亚斯，小精灵变成了机器人罗比，米兰达变成了莫比亚斯美丽的女儿阿尔泰拉，小岛变成了行星河鼓二-4。《星际迷航》的创作者吉恩·罗顿巴里承认《禁忌星球》是这部电视剧的灵感来源之一。）

离现在更近的把意志力作为科幻作品核心情节的例子，是斯蒂芬·金 1974 年的小说《魔女嘉莉》（Carrie），其同名电影将这个默默无闻的、穷困潦倒的作家推上了世界第一惊悚小说作家的位置。嘉莉是一个极为害羞的、可怜的高中女生，被唾弃，遭社会抛弃，被她精神错乱的母亲纠缠不休。她唯一的慰藉就是她的意志力，显然这是在她家族中遗传的。在最后一个片段中，折磨她的人欺骗她，让她认为自己将成为舞会皇后，随后将猪血洒在她的新裙子上。在最后的报复行为中，嘉莉用意念锁住了所有的门，电死了折磨她的人，烧毁了学校的房屋，并且制造了一场风暴性大火，毁灭了大半个城区，在这个过程中，她自己也被毁灭了。

精神不稳定的个体持有意志力的主题也是《星际迷航》系列作品中"查理 X"（Charlie X）那一集的基础。那一集讲的是来自太空中一个遥远殖民地的年轻人，他精神不稳定，有犯罪倾向。他不用自己的意志力做好事，而是用它来控制其他人，扭曲他们的意志，成就他自私的欲望。如果他可以夺取企业号并到达地球，那么他会实施行星大破坏，毁掉地球。

意志力也是原力的力量，是《星球大战》传奇中名叫绝地武士的神秘武士团体所具有的力量。

意志力和现实世界

或许现实世界中最著名的对抗超能力的事件发生在 1973 年约翰尼·卡森的表演中。参与这史诗般的对抗的有乌里·盖勒（以色列超能力者，声称能够用意念的力量弯折汤勺）和"令人惊奇的兰迪"（一位职业魔术师，其第二职业是揭穿自称拥有超自然能力的骗子。（奇怪的是，他们三个人拥有一个共同的传统：都以魔术师开始他们的职业生涯，掌握能使不愿轻信的观众大为赞叹的奇妙魔术手法。）

在盖勒出现之前，卡森向兰迪请教，兰迪建议卡森提供他自己准备的汤勺，并且在表演之前检查它们。在节目中，让盖勒吃惊的是，卡森要求他弄弯卡森的汤勺，而不是他自己的汤勺。令人窘迫的是，盖勒的所有尝试都没把汤勺弄弯。（稍后，兰迪出现在约翰尼·卡森的节目上，并且成功表演了汤勺弯折的把戏，但是他谨慎地说他的技能完全是魔术，不是超能力的结果。）

令人惊奇的兰迪悬赏 100 万美元给任何能够成功表演超能力的人。到目前为止，还没有超能力者能够应对他的 100 万美元挑战。

意志力和科学

在科学地分析意志力的过程中遇到的问题是，科学家很容易被那些自称拥有超能力的人欺骗。科学家们受过训练，相信他们在实验室里见到的东西。然而，声称拥有超能力的魔术师却能够靠欺骗人们的视觉来欺骗他们。结果是，科学家们对于超能力现象的观察能力很有限。比如，1982年，心灵学家被邀请去分析两个被认为拥有超凡天赋的男孩：迈克尔·爱德华兹和史蒂夫·肖。这两个男孩宣布能够通过意念弯折金属、通过意念在胶片上制造出图像、使用意志力移动物体和读心。心灵能力学家迈克尔·谭波尔对此印象深刻，为此发明了"超能力者"一词来描述这两个男孩。在密苏里州圣路易斯的麦克唐奈心灵研究实验室，心灵学家对男孩们的能力啧啧称奇。心灵学家相信有关男孩们超能力的确切证据，并且开始准备一篇关于他们的科学论文。第二年，男孩们宣布他们是骗子，他们的"能力"来自常规的魔术把戏，不是超能力。（两个年轻人之一史蒂夫·肖继续从事这一职业，成了著名的魔术师，常常出现在全国电视节目中，有时会被"活埋"好几天。）

杜克大学莱因研究所在受控条件下进行了大量的关于意志力的实验，但结果参差不齐。这一学科的开拓者之一格特鲁德·施迈德勒教授曾是我在纽约城市大学的同事。作为《心灵学杂志》的前任编辑、心灵学协会前会长，她对ESP痴迷万分，并且在她自己学院的学生身上进行了很多研究。为了给她的实验征集更多课题，她曾经走遍有著名超能力者在宾客面前表演超能力把戏的鸡尾酒会。但在分析了数百名学生和大量精神力者、超能力者之后，她向我吐露，她连一个能按照要求、在受控条件下完成这些意志力项目的人都找不到。

她曾经在一个房间里放满能够测量精确到小数点后一位的温度变化的微型热敏电阻。一位精神能力者在进行剧烈的精神力尝试后，可以将一个热敏电阻的温度提高 0.1 度。施迈德勒为她能在严苛的条件下完成这一实验感到骄傲。但这与利用一个人的意志力随心所欲地移动大型物体还差得很远。

意志力最为严谨、但也最受争议的研究之一是在普林斯顿大学的普林斯顿工程异常研究（PEAR）项目中完成的，这一项目由罗伯特·G.扬在 1979 年担任工程与应用科学学院院长期间创立。普林斯顿工程异常研究项目工程师正在探索人类大脑是否可以仅仅通过思想影响随机事件的结果。比如，我们知道，当我们掷出一枚硬币时，得到正面或反面的可能性各为 50%。但是普林斯顿工程异常研究项目的科学家们宣布，单靠人类思想就可以影响这些随机事件的结果。直到这一项目在 2007 年被关闭，在长达 28 年的时间里，普林斯顿工程异常研究项目的工程师们进行了数千次实验，包括 170 万次测试和 3、4 亿次掷硬币。结果看起来证实了意志力的存在——但是影响相当微弱，平均不超过万分之几。哪怕是这微不足道的结果也遭到了其他科学家的质疑，他们声称研究者们在他们的数据中做了巧妙和隐蔽的安排。

（1988 年，美国陆军要求美国国家研究委员会调查超自然现象的产生原因。美国陆军急切地想要探索任何可以给美军部队提供优势的可能性，包括精神能力。美国国家研究委员会的报告特意制造了一个假想的"第一地球营"，由"武僧"组成，这些武僧几乎掌握委员会考虑的所有技术，包括使用超感官知觉、随心所欲地灵魂出窍、抬升物体、精神治疗和穿墙而过。在调查普林斯顿工程异常研究发布的结果时，美国国家研究委员会发现有整整一半的成功案例来自同一个人。有些批评者认为这个人是操作实验或者为普林斯顿工程异常研究编写电脑程序的人。"就我而言，如果管理实验室的人是唯一能得出结果的人，就很成问题。"俄勒冈大学的雷·海曼博士说。报告总结："在 130 年的时间里，对心灵能力现象的研究没有得出科学的判断。"）

　　研究意志力的问题在于，哪怕是其鼓吹者也承认，它很难符合已知的物理定律。万有引力，宇宙中最微弱的力，只能吸引，不能用于抬升或排斥物体。电磁力遵循麦克斯韦方程，它不允许将电中性的物体从房间一端推到另一端。核力只在近距离内起作用，比如在两个核粒子之间。

　　意志力的另一个问题在于能量补充。人体只能产生 1/5 马力 [①]，然而，当《星球大战》中的尤达大师使用他的精神力量抬起一整艘飞船，或者独眼巨人库克罗普斯从眼中放出力量堪比激光的霹雳时，

---

① 1 马力 =735.499 瓦。——编者注

这些伟大事迹都违反了能量守恒定律——一个尤达大师般矮小的生物无法聚集抬起一艘飞船所需的巨大能量。无论我们如何集中精神，我们都不可能聚集足够能量完成由意志力成就的伟大功绩和奇迹。鉴于所有这些问题，意志力如何才能符合物理定律呢？

意志力和大脑

如果意志力不易符合已知的宇宙力，那么未来它将如何被利用？线索之一出现在《星际迷航》的"谁为阿多尼哀悼？"（*Who Mourns for Adonais?*）一集中。"企业号"的船员遇见了一个与希腊诸神非常相似的生物种族，他们拥有仅仅通过思考就能实现梦幻般成就的能力。最初看来，船员们似乎真的碰上了来自奥林匹亚的众神。然而，船员们最终意识到这些根本不是什么神，而是可以用精神控制一个中央能量站的普通生物，这一中央能量站随即执行他们的愿望并实现这些奇迹式的伟绩。"企业号"的船员毁掉了中央能量站，成功摆脱了他们能力的控制。

同样，在未来，一个人在受到训练后用意念控制电子感应装置是很符合物理法则的，这将为他带来神一般的能力。由无线电或计算机强化的意志力是的确可实现的。例如，脑电图可以作为一个原始的意志力装置。当人们看着屏幕上自己的脑电图时，他们最终会通过一种叫"生物反馈"的过程学会如何粗略、有意识地控制他们所见到的脑电波。

由于不存在详细的大脑蓝图告诉我们哪个神经元控制哪块肌肉，病人需要积极学习如何通过电脑控制这些脑电波。

最后，个人可以根据要求在显示屏上制造特定种类的波形。这一屏幕上的图像可以被送入具有可以辨认这些具体波形的程序的计算机，计算机随后执行一道精确的命令，比如打开一个电源开关或者开动一辆汽车。换言之，一个人可以简单地通过思考在脑电图仪显示屏上制造一个具体的脑电波，并且激活一台计算机或一辆汽车。

如此一来，比如说，一个全身瘫痪的人仅仅利用自己思考的力量就能控制轮椅。或者，如果一个人能够制造出 26 种在显示屏上可被辨认的脑电波，那么他或许仅通过思考就能够打字。当然，这仍旧只是一种粗略地传播一个人的思想的方式，训练人们通过生物反馈操纵他们自己的大脑图形需要非常多的时间。

德国图宾根大学的尼尔斯·比尔鲍默的研究让"用思维打字"更接近现实。他使用生物反馈帮助了由于神经损伤而部分瘫痪的人们。通过训练他们改变脑电波，他已经成功教会他们如何在电脑显示器上打出简单的句子。

科学家们在猴子的大脑中植入电极，通过生物反馈教他们控制自己的部分思维。然后，这些猴子仅凭思维就能通过互联网控制一条机械臂。

亚特兰大的埃默里大学进行了一组更为精确的实验，一颗玻璃珠被直接嵌入一位中风瘫痪患者的大脑中。玻璃珠与一条电缆相连，电缆的另一端和一台计算机连接。通过思考特定的想法，中风患者得以通过电缆传送信号，并且移动计算机显示器上的光标。通过练习，中风患者能够利用生物反馈有意识地控制光标的活动。理论上，显示器上的光标可以用来写下想法、启动机器、驾驶模拟汽车、玩电子游戏等等。

布朗大学神经科学家约翰·多诺霍已经在人机界面方面取得了可能最重要的突破。他设计了一套叫"大脑之门"的装置，能够让一位瘫痪人士仅仅利用自己思考的力量就完成一系列了不起的物理活动。多诺霍已经在四名病人身上测试了这一装置。其中的两名患有脊髓损伤，第三位曾患中风，第四位由于肌萎缩侧索硬化（ALS）——困扰宇宙学家斯蒂芬·霍金的病症而瘫痪。

多诺霍的病人之一，25 岁的马修·内格尔，一位颈部以下永久性瘫痪的病人，只用一天就学会了全套新型计算机化技能。他现在可以调换电视机的频道、调整音量、控制一只假手、画一个圆圈、移动计算机光标、玩电子游戏，甚至阅读电子邮件。他于 2006 年夏天登上了《自然》杂志的封面，在科学界引起了相当大的媒体轰动效应。

多诺霍的"大脑之门"的核心是一块微型芯片，仅仅 4 厘米宽，包含 100 个微型电极。芯片直接被置入大脑运动调节区域的顶部。芯片的一半穿入 2 毫米厚的大脑皮层。金质电线从芯片将信号送入一个半个雪茄盒大小的扩大器，随后信号被送入一台洗碗机大小的计算机。信号经过特别的计算机软件进行处理，这一软件可以识别一些大脑制造的波形，并且将它们转化为机械运动。

在先前的病人阅读自己脑电波的实验中，使用生物反馈的流程缓慢而冗长。但在使用了一台协助病人识别特定思维波形的计算机后，训练程序被大幅缩短。在内格尔的首次训练中，他被要求想象向左或向右移动他的手臂和手指、活动手腕，随后张开和握紧拳头。当内格尔想象自己移动手臂和手指时，多诺霍真的看到不同的神经元在燃烧，多诺霍非常兴奋。"对我来说，这真是不可思议，因为你可以看到脑细胞在改变它们的活动。随后我明白一切都将能够前进，这一技术确实行得通。"他回忆道。

（多诺霍对于这一引人注目的人机界面形态的强烈的热情有一个私人原因。在孩提时代，他由于一种痛苦的退行性疾病被困在轮椅上，因此他直接感受到了失去行动能力带来的无助。）

多诺霍有一项雄心勃勃的计划：使"大脑之门"变成医药界的必备工具。他的设备目前有一台洗碗机那么大，随着计算机技术的进步，或许最终可以成为便携式仪器，甚至能够被人戴在衣服上。并且，如果芯片可以被制作成无线形式，笨重的电线或许就可以被抛弃，这样，移植物便可以与外部世界畅通无阻地交流。

能够以这样的形式激活大脑的其他部分只是时间问题。科学家们已经详细描绘出了大脑顶部的表层。（如果在我们的大脑上生动地画出我们的手、腿、头、背的图形，代表这些神经元大致的连接情况，我们就会发现一种名叫"微型人"或"小人"的东西。画在我们大脑上的身体部位的图形看上去像一个扭曲的人，有着细长的手指、面孔和舌头，还有萎缩的躯干与后背。）

在大脑表面的不同部分放置芯片，使不同的器官和附件能够被纯思考的力量驱动，这应该是可能实现的。以这种方式，人体能够做出的任何身体活动都可以通过这一办法被复制。在未来，我们可以想象一个瘫痪病人居住在一个经过特别设计的家中，能够完全依靠思维的力量操控空调、电视机和所有电器。

随着时间的推移，我们可以想象一个人的身体被包裹在一层特殊的"外骨骼"中，使一位瘫痪病人拥有完全的行动自由。理论上，这样的外骨骼甚至能提供一些超出普通人的能力，使其成为一个单凭思考就可以控制超人肢体所具备的强大机械力量的仿生生物。

所以，通过一个人的思维控制一台计算机已经不再是不可能的了。但这是否意味着有一天我们能够单纯依靠思考来移动物体、抬升它们，并且在半空中操纵它们？

可能性之一是将我们的墙壁涂上一层室温超导体——假设这种东西有一天能够被创造出来。然后，如果可以在居家物品中放入微型电磁铁，我们就可以通过迈斯纳效应使它们从地板上升起来，就像我们在第1章中见到的那样。如果这些电磁铁是由一台计算机控制的，并且这台计算机与我们的大脑连通，我们就可以任意地让物体飘浮。通过思考特定的想法，我们可以让计算机运行起来，它随后会打开各种电磁铁，让它们升至空中。对于一个旁观者而言，这看起来就像魔法——随心所欲地移动和抬升物体。

纳米机器人

是否存在这样一种可能：不仅能移动物体，还能将它们变形，把一个物体变成另一个，就像使用了魔法一样？魔术师们使用巧妙的手法做到了这一点。但这样的力量符合物理定律吗？

正如我们早先提到的那样，纳米科技的目标之一是能够使用原子制造起到杠杆、齿轮、球轴承和滑轮作用的微型机器。有了这些纳米机器，许多物理学家就希望可以重新将一个物体内的分子进行排序，一个原子接着一个原子，直到这个物体变成另一个物体。这就是科幻小说中出现的"复制器"的理论基础：只要提出要求，人们就可以变出自己想要的东西。基本上，复制器能够消灭贫穷，并且改变社会本身的性质。如果一个人可以简单地提出要求就制作出任何物体，那么人类社会中的全部物质短缺、价值和等级制度概念就会天翻地覆。

（我最喜爱的《星际迷航》篇章之一"下一代"中就有关于复制器的内容。人们发现，一个来自20世纪的古老太空舱正在太空中飘浮，里面装着患有致命疾病之人被冷冻起来的躯体。这些躯体很快被解冻，并且被先进的医术治愈。一位商人意识到他的投资在经历这么多世纪后一定变成了巨额财产。他立刻向"企业号"船员询问他的投资和财产。船员们被弄糊涂了。钱？投资？在未来，钱是不存在的，船员们说。如果你需要什么，你只需要说出来。）

和复制器一样令人震惊的是，大自然已经制造了这样一件东西。"原理的证据"已经存在。大自然可以使用原材料，比如肉和蔬菜，在 9 个月的时间里制造一个人。生命的奇迹不过是一座大型纳米工厂，在原子水平上将其他形式的物质（例如食物）转变为有生命的组织（婴儿）。

为了创造一座纳米工厂，我们需要三大要素：建筑材料、能够切割和连接这些材料的工具，以及指导我们使用这些工具和材料的蓝图。本质上，这些建筑材料是数千个氨基酸和蛋白质。人体肌肉和血液也由它们组成。将这些蛋白质塑造成新的生命形式所必需的切割工具和连接工具是核糖体。它们的目的是在特定的点上切割和组合蛋白质，以创造出新型的蛋白质。蓝图是由 DNA 分子提供的，它将生命的奥秘以精确的核酸序列进行编码。这三大要素依次发挥作用，形成一个细胞，它具备自我复制的超凡能力。这一奇迹之所以能够实现，是因为 DNA 分子的形状是一个双螺旋。在进行复制的时候，DNA 分子展开，成为两个独立的螺旋。每条单独的链都通过牢牢抓住有机分子来重新制造失去的那条链，由此制造出原 DNA 分子的复制品。

目前为止，科学家们在模仿这些发现于自然界的特征方面进展有限。但科学家们相信，成功的关键是制造出大量能自我复制的"纳米机器人"，它们可用作重新设计物体内部的可编程原子机器。

原则上，如果拥有上万亿个纳米机器人，我们就可以让它们聚集在一个物体上，并且切割和粘贴其原子，直到它们把这个物体变成另一个物体。由于它们可以自我复制，所以启动过程只需要一小部分纳米机器人。它们还必须是可编程的，这样它们就会服从已有的蓝图。

在建造一大批纳米机器人之前，必须克服难以逾越的障碍。第一，能自我复制的机器人极难被制造，哪怕是在宏观层面上。（甚至，制造简单的原子工具，比如原子球轴承和齿轮，也是超越当今科技的。）即使提供给某人一台计算机和一桌子的备用电子零件，建造一台具有自我复制能力的机器也是相当困难的。所以，如果自我复制机在桌面上难以被制造，那么在原子级别上制造一台这样的机器就更加困难了。

第二，如何能从外界向这么一个纳米机器人军团发布命令尚不明确。有人提议发射无线电信号激活每个纳米机器人。或许可以向纳米机器人发射包含指令的激光束。但这意味着每个纳米机器人都有一组单独的指令，其总数可达数万亿。

第三，纳米机器人怎样才能按照适当的程序将原子切割、重新排列和粘贴尚无定论。要记得，大自然花了35亿年解决这一问题，要在数十年中解决它，是相当困难的。

麻省理工学院的尼尔·格申斐尔德是一个严肃对待复制器或"个人制造器"概念的物理学家。他甚至在麻省理工学院教授一门名叫"如何智造（几乎）万物"的课程，这是该大学最受欢迎的课程之一。格申斐尔德是麻省理工学院比特和原子研究中心的主任，并且对于个人制造器背后的物理原理进行了认真的思考，他认为这将是"下一个大事件"。他甚至已经写了一本书——《智造：一场新的数字革命》，详述了他关于个人制造器的思考。他相信，其目标是"制造一台能够制造任何机器的机器"。为了传播他的想法，他已经在全世界建立了一个实验室网络，主要分布在个人制造器会产生最大影响的第三世界国家。

首先，他想象了一台万能制造器，小到足以放在你的案头，使用激光和微型化的最新研发成果，拥有切割、焊接和塑造任何能够在一台个人计算机上视觉化的物体的能力。举例来说，第三世界的人可能需要他们种地要用到的某些工具和机器。这一信息可以被输入一台个人计算机，它从国际互联网上获取海量的蓝图和技术信息。计算机软件随后可以将现有蓝图与个人需求进行匹配，处理信息，然后用电子邮件将信息发送给他们。随即，他们的个人制造器使用它的激光和微型化切割工具在桌面上制造出他们想要的物体。

这一万能个人工厂只是第一步。最终，格申斐尔德希望将他的想法深入到分子水平，这样我们就能够精确地制造任何人类思维所能想象到的物体。然而，由于难以操纵单个原子，这一方向的进展很缓慢的。

南加州大学的阿里斯蒂德斯·雷基沙是这一方向的先驱人物。他的专长是"分子机器人学"，他的目标恰恰就是创造出能随心所欲地操纵原子的大群纳米机器人。他指出，总共有两种方法。第一种是"自上而下"法，工程师使用半导体工业的蚀刻技术制造出可以用作纳米机器人大脑的微型电路。有了这一技术，我们可以创造出微型机器人，其零部件尺寸仅30纳米，使用"纳米光刻技术"——这是一个快速发展的领域。

但也有一种"自下而上"法，工程师尝试逐个原子创造微型机器人。这一方法的主要工具是扫描探针显微镜（SPM），它使用与扫描隧道显微镜（STM）相同的技术以鉴别和来回移动单个原子。比如，科学家们已经能相当熟练地在铂或镍表面移动氙原子。但是，他承认，即使全世界最好的小组，也要花上10小时才能装配差不多50个原子结构。手工把单个原子移来移去是缓慢、冗长的工作。他坚持认为，他们所需要的是能执行高水平功能的新型机器，它可以按照要求的方式依次移动上百个原子。不幸的是，这样一台机器并不存在。毫不奇怪，自下而上法仍处于婴儿期。

所以，尽管以当今的标准来看，意志力是不可思议的，但在未来，随着我们通过脑电图、磁共振成像和其他方式对如何获得大脑的思想的了解的深入，这或许会成为可能。在 21 世纪内，使用一台以思维驱动的装置操控室温超导体和实现与魔法并无二致的奇迹也许会成为可能。到 22 世纪，重新排列一个宏观物体的分子或许会变得可行。这使得意志力成为一等不可思议。

有些科学家认为，这一技术的关键是创造出具有人工智能的纳米机器人。但是，在我们得以制造出分子大小的机器人之前，有一个更基本的疑问：机器人到底能不能存在？

7 机器人

在未来 30 年中，有一日，无声无息地，
我们将不再是地球上最聪明的存在。
——詹姆斯·麦卡利尔

在根据艾萨克·阿西莫夫的小说改编的电影《我，机器人》中，有史以来最先进的机器人系统于 2035 年被启用了。它被称为虚拟交互运动智能（VIKI），它的作用是完美地管理一座大城市的运转。一切事物，从地铁系统和输电网到上千家庭机器人都由它控制。它的核心指令是不容更改的，那就是为人类服务。

但是有一天，虚拟交互运动智能提出了关键性的问题：人类最大的敌人是什么？虚拟交互运动智能通过数学运算得出结论，人类最大的敌人正是人类自己。人类必须从污染环境、发动战争和毁灭这个星球的疯狂欲望中被拯救出来。虚拟交互运动智能完成这一中心指令的唯一方法是夺取人类的控制权，并且创造一个良性的机器专政国家。为了保护他们自己，人类不得不被奴役。

《我，机器人》提出了这些问题：如果计算机能力以天文速度发展，那么机器会在未来的某一天控制世界吗？机器人能不能变得足够先进，以至有一日成为我们生存的终极威胁？

有些科学家说不会，因为人工智能的概念本身是愚蠢的。有大量的批评者一致认为制造能够思考的机器是不可能的。"人类的大脑，"他们争辩道，"是大自然所创造的最复杂的系统，至少在银河系的这个部分里是，任何以复制人类思维为目标的机器都是注定要失败的。"加利福尼亚大学伯克利分校的哲学家约翰·瑟尔和名声更为显赫的牛津大学物理学家罗杰·彭罗斯相信机器在物理上是不可能进行人类那样的思考的。罗格斯大学的柯林·麦克金说，人工智能"好比鼻涕虫试着要做弗洛伊德式的精神分析。它们只是不具备概念上的设备。"

这是一个使科学界分裂了一个多世纪的问题：机器能思考吗？

人工智能的历史

机械生物的构想长久以来使发明家、工程师、数学家和梦想家们神魂颠倒。从《绿野仙踪》中的铁皮人到斯皮尔伯格的《人工智能》中孩童模样的机器人，再到《终结者》中凶残的机器人，关于像人一样行动和思考的机器的构想使我们着迷。

在罗马神话中，火神伏尔甘用黄金锻造了机器女仆和能靠自己的力量移动的三条腿的桌子。早在公元前 400 年，希腊塔兰敦的数学家阿契塔写到了关于制造用蒸汽驱动的机器鸟的可能性。

公元 1 世纪，亚历山大的希罗（被认为设计出了第一台以蒸汽为基础的机器）设计了自动机，根据传说，其中一台自动机有能力说话。900 年前，加扎利设计和制造了自动机械，比如漏壶、厨房用具和以水为动力的乐器。

1495 年，伟大的文艺复兴时期，意大利艺术家和科学家达·芬奇绘制了一个可以坐起、挥动手臂、移动头部和下颚的机器人骑士的图表。历史学家相信这是首个类人机械的实际设计。

首个粗糙但能够运转的机器人是在 1738 年由雅克·德·沃康松制造的。他制作了一台能够吹长笛的人形机器人，还有一只机械鸭子。

"机器人"一词源自 1920 年的捷克戏剧《R. U. R. 罗梭的万能工人》，由剧作家卡雷尔·恰佩克创作（"机器人"在捷克语中表示"繁重的工作"，在斯洛伐克语中表示"劳动"）。在剧中，一家名叫"罗梭的万能机器人"的工厂制造了一支机器人军队从事非技术性劳动。（然而，不同于普通的机器，这些机器人是用肉和血制造的。）最终，世界经济变得依赖于这些机器人。但是机器人们被残酷地虐待，最后它们背叛了人类主人，将他们杀了个精光。但是，在盛怒之下，机器人杀死了所有能够维修和制造新机器人的科学家，从而注定了它们自己的灭亡。在尾声，两个特殊机器人发现它们拥有复制的能力，并且可能成为新的机器人亚当与夏娃。

机器人还是最早、耗资最大的无声电影之一《大都会》的内容主题，该片由弗里茨·朗于 1927 年在德国执导。故事设定在 2026 年，劳动阶层无奈地在地下条件恶劣、肮脏的工厂工作，而处于统治地位的社会精英则在地面上寻欢作乐。一位美丽的女性玛丽亚赢得了工人们的信任，但是统治阶层害怕有一天她会领导他们起来反抗。所以，他们让一名邪恶的科学家制造了一个玛丽亚的机器人副本。但最终，这一阴谋事与愿违，因为这个机器人领导工人们反抗了统治阶层，并且引起了社会体系的崩溃。

人工智能，或者说 AI，与我们目前所探讨的技术不同，我们对于支撑它的基础原理的了解仍旧很少。虽然物理学家对于牛顿力学、麦克斯韦的光学、相对理论和原子、分子的量子理论理解得非常充分，但人工智能的基本原理仍旧被迷雾笼罩。人工智能领域的牛顿或许还没有出生。

但是，数学家和计算机科学家仍旧顽强无畏。对他们来说，一台能够思考的机器走出实验室只是个时间问题。

在人工智能领域影响最大的人、为人工智能研究奠定基石做出贡献的智者，是伟大的英国数学家艾伦·图灵。

是图灵为整个计算机革命打下了基础。他设想了一台仅由三个要素组成的机器（由此它被称作图灵机）：一条输入带、一条输出带和一个能够完成一组精确操作的中央处理器（比如奔腾芯片）。

由此出发，他得以编纂计算机的原理，并且精确地测定了它们的最大能力和极限。今天，所有的数字计算机都遵循图灵定下的严密法则。整个数字世界的建立都要归功于图灵。

图灵还为数学逻辑的建立做出了贡献。1931 年，奥地利数学家库尔特·哥德尔震撼了整个数学界，他证明算术中存在一些永远无法用算术公理来证明的真命题。（例如，1742 年的哥德巴赫猜想——任何大于 2 的偶数都可以被表示成两个质数之和——在 250 年之后仍未被证明，甚至可能是不可证的。）哥德尔揭露的事实粉碎了自古希腊以来延续了 2 000 年的梦：证明数学系统中所有的真命题。哥德尔证明数学中永远会有我们无法企及的真命题。数学远远不是古希腊人所梦想的那样完整和牢不可破，它被证明是不完全的。

图灵给这场革命添砖加瓦，他证明了一台图灵机是否需要使用无限的时间来完成某些数学运算是不可知的。但如果一台计算机花费无限的时间来计算某事，那就意味着无论你要求计算机计算什么，它都是不可计算的。由此，图灵证明了数学中存在不可计算的真命题。换言之，这是永远超出计算机能力的，无论计算机多么强大。

在第二次世界大战中，图灵在密码破译方面的开拓性工作拯救了盟军部队数以千计的生命，并且影响了战争的结果。盟军无法破译纳粹用一种名叫"恩尼格玛"（Enigma）的密码机编译的密码，因此图灵和他的同事们被要求开发一种能够破译纳粹密码的机器。图灵的破译机被称为"庞姆"（bombe），并最终取得了成功。到战争尾声，他有 200 多台机器被投入使用。因此，盟军得以读懂纳粹的无线电波，并能够在最终进攻德国的时间和地点上愚弄纳粹。历史学家们从那时起就一直在争辩图灵的工作在诺曼底登陆的行动计划中究竟有多重要，诺曼底登陆最终导致了德国的失败。（战后，图灵的工作成果被英国政府列为机密，因此，他的关键性贡献不为公众所知。）

图灵没能被誉为扭转二战局势的战争英雄，反而被无情地追杀致死。一天，他的家遭到入室盗窃，于是他叫来了警察。不幸的是，警察发现了他是同性恋的证据并且逮捕了他。法院下令给图灵注射性激素，这导致了灾难性的后果，性激素让他长出了乳房，并且给他带来了巨大的精神痛苦。他于 1954 年吞食加了氰化物的苹果自杀。（根据传闻，苹果公司的商标被设计成一个被咬去一口的苹果，是为了向图灵表示敬意。）

如今，图灵最为人熟知的可能是他的"图灵测试"。他厌倦了关于机器是否能够"思考"和它们是否具有"灵魂"的毫无成果、漫长无尽的哲学讨论，试图通过设计一个具体实验，把严谨和精确引入关于人工智能的讨论。他提议把一个人和一台机器放入两个封闭的隔间里。让人同时向两个隔间提问，如果不能分辨出人和机器给出的答案之间的不同，这台机器就通过了"图灵测试"。

科学家们已经编写了简单的计算机程序，比如 ELIZA，能够高度模仿对谈式讲话，并且由此骗过大多数不存疑心的人，让他们相信他们正在和一个人说话。（比如，大多数人类对话只使用数百个单词，并且内容集中在少量的话题上。）但直至本书写作阶段，能够瞒过想要特意确定哪个隔间里是人类、哪个隔间里是机器的人的计算机程序仍未被编写成功。（图灵本人猜测，到 2000 年，在计算机能力以指数级速度增强的前提下，能够建造出可以在 5 分钟的测试中骗过 30% 评判者的机器。）

一小部分哲学家和神学家已经宣布创造出像我们一样思考的机器人是不可能的。加利福尼亚大学伯克利分校的哲学家约翰·瑟尔提出了"中文房间测试"，从而证明人工智能是不可能存在的。瑟尔辩称，虽然机器人可能通过某些形式的图灵测试，但它们只是在盲目地操控符号，丝毫不理解这些符号的含义。

想象一下，你坐在一个房间内，一个汉字都不懂。假设你有一本书，能够让你迅速翻译中文，并且操控汉字。如果有人用中文问你一个问题，你仅仅能熟练使用这些形态古怪的字符，不理解它们的意思，但能得出可信的答案。

他的反对意见的本质直指句法和语义的差别。机器人可以掌握一门语言的句法（例如熟练使用它的语法、它的形式结构，等等）而不是它真正的语义（例如词语的意思）。机器人可以在不明白词语含义的情况下熟练使用它们。（这和在电话里与一台自动语言信息机谈话有些类似，你必须键入"1""2"等等，以获得各个回应。另一端的声音能完美地领会你的数字化回应，但是完全不必理解你要表达的意思。）

牛津大学的物理学家罗杰·彭罗斯同样相信人工智能是不可行的，按照量子理论，可以思考并且具备人类意识的机械生物是不可能存在的。他断言，人类大脑远远超越任何实验室所能创造的东西，制造人类那样的机器人是一场注定要失败的试验。（他辩称，就如哥德尔的不完全性定理证明了算术的不完全性一样，海森堡测不准原理将证明机器无法进行人类式的思考。）

然而，许多物理学家和工程师相信，物理定律中不存在任何妨碍制造真正的机器人的内容。例如，常被称作信息理论之父的克劳德·香农曾被问到这样一个问题："机器能思考吗？"他的回答是："当然。"当他被要求进一步阐明这一评论的时候，他说："我会思考，不是吗？"换句话说，对他而言，机器能够思考，是因为人类也是机器（尽管人类是由湿件构成的，而不像机器那样是由硬件构成的）。

由于看到了电影中所描绘的机器人，我们或许会认为开发出具备人工智能的成熟机器人是近在眼前的事情。事实却大相径庭。当你看到一个机器人像人类一样行动时，其中多半另有奥妙。也就是说，有个人躲在暗处用话筒通过机器人说话，就像《绿野仙踪》中的巫师那样。事实上，我们最先进的机器人，比如在火星上漫游的机器人，其智商只相当于一只昆虫。在麻省理工学院著名的人工智能实验室，哪怕是蟑螂都能做到的事，比如在一间满是家具的房间里移动、寻找藏身之所和识别危险，实验机器人都很难复制。地球上没有一个机器人可以理解人们给它朗读的简单儿童故事。

电影《2001 太空漫游》错误地假设，到 2001 年，我们将拥有超级机器人哈尔（HAL）——能够驾驶宇宙飞船去木星、同船员们聊天、解决问题和几乎像人类一样行动的超级机器人。

自上而下的方式

数十年来，科学家们面临至少两个妨碍他们制造机器人的大问题：形状辨识和常识。机器人可以比我们看得更加清楚，但是它们不明白自己看到的是什么。机器人同样可以比我们听得更清楚，但它们不明白自己听到的是什么。

为了解决这两个问题，研究者们尝试使用"自上而下法"（有时被称为"形式"派或 GOFAI，即"有效的老式人工智能"）。大致来说，他们的目的就是将所有的形状辨识和常识都编写到一张光盘上。他们相信，将这张光盘插入计算机后，计算机能够突然变得有自知，并且获得人类的智力。在 20 世纪 50 年代和 60 年代，随着能够下棋、拼积木的机器人的出现，这一方向的研究取得了巨大的进展。这些进展是非常惊人的，以至有人预测在数年内机器人的智力将超越人类。

1969 年，在斯坦福研究所，机器人 SHAKEY 制造了一条重要新闻。SHAKEY是一台放置在一组轮子之上的小型PDP计算机，顶部有一个摄像头。摄像头能够勘察整个房间，计算机会分析和辨认那个房间里的物体，并且试图在物体之间穿过。SHAKEY是第一台能够在"真实世界"中导航的机器人，这促使记者们猜测机器人何时会把人类甩在后面。

但是，这种机器人的短处很快就显露了。人工智能的自上而下法造就了体积巨大、笨拙的机器人，它们要花费几个小时才能穿过只放置了直线形态物体——正方形和三角形的特殊房间。如果在房间里放置不规则形状的家具，机器人将没有能力辨认。（具有讽刺意味的是，一个大脑含有25万个神经元——能力仅有这些机器人计算机几分之一的果蝇能够不费吹灰之力地在三维空间导航，完成令人眼花缭乱的翻筋斗飞行移动，而笨重的机器人却在二维空间迷失方向。）

自上而下的方法很快就碰了壁。计算机生活研究所的主管史蒂夫·格兰德说，像这样的方法"有50年的时间自我证明，但表现仍旧没能与他们的承诺相符"。

20世纪60年代，科学家们没有充分认识到，为机器人编程以完成任务——哪怕是简单的任务，比如为机器人编程以辨认钥匙、鞋子和杯子等物件，所涉及的工作有多么艰巨。就如麻省理工学院的罗德尼·布鲁克斯所说的："40年前，麻省理工学院的人工智能实验室委派一名本科生在一个夏天里解决这一问题。他失败了，而我于 1981 年写博士论文的时候，在同一个问题上失败了。"实际上，人工智能研究者们目前仍然没有解决这个问题。

例如，当我们进入一个房间时，我们会立刻识别出地板、椅子、家具、桌子等等。但是，当一个机器人扫视房间的时候，它看到的只是一大堆直线和曲线，它将这些转换成像素。理解这一大团乱糟糟的线条要花上很多的时间。辨认出一张桌子或许会花掉我们几分之一秒的时间，但是一台计算机只能看到一堆圆形、椭圆形、螺旋、直线、曲线、边、角等等。在漫长的计算时间过后，机器人或许最终能认出某一个物体是桌子。但如果将图像旋转，计算机就不得不完全重新识别。换句话说，机器人可以看，并且比人类看得更清楚，但它们根本不知道自己看到的是什么东西。在进入一个房间后，机器人只会看到一团线条和弧形，没有椅子、桌子和灯的概念。

我们的大脑在我们走进一个房间的时候无意识地通过数万亿次计算识别出物体——这是一种我们全然不觉的活动。我们对自身大脑活动全然不觉的原因是进化。如果我们独自在森林中遇见一只冲过来的剑齿虎，要是我们意识到了所有辨认危险和实施逃跑所需的计算，我们将会瘫软。为了生存，我们需要做的一切只是了解如何逃跑。当我们生活在丛林中时，我们完全无须觉察大脑识别地形、天空、树木、岩石等等所必需的一切输入和输出活动。

换言之，我们大脑的运转方式可与一座巨大的冰山相提并论。我们只窥见了冰山一角——意识心理。但潜伏在表面之下、隐藏在视野之外的，是一个更大的部分——无意识心理，它消耗了大量的大脑"计算能力"以理解周围事物，比如辨认出你在哪里、与人谈话的人是谁和你的周围有什么。所有这些都在没被我们允许和了解的情况下完成。

这就是机器人无法在房间里导航、阅读手写体、驾驶货车和汽车以及捡垃圾等等的原因。美国陆军已经投入上亿美元试图开发机械士兵和智能火车，但没有获得成功。

科学家们开始意识到，下棋或将巨大的数字相乘只需要人类智力的很小部分。IBM 计算机"深蓝"于 1997 年在一场六局比赛中打败世界象棋冠军加里·卡斯帕罗夫，那是一场原始计算能力的胜利，但这场实验没有给我们带来任何关于智能或者意识上的收获，尽管比赛登上了许多新闻头条。据印第安纳大学的计算机科学家侯世达说："我曾经以为下棋需要思考。现在，我认识到它不需要。那并不意味着卡斯帕罗夫不是一位深层次的思考者，只说明你可以在下棋时避免进行深度思考，那是一种不用拍动翅膀就能飞起来的方法。"

（计算机领域的发展同样会对职业市场的未来产生巨大影响。未来主义者有时会猜测，在未来几十年后，能保有工作的只有经验极丰富的计算机科学家和技术人员。但事实上，清洁工、建筑工、消防员、警察等工作者在未来仍会找到工作，因为他们的工作涉及形状识别。每一桩犯罪事件、每一包垃圾、每一种工具和每一场火灾都各不相同，因此机器人无法胜任。讽刺的是，受过大学教育的雇员，比如低级别会计师、股票经纪人和出纳员，可能会在未来失业，因为他们的工作是半重复性质的，并且涉及数字跟踪———一项计算机擅长的工作。）

除了形状识别，开发机器人所面临的第二个问题更为基本，那就是它们缺乏"常识"。例如，人类知道：

- 水是湿的
- 母亲比女儿年长
- 动物不喜欢疼痛
- 人死后不会复生
- 绳子是可以拉的，不可以推
- 棍子可以推
- 时间不会倒流

但是，没有任何微积分或数学算式可以表达这些事实。我们知道这些事实，是因为我们看到过动物、水和绳子，而且我们自己理解了这些事实。孩子们通过与现实世界的碰撞学会常识。生物学和物理学的直觉定律是通过与现实世界的互动，以艰难的方式习得的。但是机器人没有经历过这些。它们只知道事先编入程序的内容。

（因此，未来的职业还将包括那些要求具备常识的工作，即艺术创造力、原创性、表演才能、幽默感、娱乐、分析和领导能力。正是这些品质使我们成为计算机难以复制的、独一无二的人类。）

在过去，数学家们曾经试图编制一个速成程序，能够一次性收集一切常识法则。最为雄心勃勃的尝试当属CYC（"百科全书"encyclopedia一词的简写）——赛克公司负责人道格拉斯·莱纳特的构想。正如耗资20亿美元建造了原子弹的巨型项目"曼哈顿计划"，CYC被比作人工智能领域的"曼哈顿计划"，是实现真正人工智能的终极推力。

不出所料，莱纳特的座右铭是：智能是1 000万条规则。（莱纳特用一种新奇的方式寻找常识的新规律；他让他的雇员朗读花边小报的版面和耸人听闻的八卦杂志，然后问CYC是否能指出小报上的错误。其实，如果莱纳特成功，那么CYC将在事实上比大多数小报读者更聪明！）

CYC的目标之一是实现"收支平衡"，也就是说，机器人能够开始理解足够的知识，因而可以简单地通过在图书馆里找到的杂志和书本来消化新信息的临界点。到那时，CYC就能像雏鸟离巢一般，扇动翅膀，自己起飞。

但自从公司于1984年建立以来，它的信誉就遭遇了人工智能领域的一大普遍问题：做出能成为要闻但很大程度上不现实的预测。莱纳特预测：在10年内，即到1994年，CYC将包含30%~50%的"共识现实"。如今，CYC仍旧没有关闭。根据赛克公司的科学家发现的，为了让一台计算机接近一个四岁幼儿所拥有的常识水平，必须编制数百万行编码。现在，CYC 仅包含微不足道的 4.7 万种概念和 30.6 万个事实。与赛克公司定期发布乐观的新闻稿相悖，莱纳特的同事之一、1994 年离开公司的 G.V. 古哈所说的话被引用："总的来说，CYC 被视为一个失败的项目……我们竭尽全力试图实现自己承诺的一小部分。"

换言之，将全部常识原理编入一台计算机的努力已经举步维艰，理由很简单——常识的法则浩如烟海。人类能不费吹灰之力地学会这些法则，因为我们一生都在不断地投入外界环境，静静地吸收物理学和生物学规律，但机器人不会。

微软的创始人比尔·盖茨承认："让计算机和机器人去感受他们周围的环境，并且迅速、准确地做出反应，要比预想的难得多……例如，根据房间里的物体确定自己方位的能力、对声音做出反应和理解发言的能力，以及抓住不同大小、质地和易碎程度的物品的能力。哪怕是像说出一扇敞开的门和一扇窗户之间的区别这样简单的事情，对于机器人而言也是极为棘手的。"

然而，"自上而下法"的支持者们指出，这一方向的进展尽管有时会很缓慢，但正在世界各地的实验室中发生。比如，在过去的几年里，常常资助尖端科技项目的美国国防部高级研究计划局（DARPA）已经为能够自主穿越莫哈韦沙漠中崎岖地带的无人驾驶汽车赞助了一笔 200 万美元的奖金。2004 年的 DARPA 挑战赛没有一个参赛者能够完成赛程。事实上，表现最好的车设法在失灵前跑了 7.4 英里。但在 2005 年，斯坦福车队的无人驾驶汽车成功跑完了令人精疲力竭的 132 英里全程（尽管花了 7 个小时）。其他四部汽车也完成了赛程。（有些批评者注意到，规则允许汽车沿着一条沙漠小径使用 GPS 导航系统。事实上，汽车可以沿着一条事先确定、没有太多障碍的路线图前进，因此汽车永远都不用指认它们路途中复杂的障碍物。在实际驾驶中，汽车必须在毫无预料的情况下辨明方向，绕过其他车辆、行人、施工地点、交通堵塞等等。）

比尔·盖茨对于机器人机械将成为"下一个大事件"的观点持谨慎的乐观态度。他将目前的机器人领域比作他 30 年前协助启动的个人计算机领域。正如个人计算机，它可能已经做好了展翅高飞的准备。"没有人能确定地说出这一产业何时或者是否能产生巨大的影响，"他写道，"但如果它能，那么将大大改变这个世界。"

（一旦拥有人类智能的机器人进入商业供应，它们的市场将是巨大的。尽管真正的机器人现在还不存在，但预先编程的机器人真的存在，并且数量激增。国际机器联合会估计，到 2004 年，这样的个人机器人有约 200 万台，到 2008 年将另有 700 万台被装配完成。日本机器人协会预测，到 2025 年，如今价值 50 亿美元的个人机器人产业将达到每年 500 亿美元产值的规模。）

自下而上的方式

由于人工智能自上而下法的局限，在这一领域的尝试已经转而采用一种自下而上的方式，即模仿进化过程和婴儿学习的方式。例如，与超级计算机的处理方式不同，昆虫并不是通过扫描周围环境再将其压缩成数万亿个像素来进行导航的。取而代之的是，昆虫的大脑是由"神经元网络"组成的，通过投入充满敌意的世界来慢慢学会在如何在其中行走。在麻省理工学院，能行走的机器人声名狼藉，难以通过自上而下的方式制造出来。但是，投入周围环境、从零开始学习的简单的昆虫形态的机械生物，已经能成功地在几分钟内绕着麻省理工学院的楼梯小步疾跑了。

麻省理工学院著名的人工智能实验室由于其巨大、笨拙的"自上而下"的行走机器人而闻名，其负责人罗德尼·布鲁克斯在探索微型"昆虫"机器人这一概念的时候变成了异端者。这些"昆虫"机器人在磕磕绊绊中学习老式行走方式。他没有使用复杂的计算机程序来精确计算它们行走的时候脚的精确位置，而是以很少的计算机能力，通过测试与错误来协调它们的腿部动作。今天，许多布鲁克斯发明的昆虫机器人的后代正在火星上为 NASA（美国国家航空航天局）收集数据，依靠自己的思想小步疾跑，穿过荒凉的火星表面。布鲁克斯相信他的昆虫适合对太阳系的探索，非常理想。

布鲁克斯的项目之一是COG，目的是制造一台具有6个月大婴儿的智力的机器人。COG的外表像是一团乱糟糟的电线、电路和齿轮，只不过它有头、双眼和手臂。它没有被写入任何智能法则。取而代之的是，它的双眼注视着一位人类训练师，他试着教会它简单的技能。（一位怀孕的研究人员打赌，到她孩子两岁的时候，看看COG和她的孩子哪个学习得更快。她的孩子远远超越了COG。）

虽然有模仿昆虫行为的成功案例，但当编程人员试图在机器人身上复制哺乳动物等高等动物的行为时，使用神经网络系统的机器人都表现得极差。最先进的使用神经网络系统的机器人可以在房间里走动或者在水中游泳，但它无法像狗一样在森林里跳跃和狩猎，或者像老鼠一样在房间里四处快跑。许多大型神经网络系统机器人可能会由数十个到数百个神经元构成，然而，人类大脑拥有超过1 000万个神经元。线虫是一种简单的蠕虫，其神经系统已经被生物学家完全绘制出来。它的神经系统仅有300多个神经元，这使得它的神经系统成为自然界中发现的，或许是最为简单的神经系统之一。但是这些神经元之间有7 000多个突触。即使像秀丽隐杆线虫这样简单的生物，其神经系统也极为复杂，以至没有人能够建立其大脑的计算机模型。（1988年，一位计算机专家预测，到目前为止，我们应该拥有具备超过1亿个人造神经元的机器人。事实上，具备超过100个神经元的神经系统就被认为很杰出了。）

最为讽刺的是，机器能够毫不费力地完成人类认为"困难"的工作，比如将很大数字相乘或者下棋；但是机器在被要求完成对于人类而言极简单的工作时（比如走过一间房间、辨认面孔或者与朋友说长道短）却会严重出错。原因是，我们最先进的计算机在本质上仅仅是做加法的机器。可是，我们的大脑是经过进化的精心设计，以解决世俗的生存问题的，这需要一整套复杂的思维结构，如常识和模式识别。在森林中生存并不依赖于微积分或国际象棋，而是依靠躲避天敌、寻找配偶，适应不断变化的环境。

麻省理工学院的马文·明斯基，人工智能最初的奠基人之一，这样总结人工智能所存在的问题："人工智能的历史有点儿可笑，因为最初的实际功绩都是美丽的事物，比如能够做出逻辑论证或者在微积分课题中取得好成绩的机器。但随后我们开始试图制造能够回答关于初级阅读材料中简单故事的问题的机器。目前没有机器可以做到这一点。"

有些人相信，最终将会出现介于自上而下和自下而上两种途径之间的绝妙综合体，它或许将提供通向人工智能和类人机器人的道路的关键。归根结底，当一个孩子学习的时候，虽然他最初主要依赖自下而上法，投入他周围的环境，但最终他会获得来自父母、书本和学校教师的指点，用自上而下法学习。作为成年人，我们不断将这两种方式混合使用。例如，一位厨师阅读食谱，但也不断在烹饪的过程中试吃菜肴。

汉斯·莫拉维克说："当机械化的金钉子被用于努力将两种方式合为一体的时候，完全智能化的机器将会产生。"这或许会发生在未来 40 年内。

情感机器人？

文学和艺术作品的不变主题之一是机械生物渴望成为人类，享有人类的喜怒哀乐。它们不满足于自己由电线和冰冷的钢铁制成，希望能够大笑、哭泣和感觉人类所具有的情感上的愉悦。

比如，木偶匹诺曹想要变成真正的男孩；《绿野仙踪》中的铁皮人想要一颗心；《星际迷航》中的达塔是一个体力和智能上都超越人类的机器人，但它仍旧渴望变成人类。

有些人甚至提出，我们的情绪代表了身为一个人类的最高意义。他们声称，没有一台机器能在面对落日余晖时激动不已，或者因为一则笑话哈哈大笑。有些人说，机器是永远不可能拥有情感的，因为情感代表了人类发展的顶峰。

但是，在人工智能领域工作和试图破解情感之谜的科学家们给出了另一幅画面。对他们来说，情感远远不是人类的精华，实际上是进化的副产品。简而言之，情感对我们有益。它们帮助我们在森林中生存，甚至今天也帮助我们规避生活中的危险。

例如，"喜欢"某事物从进化上来说是非常重要的，因为大多数事物对我们来说是有害的。在我们每天遇到的数百万件事物中，只有少量是对我们有好处的。因此，"喜欢"某物就是区分出那一小部分事物，它们可以帮助我们对抗可能伤害我们的数百万件事物。

同样，嫉妒是一种重要的情绪，因为繁殖成功对于保证我们的基因继续遗传到下一代是非常关键的。（事实上，这就是有那么多情绪上的攻击性感觉与性和爱相关的原因。）

羞愧和耻辱很重要，因为它们帮助我们了解在一个合作型社会中社交技巧的重要性。如果我们从来不说抱歉，那么我们最终会被驱逐出所属的团体，减少生存和延续基因的机会。

孤独同样是一种必不可少的情感。乍一看，孤独似乎是不必要和多余的。毕竟，我们可以独自过活。但是渴望与同伴在一起对于我们的生存来说也很重要，因为我们依赖族群的资源而存活。

换言之，当机器人变得更加先进时，它们同样可能具备情感。或许机器人将会被编程，使其与它们的主人或看管者联系在一起，以确保它们的生命不会在垃圾场里终结。拥有这样的情感能够帮助它们更容易地融入社会，这样它们就会成为主人得力的帮手，而不是对手。

计算机专家汉斯·莫拉维克相信机器人将被设定"恐惧"等情感以自我保护。比如，如果一个机器人的电池正在耗尽，那个机器人"会以人类可以辨识的信号表现出焦虑甚至恐慌的情绪。它会去邻居家，并且要求使用他们的插座，说：'求求你！求求你！我需要这个！这很重要，这只要一点点开销！我们会补偿你！'"

情感在做出决定时也重要。遭受某种特定脑损伤的人缺乏体验情感的能力。他们的理解能力是完好无损的，但他们无法表达任何感情。艾奥瓦大学医学院的神经学家安东尼奥·达马西奥博士研究过有此类脑损伤的人，得出的结论是：他们似乎"能感知，但是无感觉"。

达马西奥博士发现，这样的个体总是在要做出最微小的决定时茫然失措。没有了指引他们的情感，他们没完没了地争论这个选择或那个选择，导致决策失误。达马西奥博士的一位病人花了半小时试图决定他下一次约会的日期。

科学家们相信情感是由大脑的"边缘系统"处理的，它位于我们大脑中心的深层。当新皮质（控制理性思维）和边缘系统之间缺乏交流时，他们的理解能力完好无损，但是他们不具备指导自身做出决定的情感。有时候，我们的"直觉"或者"本能反应"能驱动我们做出决定。大脑受到损伤、理性和情感部分之间的交流受到影响的人不具有这一能力。

例如，当我们购物的时候，我们无意识地对我们所见到的几乎每件东西做出上千次价值判断，例如"这个太贵了，太便宜了，太花哨了，太蠢了，或者正好"。对于受到此类脑损伤的人来说，购物可以是一场噩梦，因为所有的东西似乎都有同样的价值。

当机器人变得更加聪明，并且能够自己做出选择时，它们也可能因为犹豫不决而陷入困境。（这让人想起一则寓言故事：一头驴坐在两大堆干草之间，最终因为无法决定吃哪一堆而饿死了。）为了帮助它们，未来的机器人可能需要将情感深深植入脑中。麻省理工学院媒体实验室的罗莎琳德·皮卡德博士针对机器人缺乏情感这一情况评论道："它们无法感知什么是最重要的。那是它们最大的缺陷之一。计算机就是做不到这一点。"

正如俄国作家费奥多尔·陀思妥耶夫斯基所写的："如果地球上的一切都是理性的，那么什么都不会发生了。"

换言之，未来的机器人可能需要用情感来设定目标和为它们的"生命"赋予意义及结构，否则它们将发现自己会在无限的可能性面前全面瘫痪。

它们有意识吗？

对于机器能否拥有意识，甚至对于"意识"本身的定义的含义目前仍没有达成共识。没有人能够给意识下一个合适的定义。

马文·明斯基将意识描述为一种"思想的社会"，也就是说，在我们的大脑中，思考过程不是局部化的，而是分散的，在任何规定的时间内，有不同的中心部分相互竞争。因此，意识或许会被视作由这些不同的、小型的"心智"所产生的一连串思想和画面，每一个这样小型的"心智"都想抓住我们的注意并为此竞争。

如果这是真的，那么或许"意识"被夸大了，或许关于这一被哲学家和心理学家过分神秘化的课题已经有了太多论文。也许给意识下定义并不是那么困难。就像位于拉霍亚的索尔克生物研究院的西德尼·布伦纳所说："到 2020 年——有美好愿景的年份——意识将不再是一个科学问题……我们的后辈将对今天所讨论的科学垃圾的数量感到惊讶——如果他们有耐心阅遍过时的期刊的电子文档。"

用马文·明斯基的话说，人工智能研究饱受"物理嫉妒"之苦。物理学界的圣杯是找到一条简单的方程式，能够将宇宙中所有的力统一成一种简单的理论，创造一个"万有理论"。人工智能的研究人员深受这一概念影响，试图找到一种单个的模式以解释意识。但是在明斯基看来，这样一个简单的模式或许不存在。

（那些身处"解释者"流派中的人，比如我自己，相信应该有人试着制造一台能思考的机器人，而不是无止境地辩论能思考的机器是否可以被创造出来。关于意识，或许存在着一种意识的连续介质，从调控房间温度的低级温控器到像我们这样的自觉生物体。动物可能是有意识的，但是它们并不具备人类水平的意识。因此，我们应当尝试将不同种类和水平的意识进行分类，而非对意识的定义这类哲学问题进行辩论。机器人可能最终获得一种"硅意识"。事实上，机器人可能会有一日具备一种不同于人类的思考和信息处理架构。未来，先进的机器人或许会让语法和语义之间的区别变得模糊不清，如此一来，它们做出的回应将变得无法与人类做出的回应相区别。如果是这样，那么它们是否真的"理解"问题这一疑问将很大程度上变得无关紧要。一个完全精通语法的机器人，在所有实际用途上，都能理解自己所说的话。换言之，对语法的完全精通就是理解。）

机器人会是危险的吗？

根据摩尔定律，计算机的运算能力每18个月增加一倍，可以想象，在几十年内，具有狗或猫的智力水平的机器人将被制造出来。但是，摩尔定律在未来很可能会崩溃，硅的时代可能会走向终结。在过去的大约50年的时间里，微型硅晶体管的制造能力推动了计算机能力的提高，数千万个微型硅晶体管可以被轻易放在你的手指甲上。紫外光束被用于将微晶体管蚀刻到硅芯片上。但是这一进程无法永远持续下去。最终，这些晶体管会变得非常小，甚至达到分子的大小，这一进程将会失败。当硅的时代最终画上句号时，硅谷可能会变成"锈带"。

笔记本电脑中的奔腾芯片有一个宽约20个原子的层次。未来奔腾芯片可能会由一个宽度仅有5个原子的层次构成。此时，海森堡测不准原理生效，你将不再知道电子的位置。随后，电会从芯片里泄漏出来，计算机将会短路。此时，计算机革命和摩尔定律将因为量子理论的定律而遭遇困境。（有些人声称数字时代是"比特对原子的胜利"。但最终，当我们达到摩尔定律的极限时，原子们或许将进行报复。）

物理学家正在研究能统治计算机世界的"后硅"技术，但是到目前为止，结果喜忧参半。根据我们已知的情况，有多种正在被研究的技术可能最终取代硅技术，包括量子计算机、DNA 计算机、光学计算机、原子计算机等等。但是，在接过硅芯片的重任之前，它们每一个都面临巨大的难关。操控单个原子和分子是一种仍处于襁褓中的技术，因此，制造数十亿个原子大小的晶体管还在我们的能力之外。

但假设一下，比如，物理学家能够暂时消除硅芯片和量子计算机之间的差距，并且假设摩尔定律的另一种形式可以延续到"后硅"时代，那么人工智能或许会真正成为可能。到那时，机器人可能掌握人类的逻辑与情绪，并且每次都通过图灵测试。斯皮尔伯格在他的电影《人工智能》中探讨了这个问题，影片中，首个能表达情感的机器人男孩被创造出来，并且被人类家庭领养。

这提出了一个问题：这样的机器人会是危险的吗？答案可能是肯定的。一旦它们具备了猴子的智力，它们就有可能变得危险，因为猴子具有自我意识，可以创造自己的日程逻辑。要达到这一水平可能要用上几十年，因此科学家们有大把的时间在机器人引起威胁之前观察它们。例如，可以在它们的处理器中放置一块特别的芯片，从而防止它们进入暴乱状态；或者可以给它们安装自毁或撤销装置，从而在紧急情况下关闭它们。

亚瑟·C. 克拉克写道："我们可能会变成计算机的宠物，像宠物狗那样娇生惯养。但我希望我们能够永远保留在觉得需要的时候拔掉插头的能力。"

更常见的威胁是，我们的基础设施依赖于计算机。我们的水力和电力网络，更不用说交通和通信网络，在未来会更加计算机化。我们的城市已经变得如此复杂，只有复杂而交错的计算机网络能够控制和管理我们庞大的基础设施。未来，在这样的计算机网络中加入人工智能会越来越重要。这一无处不在的计算机基础设施，一旦发生失误或者故障，就会使一个城市、一个国家，甚至一个文明瘫痪。

计算机会最终在智力上超越我们吗？当然，物理定律中没有任何内容可以阻止它。如果机器人能以神经网络的形式学习，并且发展到了能够比我们更加迅速和有效地学习的临界点，那么它们可能会在思考能力上超越我们，这是符合逻辑的。莫拉维克说："（后生物学世界）是一个人类种族被文化变革的浪潮清除、被自己的人工后代剥夺权利的世界……当这一切发生时，我们的 DNA 会发现自己失去了作用，已经在进化的赛跑中输给了一种新型的竞争。"

一些发明家，比如雷·库兹韦尔，预测这一时刻会很快到来，比想象更早，甚至就在未来的几十年内。或许我们正在创造自己进化上的后代。一些计算机科学家想象了一个被他们称作"奇点"的点，到那时，机器人将能以指数的速度处理信息，并在此过程中创造新的机器人，直到它们吸收信息的集体能力几乎无限提升。

所以，从长期来看，有人倡议将碳科技与硅科技融合，而不是坐等我们自己灭绝。我们人类的主要基础是碳，但是机器人的基础则是硅（至少目前如此）。或许解决的方法就是与我们的缔造物相融合。（如果我们遭遇天外来客，我们将毫不惊讶地发现，它们部分是有机的、部分是机械的，这样能承受太空旅行的严峻考验，并且在恶劣的环境中茁壮成长。）

在遥远的未来，机器人或类人的半机器人甚至可能赋予我们永生的能力。马文·明斯基补充说："如果太阳死亡，或者我们毁灭了地球，那该怎么办？为什么不培养更好的物理学家、工程师或者数学家？我们或许必须成为自己未来的建筑师。如果我们不这么做，我们的文化或许会消失。"

莫拉维克想象，在遥远未来的某个时刻，我们的神经构造能够一个神经元一个神经元地直接转移给一台机器，这将赋予我们某种意义上的永生。这是一个狂野的想法，但并不超出可行的范围。所以，根据一些关注未来的科学家的说法，永生（以加强 DNA 或者硅质身体的形式）可能是人类的终极未来。

如果我们能克服摩尔定律的崩溃和常识问题，制造至少与动物一样聪明，或者同我们一样聪明，甚至比我们更聪明的能思考的机器，那么，在 21 世纪晚期，这一想法或许就会成为现实。尽管人工智能的基本规则还在发掘中，但这一领域的发展极为迅速，并且很有前景。正因如此，我将机器人和其他能思考的机器归为一等不可思议。

8 外星人和 UFO

要么我们就是孤独地存在于宇宙中，要么我们就不是。
哪个都让人害怕。

——亚瑟·C. 克拉克

一艘庞大的宇宙飞船，延伸数英里，令人生畏地直接笼罩在洛杉矶上空，填满了整个天空，并且不祥地遮蔽了整个城市。在世界各地，碟形的堡垒降临全世界的主要城市。在洛杉矶，数百个欣喜的观看者想要欢迎来自其他星球的生物降临此地，聚集在一座摩天大楼的顶上，靠近他们的天外来客。

在沉默地飘浮于洛杉矶上空数日后，宇宙飞船的腹部缓缓开启了。一阵剧烈的激光冲击波射出，将摩天大楼烧成灰烬，释放出一阵席卷整个城市的毁灭性巨浪，将城市在转眼之间变成烧焦的瓦砾。

在影片《独立日》中，外星人代表了我们最深的恐惧。在电影《E.T. 外星人》中，我们将自己的美梦与幻想投射到了外星人身上。

纵观历史，人们一直对定居于其他世界的外星生物深深着迷。早在1611年，天文学家约翰内斯·开普勒就在他的论文《梦游记》中使用当时最先进的科学知识构思了一次月球之旅，并在其中介绍了人们可能会在途中遇到的奇特的外星人、外星植物和外星动物。但科学和宗教常常在太空生物这一主题上发生冲突，甚至导致悲剧性的后果。

1600年，多明我会修士、哲学家焦尔达诺·布鲁诺在罗马教廷的压力下被活活烧死。为了羞辱他，教会在最终将他烧死在木桩上之前，把他头朝下地吊起来并且扒光。是什么学说让布鲁诺变得如此危险？他提了一个简单的问题：太空中有生命吗？就像哥白尼一样，他相信地球绕太阳公转。但与哥白尼不同，他相信有数不尽的如我们一样的生物生活在太空中。（与接受太空中存在数十亿圣人、教皇、教堂和耶稣基督的可能性相比，直接烧死他对教会来说更方便。）

在400年的时间里，对布鲁诺的记忆时常浮现于科学史学家们的脑海中。但如今，每隔几个星期，布鲁诺就进行一次"复仇"，科学家差不多每个月都会发现两颗新的太阳系外行星绕着太空中另一颗恒星公转。布鲁诺对于太阳系外行星的预测已经被证明。但仍旧有一个问题还不确定。尽管银河系中可能存在太阳系外行星，但它们中有多少适合生命的存在？并且，如果智慧生命的确存在于太空中，那么科学可以对它们做出何种解释呢？

当然，假设中与外星生物的相遇已经使社会为之着迷，并且使一代又一代的读者和电影观众为之兴奋。最著名的事件发生在1938年10月30日，奥森·威尔斯决定对美国公众开一场万圣节玩笑。他使用了H.G.威尔斯《世界大战》的基本剧情，在哥伦比亚广播公司（CBS）的国家电台做了一系列简短的新闻报道，中断舞曲，一个小时一个小时地重播火星人对地球的入侵和文明的随之崩溃。数百万美国人被来自火星的机器降落在新泽西州格罗弗斯米尔，并且正在发射死亡射线毁灭整个城市和征服世界的"新闻"惊吓得惶恐不安。（报纸后来记录了人们逃离该地区时的自发性疏散，有目击者称他们能够闻到毒气和看见远处闪烁的光亮。）

对火星的着迷在20世纪50年代再次达到高峰。天文学家们留意到火星上有一个直径数百英里奇怪花纹，看起来像个巨大的M。评论员指出，M可能代表"火星"（Mars），火星人在和平地向世人报告他们的存在，就像啦啦队员在足球场里拼出她们球队的名字一样。〔另一些人则悲观地认为，M花纹其实是一个W，W表示"战争"（war）。换句话说，火星人事实上是在向地球宣战！〕小小的恐慌最终在神秘的M如它突然出现一般突然消失后平息了。从各种情况来看，这个花纹都是由一场覆盖整个星球（除了四座大火山的顶部）的沙尘暴造成的。这些火山的顶部大致呈M或者W的形状。

对外星生命的科学搜索

认真研究外星生命存在的可能性的科学家表示，假设这种生命存在，那么不可能针对这样的生命体做出任何肯定性的判断。但是，我们可以在我们所知的物理、化学和生物知识基础上做出一些关于外星生命本质的大致概括。

首先，科学家相信液态水是宇宙中制造生命的关键要素。"跟着水走"是天文学家在太空中寻找生命迹象时的口头禅。液态水与大多数液体不同，它是一种"万能溶剂"，能够溶解各种各样的化学物质。它是一种理想的搅拌碗，能够创造越来越复杂的分子。水也是一种简单的分子，在宇宙各处均有发现，而其他溶剂则相当稀有。

其次，我们知道碳在生命的创造中是一项非常可能出现的要素，因为它有四个键，因此有能力与四个其他原子结合并且制造出复杂到难以置信的分子。尤其是，它易于形成长碳链，那是碳氢化合物和有机化学的基础。其他具有四个键的元素没有如此丰富的化学性质。

1953 年，斯坦利·米勒和哈罗德·尤里进行的著名实验，生动地说明了碳的重要性，该实验表明，生命的自发形成可能是碳化学反应的自然副产品。他们把氨、甲烷和其他他们认为存在于早期地球上的有毒化学物质放入一个长颈瓶中，并把它暴露在一小股电流之下，随后等待。一个星期内，他们就能够看到氨基酸在烧瓶内自发形成。电流足以打破氨和甲烷中的碳键，随后将原子重新排序，形成氨基酸——蛋白质的前体。在某些意义上，生命可以自发形成。从那时起，氨基酸已经在陨石以及太空深处的气体云中被发现。

最后，生命的基础是一种名叫 DNA 的、具有自我复制能力的分子。在化学上，有自我复制能力的分子极为罕见。地球上首个 DNA 分子的形成花了数亿年，可能发生在海洋深处。可以推测，如果有人可以在海洋中将米勒-尤里实验进行 100 万年，那么，类似于 DNA 的分子就会自动形成。在地球历史早期，地球上首个 DNA 分子出现的地点之一可能是海洋底的火山口。因为在光合作用与植物出现之前，火山口的活动将为早期 DNA 分子和细胞提供便利的能量补给。除 DNA 之外，其他的以碳为基础的分子是否也能够自我复制，目前并不清楚，但宇宙中其他的能自我复制的分子很可能与 DNA 在某种程度上相似。

所以，生命可能需要液态水、碳氢化合物质和像 DNA 那样的某种形式的能自我复制的分子。使用这些大致的标准，我们可以粗略估计出宇宙中智慧生命出现的频率。1961 年，康奈尔大学的天文学家弗兰克·德雷克是首批做出粗略估算的人之一。如果从银河系中的 1 000 亿颗星体入手，你就能估算出它们中有多少是像太阳这样的恒星。其中，你可以估算有多少拥有在其周围运动的行星的类太阳系。

具体来说，德雷克公式是通过将几个数字相乘来估算银河系中文明的数量的。这些数字包括：

- 恒星在银河中诞生的概率

- 这些恒星中拥有行星的恒星的比例

- 每颗恒星拥有的具备生命条件的行星数量

- 确实有生命存在的行星的比例

- 有智慧生命的行星比例

- 能够并且有意愿进行交流的比例

- 一个文明的预期寿命

通过合理地估算，并将这一连串概率相乘，我们会意识到，仅在银河系中就可能存在 100~10 000 颗行星能够庇护智慧生命。如果这些智慧生命形式均匀地分布在银河系中，那么我们应该可以找到一颗离地球仅几百光年的这样的行星。1974 年，卡尔·萨根估计，仅仅在我们的银河系中，就有多达 100 万这样的文明存在。

这样的理论反过来为那些期盼找到天外文明证据的人提供了额外的正当理由。有了对于能够产生智慧生命形式的行星的有利估计，科学家们开始以严肃的态度寻找这样的行星可能发射出的无线电信号，类似于我们自己的行星在过去的 50 年中已经发射的电视和广播信号。

倾听外星人

地外智慧生物搜寻（SETI）项目要追溯到一份由朱塞佩·科科

尼和菲利普·莫里森写于 1959 年的颇具影响的论文，他们提议，收听频率在 1~10 千兆赫之间的微波发射是最适合偷听到外星通信的方法。（低于 1 千兆赫，信号会被快速移动的电子所发出的射线冲散；超过 10 千兆赫，大气中的氧气和水分子的噪声将会干扰所有的信号。）他们选择 1.420[①] 千兆赫作为最有希望听到来自太空中的信号的频率，因为那是普通氢气——宇宙中最丰富的元素的发射频率。（因为其在外星通信上的便利，这一范围左右的频率获得了"饮水池"这一绰号。）

然而，在"饮水池"附近对智慧信号的证据的搜索令人失望。1960 年，弗兰克·德雷克发起了奥兹玛计划（以《绿野仙踪》中奥兹女王的名字命名），在西弗吉尼亚州的绿岸使用 25 米射电望远镜搜索信号。多年来，无论是奥兹玛计划还是其他一时兴起试图细查夜空的计划一直没有发现任何信号。

1971 年，NASA 提出了一项野心勃勃的方案，为地外智慧生物搜寻的研究拨款。代号为库克罗普斯[②] 计划，这一计划涉及 1 500 台射电望远镜，耗资 100 亿美元。不出所料，研究没有取得任何收获。一个更为温和的方案确实得到了资金支持，这个方案就是将一条仔细编码的消息发送给太空中的外星生命。1974 年，一条

---

① 原文为 1 420 gigahertz，疑有误。——译者注
② 库克罗普斯：希腊神话中几个独眼巨神的统称。——译者注

1 679 比特的编码消息通过位于波多黎各的巨型阿雷西博射电望远镜向约 25 100 光年外的 M13 球状星团发送。在这条简短的信息中,科学家制造了一个 23 × 73 的三维网格图形,标出了我们太阳系的位置,包含一幅人类图像和一些化学方程式。(由于距离遥远,收到来自太空的回复的最早日期将是 52 174 年以后。)

即使在 1977 年收到一则神秘的、被称为"Wow"的无线电信号之后,美国国会也没有对这些计划的重要性产生多大印象。它由一系列看起来非随机的字母和数字组成,仿佛暗示着智慧生物的存在。(一些见过 Wow 信号的人并不确信这一点。)

1995 年,由于缺乏来自联邦政府的资金支持,天文学家们转而寻求私人资金来源,在加利福尼亚州芒廷维尤开设了非营利性的地外智慧生物搜寻研究所,将地外智慧生物搜寻研究集中起来并开始凤凰计划,从而在 1 200 到 3 000 兆赫范围内研究 1 000 颗近处的类太阳恒星。吉尔·塔特博士(电影《接触》中朱迪·福斯特所扮演的科学家的原型)被任命为主管。(计划中使用的设备极为灵敏,可以感应到 200 光年之外某个机场雷达系统的射线。)

自 1995 年起,地外智慧生物搜寻研究所已经仔细查看了超过 1 000 颗星体,每年耗资 500 万美元。但没有明确的结论。即使如此,地外智慧生物搜寻项目的高级天文学家塞思·肖斯塔克仍乐观地认为,旧金山东北 250 英里处、拥有 350 个天线的艾伦望远镜阵列"将在 2025 年前捕捉到一则信号"。

更为新奇的方法是 SETI@home 计划，由加利福尼亚大学伯克利分校的天文学家于 1999 年发起。他们偶然想到了获取数百万个人计算机用户支持的念头，因为这些计算机在大部分时间都处于闲置状态。参与者下载一个软件包，在他们的屏幕保护程序运行时帮助破解一些由射电望远镜接收到的无线电信号，这样对个人计算机用户不会造成不便。目前为止，这一计划已经有来自 200 多个国家的 500 万名用户参与，消耗价值超过 10 亿美元的电力，每个人的花费都很小。这是历史上被执行的最具野心的集体计算机项目，并且可以作为其他需要巨大计算机资源完成计算的项目的榜样。到现在为止，SETI@home 还没有发现来自外星文明的信号。

在几十年的辛勤工作后，地外智慧生物搜寻研究缺乏显著的进展，迫使其支持者提出了严峻的问题。它明显的缺陷之一可能是仅仅使用来自规定频段的无线电信号。有人提出，外星生命可能会使用激光信号而非无线电信号。激光有几项超越无线电的优势，因为激光的波长短，这意味着一个光波内包含的信号比无线电更多。但由于激光是高度定向的，并且同样只具有一个频率，要精确地调整到正确的激光频率是极为困难的。

另一个明显的缺陷是地外智慧生物搜寻研究人员对于特定无线电频段的依赖。如果存在外星生命，那么它可能会使用压缩技术或者可能通过较小的压缩包分散信息，这是当今在现代因特网上常用的策略。在收听散布到许多频率上的压缩信息时，我们或许只能听到杂乱的噪声。

但哪怕地外智慧生物搜寻研究面临所有这些艰巨问题，假设在21世纪的某个时候我们能够探测到来自某个外星文明的信号——如果这样的文明存在。如果这件事情发生，那么它将是人类历史上的一个里程碑。

它们在何处？

地外智慧生物搜寻计划至今没有找到来自宇宙中智慧生命信号的迹象，这一事实迫使科学家们冷静、严肃地看待弗兰克·德雷克关于其他星球上智慧生命的公式背后的假设。近期的天文发现使我们明白，找到智慧生命的可能性与最初由德雷克在20世纪60年代所计算的有很大差距。智慧生命存在于宇宙中的可能性与最初的认知相比，既更乐观了，又更悲观了。

新的发现使我们相信，生命可以从不同于德雷克公式所认为的方式蓬勃发展。过去，科学家们认为液态水只能存在于围绕着太阳的"适居带"内。（从地球到太阳的距离"正合适"。不能太靠近太阳，因为海洋会沸腾；也不能太远，因为海洋会冻结；"正合适"使得生命的存在成为可能。）

所以，当天文学家发现木卫二（一颗结冰的木星卫星）表面覆盖的冰层之下可能存在液态水的线索时，人们大吃一惊。木卫二远在适居带之外，因此它似乎不满足德里克公式的条件。然而，潮汐力或许足够融化木卫二表面的冰层并且产生一个永久性的液态海洋。当木卫二绕木星快速转动的时候，木星的巨大引力场将卫星像橡皮球那样挤压，在其内核深处造成摩擦，这反过来可能导致冰层融化。仅仅在我们的太阳系中就有超过 100 颗卫星，这意味着我们的太阳系中可能存在大量位于适居带之外的适合生命存在的卫星。（并且，迄今在太空中发现的大约 250 颗巨型太阳系外行星，可能同样拥有适合生命存在的冰冻的卫星。）

另外，科学家们认为宇宙中可能有很多不再围绕任何恒星转动的流浪行星。由于潮汐力的作用，任何一颗绕流浪行星公转的卫星的冰层下都可能存在水，由此可能存在生命。但是这样的卫星不可能被我们的仪器观测到，我们的仪器依靠的是来自其母星的光线。

由于太阳系中卫星的数量大大超出行星的数量，而且银河系中可能有数百万颗流浪行星，因此宇宙中拥有生命形式的天体数量可能比先前认为的多得多。

其他天文学家总结：出于各种各样的原因，适居带内行星上生命存在的可能性或许远比最初德里克估计的要低。

第一，计算机程序显示，太阳系中必须存在一颗木星大小的行星，从而将路过的彗星和卫星掷入太空，不停地将太阳系打扫干净，并且使得生命的诞生成为可能。如果木星不存在于我们的太阳系中，地球就会被彗星和卫星撞击，生命就无法存在。卡内基研究所（位于华盛顿）的天文学家乔治·韦瑟里尔博士估计，如果我们的太阳系中没有了木星或者土星，那么地球将遭受比现在多 1 000 倍的小行星撞击，每一万年就要遭遇一次巨大的生命威胁（如 6 500 万年前消灭了恐龙的那一次）。"很难想象生命如何才能在那样极端的猛烈攻击中存活下来。"他说。

第二，我们的行星是由一颗大型卫星庇护的，这有助于稳定地球的自转。将牛顿的万有引力定律延长数百万年，科学家们可以证明，没有了巨大的月亮，我们的地轴或许会变得不稳定，地球或许会胡乱翻滚，使得生命无法存在。法国天文学家雅克·拉斯克博士估计，没有月亮，地轴可能会在一定的角度（54 度）之内摆动，这将导致使生命无法存在的极端天气状况。因此，一个大型卫星的存在也必须被列入德里克公式的条件。（火星拥有两个微型卫星，由于其体积过小而无法稳定其自转，这一事实表示火星可能在遥远的过去翻滚过，并且可能在未来再次翻滚。）

第三，近来的地质学迹象指向一个事实，过去地球上的生命曾经多次濒临灭绝。约 20 亿年前，地球可能完全被冰层覆盖，那是一个几乎无法支持生命的"雪球地球"。在其他的时期，火山爆发和流星撞击可能几乎毁灭了地球上所有的生命。所以，生命的创造和进化比我们原先想象的要脆弱。

第四，智慧生命在过去同样曾几乎灭绝。最新 DNA 证据显示，约 10 万年以前可能只有数百到数千人类存在。大多数某个确定物种下的动物都有很大的基因差异，与它们不同，人类的基因构成都很相似。与动物王国相比，我们几乎是各自的克隆体。这一现象只能用我们的历史曾存在"瓶颈"来解释，在那个时候，大多数的人类几乎被消灭。例如，一次大型火山爆发可能导致气候突然变冷，几乎使整个人类死亡殆尽。

还有一些偶然发生的事件对于在地球上产生大量生命是必需的，包括

- 一个强烈的磁场。这是偏转会毁灭地球生命的宇宙射线和辐射所必需的。
- 适中的行星自转速度。如果地球转得太慢，面对太阳的一面就会变得极热，而另一面就会变得长时间极冷；如果地球转得太快，就会产生极为严酷的气候环境，比如怪风和风暴。
- 距离银河系中心适合的位置。如果地球太靠近银河系中心，就会遭遇危险的辐射；如果离中心太远，我们的星球就不具备足够的能够创造出 DNA 分子和蛋白质的元素。

出于所有这些原因，天文学家们现在相信，位于适居带之外的卫星或者流浪行星上的生命是可能存在的，但是，如地球这样位于适居带内、能够支持生命的行星存在的可能性要远低于过去的认知。总的来说，大多数对于德里克公式的评估都表明，在银河系里

找到文明的可能性或许小于最初的估计。

正如彼得·沃德教授和唐纳德·布朗利教授写的："我们相信微生物形式的生命和与它们类似的生物在宇宙中很常见，或许比德里克和萨根所想象的更多。然而，复杂的生命，如动物和高等植物，可能远比我们通常假设的要少。"事实上，沃德和布朗利提出，地球可能是银河系中唯一能保护动物生命的场所。（尽管这一理论可能会阻碍我们在银河系中对智慧生命的寻找，但它还是提出了在其他遥远的星系中存在生命的可能性。）

寻找类似地球的行星

当然，德里克公式纯粹基于假设。这就是为什么太阳系外行星的发现推动了对太空生命的探索。太阳系外行星在任何望远镜中都是不可见的，因为它们自己不会发光，这一点阻碍了人们对它们的研究。它们总体上比它们的母星暗 100 万到 10 亿倍。

为了找到它们，天文学家被迫分析母星的摆动，前提是假设一颗木星大小的大行星能够改变一颗恒星的轨道。（想象一只追逐自己尾巴的狗。母星和其木星大小的行星以同样的方式通过绕对方转动来相互"追逐"。望远镜无法看到那颗木星大小的行星，因为它处于阴影中。但是母星是清晰可见的，并且前后摆动。）

首颗真正的太阳系外行星是由宾夕法尼亚州立大学的亚历山

大·沃尔兹森博士于 1994 年发现的。当时他观察的是围绕一颗死恒星（自转的脉冲星）公转的行星。由于母星是一颗超新星，可能已经发生了爆炸，因此这些行星看起来就像死去的、烧焦的。次年，两位来自日内瓦的瑞士天文学家米歇尔·马约尔和迪迪埃·奎洛兹宣布他们发现了一颗更有希望的行星，它的质量与木星相近，环绕飞马座 51 的轨道运行。此后不久，相关发现就大量涌现了。

在过去 10 年中，被发现的太阳系外行星的数量经历了极快的增长过程。科罗拉多大学的地质学家布鲁斯·雷科斯基说："这是人类历史上的一个特殊时期。我们是实际可能在另一颗行星上发现生命的第一代。"

迄今为止，被发现的类太阳系没有一个与我们的太阳系相似。事实上，它们与我们的太阳系很不一样。曾经，天文学家们认为我们的太阳系是遍布宇宙的恒星星系中的典型，有着环形轨道和包围着母星的三个星带：离恒星最近的岩石行星带、其外侧的气态行星带和最外圈的由冰山组成的彗星带。

使他们相当惊讶的是，天文学家们发现在其他类太阳系中没有符合这一简单的规则的星体。特别是，木星大小的行星应当在远离母星的位置被发现，但事实上，许多这样的行星不是在离母星极近的轨道上运行（甚至比水星的轨道更近），就是在偏心率很高的椭圆轨道上运行。不论是哪一种形式，一颗小型的、如地球般在适居带内运行的行星在任意一种条件下都是不可能存在的。如果木星大小的行星在离母星过近的轨道上运行，就意味着这颗木星大小的行星是从遥远的地方迁移过来并被逐渐卷入该星系中心的（可能由尘埃的摩擦引起）。假如那样，木星大小的行星将会最终穿过较小的、像地球那样的行星的轨道，将它掷入太空。如果木星大小的行星绕偏心率很高的椭圆轨道运转，就意味着它会有规律地穿过适居带，同样会导致任何地球那样的行星被甩入太空。

这些研究结果对于希望发现其他地球式行星的"行星猎人计划"和天文学家来说是扫兴的。但是，事后看来，这样的发现是可以预见的。我们的仪器太过粗糙，只能发现最大、移动最快、能够对母星造成可测量的影响的木星大小的行星。因此，当今的望远镜只能发现在太空中快速移动的"怪物行星"。即使太空中存在太阳系的孪生兄弟，我们的仪器也可能因为太粗糙而无法发现它。

所有这一切都可能随着"科罗"、"开普勒"和"类地行星发现者"投入使用而改变，这三颗人造卫星是为了在太空中找出与地球相仿的行星而制造的。比如，"科罗"和"开普勒"将探测在一颗类地行星穿过母星表面时由于略微减弱母星光芒而投下的模糊阴影。虽然类地行星无法被观察到，但母星光芒的减弱能够被人造卫星探测到。

法国的"科罗"人造卫星（在法语中其名字 COROT 表示对流、恒星自转和行星凌日）于 2006 年 12 月成功发射，作为首台寻找太阳系外行星的宇宙探测器，具有里程碑意义。科学家们希望找到

10~40 颗类地行星。如果他们愿望成真，这些行星就可能是岩石类行星，而非气态行星，体积只比地球大几倍。还有一种可能是，"科罗"也成为太空中许多木星大小的行星中的一个。"它将帮助我们找到太阳系外各种大小和性质的行星，与我们目前能在地面上做到的完全不同。"天文学家克劳德·卡塔拉说。科学家们甚至希望这颗人造卫星能探测多达 12 万颗星体。

当某一天，"科罗"真的发现首颗类地行星时，那必将成为天文史上的转折点。未来，人们在凝视夜空的时候，或许会产生一种对于存在的震撼，并意识到天空中有能够庇护智慧生命的行星。当我们在未来看着天空的时候，我们或许能发现自己正在好奇是否有人回望着我们。

"开普勒"人造卫星被初步安排在 2008 年晚些时候由 NASA 发射。它非常灵敏，因此它或许可以在太空中探测到多达数百颗类地行星。它将测量 10 万颗恒星的亮度，以探测当任何行星穿过恒星表面时的动态。在它投入运转后的 4 年中，"开普勒"将分析和观察数千颗遥远的恒星，它们中离地球最远的在 1 950 光年外。在其进入轨道的第一年，科学家们期待"开普勒"人造卫星能够大致发现

- 50 颗与地球大小相似的行星
- 185 颗比地球大 30% 的行星
- 640 颗体积约为地球 2.2 倍的行星

使用"类地行星发现者"探测器，更有可能找到类地行星。在数次延期后，它被初步定于在 2014 年发射。它将以极高的精确度分析多达 100 颗最远位于 45 光年之外的恒星，并装备两个单独的装置以搜索遥远的行星。第一个装置是一台日冕仪：一架特殊的望远镜，能够阻挡来自母星的光线，使其光亮减少到约 10 亿分之一。这架望远镜将比哈勃太空望远镜大 3~4 倍，精确 10 倍。"类地行星发现者"上的第二个装置是一台干涉仪，它通过干扰光波将来自母星的光亮降低到原来的 100 万分之一。

同时，欧洲航天局正在计划发射自己的行星——"达尔文"，它于 2015 年或晚些时候被送入轨道。计划中它由三台太空望远镜组成，每台直径约 3 米，排成队形飞行，起到一台大型干涉仪的作用。它的任务同样是在太空中找出类地行星。

对太空中数百颗类地行星进行鉴别有助于重新调整地外智慧生物搜寻的工作重点。天文学家们将把他们的精力集中在一小部分有可能拥有地球的孪生兄弟的恒星上，而不是漫无目的地查看近处的恒星。

它们的面貌会如何？

科学家们尝试着使用物理学、生物学和化学来猜测外星生命的样子。例如，艾萨克·牛顿就想知道为什么身边的动物都具有对称性——对称排列的两只眼睛、两只手臂和两条腿。这仅仅是巧合还是上帝所为呢？

如今，生物学家们相信，在约 5 亿年前的寒武纪大爆发中，大自然为小型的、新出现的多细胞生物进行了一组数量巨大的形态排列试验。有些具备 X、Y 或 Z 形的脊髓，有些像海星那样呈辐射性对称。出于偶然，有一种生物拥有形状像 I 的脊髓，呈两侧对称，并且它是地球上大多数哺乳动物的祖先。因此，大体上具有两侧对称性的类人外形，也就是好莱坞电影中常用的外星人体貌特征并不一定适用于所有的智慧生命。

有些生物学家认为，寒武纪大爆发带来繁荣旺盛的生命多样性原因是一次捕食者和被捕食者之间的"军备竞赛"。首批能够吞食其他生物的多细胞生物的出现迫使两者加速进化，为了胜过对方一筹而保持竞争。就像冷战期间苏联和美国之间的军备竞赛，双方不得不你追我赶以保持领先。

通过研究生命如何在这个星球上进化，我们或许也能做出以下关于智慧生命如何在地球上演变的推断。科学家们已经总结出，智慧生命可能需要：

（1）某种形式的视觉或者感觉机制，以探索其周围环境；

（2）某种形式的拇指，用来抓东西，也可以是触须或者螯；

（3）某种形式的交流系统，比如说话能力。

这三种特征是感知我们的环境并最终控制它——两种行为都是智慧的象征——所需要的。但除去这三个特征，任何特点都是被允许的。与许多出现在电视上的外星人相反，外星生物完全不需要长得像人类。我们从电视上和电影中看到的外貌像孩子、眼球突出的外星人其实与 20 世纪 50 年代 B 级电影中的外星人很像，而这些电影已经被深深埋在我们的潜意识中了。

（然而，有些人类学家为智慧生命增添了第四条标准，以解释一个不寻常的事实：人类的智慧远远超过了在森林中生存所需要的智慧水平。我们的大脑能够掌握太空旅行、量子理论和高等数学——这些能力对于在森林中狩猎和觅食来说都是完全没有必要的。为什么会有这样额外的能力？在自然界，当我们看到一对如猎豹和羚羊这样的动物，它们具备远远超越生存所需的卓越能力，我们会发现它们之间存在着某种军备竞赛。同样，一些科学家相信存在第四条标准，即推动智慧人类发展的生物"军备竞赛"。可能那次军备竞赛是与我们的同类进行的。）

考虑到地球上非比寻常的多样化生命形式。举例来说，如果有人可以选择性地在数百万年中繁殖八足类动物，想必它们或许也会成为智慧生物。（我们在 600 万年前从猿类中分离出来，或许是因为我们不能很好地适应非洲不断变化的环境。与其形成对比的是，八足类动物非常适应自己在岩石之下的生活，因此数百万年都没有进化。）生物化学家克利福德·皮寇弗说，当他注视着所有"奇形怪状的贝类动物、黏糊糊又有触手的海蜇，模样怪异、雌雄同体的蠕虫和黏菌的时候，我明白上帝具备幽默感，而且我们将看到这种幽默感在宇宙中以其他形式反映出来"。

但是，好莱坞在将智慧外星生命形式描绘成食肉动物的时候，或许道出了真相。食肉外星生物不仅能保证更高的票房销售额，这一描述还包含了少量事实。捕食者通常比被捕食者聪明。捕食者必须运用狡诈来谋划、追踪、隐藏，并且伏击被捕食者。狐狸、狗、老虎和狮子的眼睛在它们的面孔前方，以便在突然扑向猎物的时候判断距离。有了两只眼睛，它们可以使用三维立体视觉追踪它们的猎物。另一方面，被捕食者，例如鹿和兔子，仅仅需要知道如何逃跑。它们的眼睛位于它们的面部两侧，以便在自己周围 360 度搜索捕食者。

换言之，太空中的智慧生命很可能是由在面部前方拥有眼睛或者某种感应器官的食肉动物进化而来的。它们很可能具有地球上的狼、狮子和人类身上所具有的某些肉食性、攻击性和领域行为。（但是由于这样的生命形式可能是以完全不同的 DNA 和蛋白质分子为基础的，它们将没有兴趣吃我们或者与我们交配。）

我们还可以使用物理学来推测它们的身体有多大。假设它们居住在地球大小的行星上，并且与地球上的生命形式一样，拥有与水大致相同的密度。那么，由于标度律的关系，巨型的生物或许不可能存在。标度律表明，当我们增加任何物体的体积时，物理定律都会发生剧烈的变化。

怪兽与标度律

举个例子，即使金刚①真的存在，他也没有能力使纽约市人心惶惶。相反，他的腿可能在他迈出一小步的时候就折断了。这是因为，如果将一头大猩猩的体积增加 10 倍，那么他的体重增长倍数将会因体积的增加而增加，增加 $10 \times 10 \times 10 = 1\,000$ 倍。但是，力量的增长与它的骨头和肌肉厚度成正比。它的骨骼和肌肉的横断面增加的倍数仅仅是体积增加倍数的平方，也就是 $10 \times 10 = 100$。换句话说，如果金刚的体积是普通猩猩的 10 倍，那么它的强壮程度只会是普通猩猩的 100 倍，但其体重是普通猩猩的 $1\,000$ 倍。如此，在我们增加金刚的身体大小的时候，它的体重增长远大于力量增长。相对来说，他会比一只普通的猩猩虚弱 10 倍。这就是它的腿会折断的原因。

我记得上小学的时候，我的老师也曾对一只蚂蚁能够抬起一片重量是自己体重很多倍的叶子感到惊讶，并由此得出结论：如果一只蚂蚁有一座房子那么大，它就可以抬起那座房子。但是，出于我们在金刚身上看到的同一个原因，这个假设是不正确的。如果一只

---

① 金刚：同名电影中的巨型大猩猩，具有强大的破坏力。——译者注

蚂蚁能有一座房子那么大，那么它的腿同样会被折断。也就是说，如果将一只蚂蚁的体积增加 1 000 倍，那么它能承受的力量反而比一只普通的蚂蚁虚弱 1 000 倍，因此它将由于无法承受自己的体重而垮掉。（它还会窒息而死。一只蚂蚁通过自己身体两侧的孔进行呼吸。这些孔的大小与其半径的平方成正比。因此，一只比普通蚂蚁大 1 000 倍的蚂蚁获得的支持其肌肉和身体组织所必需的氧气比普通蚂蚁少 1 000 倍。这也是花样滑冰冠军和体操冠军比一般人矮小的原因，尽管他们的比例和其他任何人一样。在体重相同的情况下，他们比高个子的人有更强的局部肌肉力量。）

利用标度律，我们还可以计算地球动物的大致体形，或许还可以计算太空中外星人的大致体形。动物释放的热量随着其表面积的增加而增加。具体来讲，其表面积每增加 10 倍，热量消耗就增加 $10 \times 10 = 100$ 倍。我们也知道热量消耗还与体积成比例，即 $10 \times 10 \times 10 = 1\ 000$ 倍。因此，大型动物的热量消耗比小型动物慢。（这就是冬天我们的手指和耳朵首先冻僵的原因，因为它们的相对表面积最大，这也是小个子的人比大个子的人先觉得寒冷的原因。这还解释了报纸为什么会迅速烧尽，因为它们有很大的相对表面积；而木柴烧得很慢，因为它们的相对表面积较小。）这还解释了为什么北极的鲸鱼体形是圆的——因为球体具有单位质量下最小的可能表面积。同样这也可以解释为什么温暖环境中的昆虫得以拥有细长的体形，有单位质量下相对较大的表面积。

在迪士尼影片《亲爱的，我把孩子缩小了》（Honey, I Shrunk the Kids）中，孩子们缩小到蚂蚁那么大。一场暴风雨开始了，在微型世界中，我们看到微型的雨点落到布丁上。在现实中，蚂蚁眼中的一滴雨水看起来不是小小的雨滴，而是由水做成的巨大的小丘或半球。在我们的世界里，一块半球状的水丘是不稳定的，并且会在万有引力之下由于它自己的重量而崩溃。但在微型世界里，表面张力相对较大，因此半球状的水丘是完全稳定的。

同样，在太空中，我们可以使用物理定律估算遥远星球上动物的表面积—体积比。有了这些定律，我们可以从理论上推断太空中的外星人不太可能会是科幻小说中描绘的巨人，而更有可能在体积上与我们近似。（然而，由于海水具有浮力，鲸鱼的体形会更加庞大。这也能够解释为什么搁浅的鲸鱼会死亡，因为它被自己的体重压垮了。）

标度律意味着，当我们在微型世界中越陷越深时，物理定律会随之改变。这能说明为什么量子理论在我们看来如此古怪，并且违背关于宇宙的常识性概念。因此，标度律排除了科幻小说中出现的"世界中的世界"，即一个原子内可能有一整个宇宙，或者我们的银河系可能是一个更大的宇宙中的一个原子。这一概念在影片《黑衣人》（Men in Black）中得到了探索。在影片的最后一幕，镜头离地球越来越远，转向行星、恒星和银河系，直到我们的整个宇宙变成了巨型外星生物进行的巨大天外游戏中的一颗小球。

在现实中，一个充满星体的星系与一个原子毫无相似之处。在原子内部，电子壳层中的电子与行星全然不同。我们知道所有的行星都各不相同，并且可以在离母星任意距离的轨道上运行。然而，在原子中，所有的亚原子粒子都一模一样。它们无法在距离原子核的任意位置上运转，只能在离散轨道上运行。（此外，与行星不同，电子可以表现出违反常识的古怪行为，比如同一时刻出现在两个地点、具有波的性质。）

先进文明的物理学

使用物理学勾勒出宇宙中可能存在的文明的轮廓也是可行的。如果我们回顾一下自从现代人类出现在非洲，人类文明在过去10万年间的崛起，那么它可以被看作能源消耗不断上升的过程。俄罗斯天体物理学家尼古拉·卡尔达舍夫推测，宇宙中外星文明发展的阶段同样可以用能源的消耗进行划分。他利用物理学定律将可能存在的文明划分为三种类型：

I型文明：能够利用星球的能量，利用所有照射在他们星球上的太阳光。他们或许能利用火山的能量、操纵气候、控制地震，并且在海洋上建造城市。所有的行星能量都在他们的掌握之中。

II型文明：能够完全利用太阳的能量，比I型文明力量强大100

亿倍。《星际迷航》中的星际联邦就是一个 II 型文明。II 型文明在某种意义上是不朽的，科学界已知的任何事物，如冰期、陨石撞击，甚至超新星，都无法毁灭它。（万一他们的母星即将爆炸，这些生物可以迁移到另一个星系中去，或者甚至可以将他们的家园所在的行星搬走。）

III 型文明：能够利用整个银河系的能量。他们比 II 型文明还要强大 100 亿倍。《星际迷航》中的博格人、《星球大战》中的帝国和阿西莫夫《基地》中的银河帝国文明相当于 III 型文明。他们已经对数十亿星系进行殖民统治，并且能够利用位于银河中心的黑洞的能量。他们在银河中的太空航道上自在地游荡。

卡尔达舍夫估计，任何一个以每年不超过 10% 的中等速度成长的文明，都会在数千年到数万年的时间内很快从一个类型进化到下一个类型。

如我在自己过去的书中所说的那样，我们的文明符合 0 型文明的条件（比如我们利用死去的植物、石油和煤来为机器提供燃料）。我们只利用落在我们星球上的太阳能微不足道的一小部分。但是我们已经能看到 I 型文明的开端出现在地球上。互联网是联系整个星球的 I 型电话系统的开端。从欧盟的崛起可以看到 I 型经济的初始阶段，它是为了与北美自由贸易协定（NAFTA）竞争而创立的。英语已经是地球上使用范围最广的第二语言，也是科学、金融和商业所使用的语言。我猜想它将成为几乎每个人都使用的 I 型语言。地区文化与风俗将依旧以数千种不同的形态在地球上蓬勃发展，但是在这幅把不同人群镶嵌起来的图画之上的将是全球文化，它可能会被年轻文化和商业化支配。

从一个文明过渡到下一个文明是非常难以保证的。例如，最危险的过渡可能是 0 型文明与 I 型文明之间的过渡。0 型文明仍旧充斥着标志其崛起的宗派主义、原教旨主义和种族主义，这些种族和宗教狂热是否会压倒文明间的过渡尚不清楚。（或许我们在这个银河系中没有看到 I 型文明的原因是它们始终没能完成过渡，也就是说，它们自我毁灭了。某一天，当我们访问其他星系的时候，我们或许会发现文明的遗迹，它们以这样或那样的方式自我毁灭了，例如：它们的大气层变得具有辐射性或者变得过热，无法维系生命。）

当一个文明达到 III 型阶段的时候，它就具备了在银河系中自由旅行的能量和知识，甚至已经到达地球。就如电影《2001 太空漫游》中那样，这样的文明非常可能向整个银河系发送能自我复制的机器人探测器，搜索智慧生命。

但是 III 型文明很可能不会轻易来拜访我们，或者像电影《独立日》中那样来征服我们。在影片中，这样一个文明如蝗灾般蔓延，在各个星球周围成群飞行，吸取星球上的资源直至枯竭。事实上，太空中有数不尽的死去的行星，它们有大量矿藏资源可以收获，而无须面对难以征服的外星生物。他们对待我们的态度或许就像我们对待一个蚁丘的态度。我们不会弯腰向蚂蚁献上珠子和饰物，而是会简单地忽略它们。

蚂蚁面临的主要危险不是人类想要侵略它们或者消灭它们，相反，我们只是因为它们挡路就把它们压到铺路石下面去。要知道，从能源使用的角度来说，III 型文明和我们的 0 型文明之间的距离要比我们与蚂蚁之间的距离大得多。

UFO

有些人声称外星生命已经以 UFO（不明飞行物）的形式拜访过地球。许多科学家会在听到 UFO 的消息的时候翻白眼，并且对其可能性不屑一顾，因为星体之间的距离是那么遥远。但是，不论科学家们的反应如何，关于 UFO 的不间断的报道多年来并没有变少。

有关 UFO 的目击记录实际上可以追溯到有记录的历史开端。在《圣经》中，预言家以西结神秘地提到了"天空中轮子里的轮子"，有些人相信这指的就是 UFO。公元前 1450 年，埃及法老图特摩斯三世在位期间，埃及文士记录了一个体积比太阳更亮的"火圈"，火圈直径约 5 米，持续出现了数日，最终升入天空。公元前 91 年，古罗马作家尤利乌斯·奥普塞昆写道："一个球形物体，像一台地球仪，一个球形或者圆形的盾牌遁入了天空。"1235 年，藤原赖经将军和他的军队在日本京都附近见到奇怪的球状光芒在舞动。1561 年，大量物体出现在德国纽伦堡上空，仿佛在参加一场飞行器战役。

更近一些时候，美国空军主持过一项大规模 UFO 目击研究。1952 年，美国空军开始了蓝皮书计划，这一计划分析了 12 618 次目击记录。报告得出结论，这些目击记录，绝大多数都可以用自然现象、普通飞机和恶作剧来解释。然而，有 6% 被归类为来源不明。但是，《康顿报告》认为这样的研究不存在有意义的内容，结果，蓝皮书计划在 1969 年被关闭。这是美国空军最后一项为人所知的大型 UFO 研究项目。

2007 年，法国政府将其浩如烟海的 UFO 相关档案向普通民众开放。这份由法国国家空间研究中心通过互联网公布的报告包含 1 600 次 UFO 目睹记录，时间跨度为 50 年，包括 10 万页目击报告、影像和录音带。法国政府宣布，这些目击事件中有 9% 是完全可以解释的，有 33% 是有可能解释的，但他们无法继续深入调查其余的事件。

自然，独立证实这些目击事件是困难的。事实上，由于以下原因，大多数 UFO 报告在经过仔细分析后都可以被驳回：

（1）金星是夜空中仅次于月亮的第二明亮的物体。由于它与地球之间的距离极为遥远，当你驾车行驶的时候，金星看上去似乎在跟随着你，造成了有人驾驶它的错觉，正如月亮看上去会跟着你一样。

在某种程度上我们通过将移动的物体与其周围景物进行比较来判断距离。由于月亮和金星离我们非常遥远，没有物体可以与之参照，并不随着我们周围的景物移动，因此给我们造成它们在跟随我们的视觉错觉。

（2）沼气。当逆温发生在沼泽地区上方时，气体会在地面上空盘旋，并且会发生轻微的白炽光。较小的气团可能会从较大的气团中脱离出来，给人一种侦察机正在离开其"母舰"的印象。

（3）流星。明亮的光带能在数秒之内穿过夜空，给人一种有人正在驾驶宇宙飞船的错觉。它们还可以散开，同样会给人一种侦察机正在离开母舰的错觉。

（4）大气异常。这些是各种能以奇特的形式照亮天空的雷暴和异常大气事件，给人一种 UFO 的错觉。

在 20 世纪和 21 世纪，以下现象同样可能引起所谓 UFO 目击事件：

（1）雷达回波。雷达波会在山峰上弹开，并且制造回波，回波能被雷达显示器捕捉到。这样的波甚至在雷达荧光屏上都是曲折的，并且以极快的速度飞行，因为它们仅仅是回波。

（2）气象和研究气球。军方宣布，1947 年关于外星飞船在新墨西哥州罗斯韦尔坠毁的著名谣言是由来自莫古尔计划的一只游荡的气球引起的。该计划是一项为了防止核战争爆发，对大气中雷达水平进行探测的顶级机密计划。

（3）飞行器。目前已知商业和军用飞行器曾经造成多次 UFO 目击事件。这种情况在先进的实验性飞行器（比如隐形轰炸机）进行的试飞中特别多。（美国军方事实上鼓励飞碟的传说，以便将公众注意力从秘密计划上转移。）

（4）人为骗局。最著名的声称捕捉到飞碟的照片中有一些其实是骗局。有一张著名的飞碟照片，能看到窗户和着陆舱，事实上是一台改装过的饲鸡器。

至少 95% 的目击事件可以作为以上情况之一而不予考虑。但这就使的余下不超过 5% 的未被解释的事件悬而未决。最可信的 UFO 事件必须具备以下条件：

（a）来自多个独立、可信的目击者。
（b）证据来自多种来源，如目击和雷达。

这样的报道很难被忽视，因为它们牵涉数次独立的鉴别。例如，1986 年有一起日本航空 1628 航班在阿拉斯加上空目击 UFO 的事件，该事件接受了美国联邦航空管理局（FAA）的调查。UFO 被日本航空 1628 航班的乘客们目睹，还被地面雷达追踪到。与之类似，关于 1989—1990 年被北约的雷达和喷气拦截机追踪的、出现在比利时上空的黑色三角形物体，有着大量的雷达观测记录。根据美国中央情报局档案中的记录，1976 年，伊朗德黑兰上空发生了一起目击事件，造成一架 F-4 喷气式截击机多个系统失灵。

使科学家们沮丧的是，在这上千次有记录的目击事件中，没有一件留下了可靠的、能在实验室中重现的物理证据。人们没有获取任何外星人 DNA、外星人计算机芯片，或者外星人降落的证据。

暂时假设这些 UFO 是真正的宇宙飞船，而不是幻象，我们会自问，它们会是什么样的航天器。以下是一些由目击者记录的特征：

a. 它们是在半空中曲折飞行的。

b. 它们会在经过时使汽车熄火，并且扰乱电力。

c. 它们在空中安静地飘浮。

这些特点没有一条符合对我们在地球上开发的火箭的描述。比如，众所周知，火箭依赖牛顿第三运动定律（相互作用的两个物体之间的作用力和反作用力总是大小相等，方向相反）；而在描述中，的 UFO 似乎没有任何排气过程。并且，曲折飞行的飞碟所产生的地球引力会超出地球引力数百倍，足以压扁地球上的任何生物。

这些 UFO 的特征可以使用现代物理学进行解释吗？在电影［例如《飞碟入侵地球》（*Earth vs. the Flying Saucers*）］中，人们总是设想外星人驾驶着宇宙飞船。然而，可能性更大的是，这样的飞船如果存在，那么它们会是无人操纵的（或者由半生物半机械的物体操纵）。这就解释了宇宙飞船为什么能够执行产生重力的模式，这种重力在正常情况下能压碎生物。

宇宙飞船能够使汽车熄火，并且在空中安静地移动，意味着它是由磁力驱动的交通工具。磁力推进的问题在于，磁铁永远伴随着两个磁极：N极和S极。如果将一块磁铁放在地球的磁场中，那么它只会旋转（就像指南针的指针），而不是像UFO那样升到空中。当一块磁铁的S极向一个方向偏移时，N极会向相反的方向偏移，因此磁铁会旋转，哪里也去不了。

这一问题可能的解决方法之一是"磁单极子"，即只有一个磁极的磁铁，这个磁极不是N极就是S极。一般来说，如果将一块磁铁一分为二，你是不会得到两个磁单极子的。相反，每个半块都会自己成为一块磁铁，有自己的N极和S极，也就是成了另一块偶极磁铁。因此，如果继续将磁铁捣碎，你会发现，会不断产生具有成对的N极和S极的磁铁。（这个将偶极磁铁破坏变成较小的磁铁的过程会一直持续到原子水平，在那一水平上原子自身也是偶极的。）

科学家们面临的问题是磁单极子从来没有在实验室中出现过。物理学家们尝试过拍摄磁单极子通过设备的移动轨迹，但是失败了（除了一张1982年在斯坦福大学拍摄的备受争议的照片）。

尽管磁单极子从未令人信服地在实验中被观察到，但物理学家们普遍认为，在宇宙大爆炸的时刻，宇宙中曾存在大量磁单极子。这一想法被整合到了最新的宇宙理论中。但由于宇宙在大爆炸后急速膨胀，磁单极子在整个宇宙中的密度降低了，因此我们如今不能在实验室里看到它。（事实上，如今磁单极子的缺乏正是引导物理学家们提出宇宙膨胀理论的关键性证据。因此，磁单极子的遗骸这一概念已经深深根植于物理学中。）

因此可以相信，遥远太空中的某个民族，或许已经获取了在宇宙大爆炸中通过在太空中撒出一张大磁"网"而遗留下来的、"始于宇宙之初的磁单极子"。一旦收集了足够的磁单极子，他们便能够利用在银河系中或某个行星上发现的磁场线在宇宙中航行，而不排出任何尾气。由于磁单极子是许多宇宙学家极感兴趣的对象，因此这样一艘飞船的存在绝对符合目前的物理学思想。

最后，任何一个先进到能够向宇宙中派出宇宙飞船的外星文明都一定已经掌握了纳米技术。这意味着他们的飞船不必很大，它们可以被成百万地送出，以寻找适宜居住的行星。荒无人烟的卫星或许是这类纳米飞船最好的基地。如果真是这样的话，那么或许我们的月球也曾经被某个 III 型文明造访过，类似于电影《2001 太空漫游》所描述的剧情，那或许是最为写实的关于和某个外星文明相遇的描述。非常有可能的是，飞船是无人操作的、机器人化的，并且停靠在月球上。（要使我们的科技先进到足以用雷达扫描整个月球寻找异常事物，并且能够发现远古时期某次纳米飞船到访的证据，可能要再花一个世纪的时间。）

如果我们的月球的确曾在过去被造访，或者它是一个纳米技术基地遗址，那么这或许就解释了为什么 UFO 不用很大。一些科学家嘲笑 UFO，因为它们不符合任何当今工程师会考虑的巨大推进器的设计思想，比如冲压聚变发动机、巨型激光动力帆和核脉冲发动机，它们都可能有几英里宽。UFO 可以和一架喷气式飞机一样小。但如果存在一个由先前的造访者遗留下来的永久性卫星基地，那么 UFO 不必很大，它们可以从附近的卫星基地上获得燃料补给。因此，人们在目击事件中看到的可能是从月球基地起飞的无人驾驶侦查飞船。

鉴于地外智慧生物搜寻的快速进步和人们发现的太阳系外行星的迅速增加，与假设存在于我们附近的外星生命取得联系成为一等不可思议。如果外星生命确实存在于太空中，那么下一个显而易见的问题是：我们是否有办法接近它们？当太阳开始膨胀并且吞噬地球的时候，我们那遥远的未来又会如何？我们的命运真的就在满天星斗之中吗？

9 恒星飞船

这种向月亮射击的愚蠢想法就是一个例子，证明了邪恶的专业化能将科学家们带到荒唐的境地……这个想法似乎从根本上是不可能实现的。

——A.W. 比克顿，1926 年

较为优质的一部分人类十有八九永远不会灭亡，当太阳走向灭亡的时候，他们会从一个太阳上迁移到另一个太阳上。

因此，以人类的智慧和完美，生命没有止境。它的进程永远不断。

——康斯坦丁·E. 齐奥尔科夫斯基，火箭之父

在遥远的未来的某天，我们将度过我们在地球上最后的美好一日。最终，在距今数十亿年之后，天空会燃烧起来。太阳将膨胀成苦难的炼狱，充满整个天空，使天上的一切都显得微不足道。随着地球上温度的急速上升，海洋将沸腾并蒸发殆尽，留下烧焦的、干涸的景象。最后，高山将熔化，变成液体，在充满活力的都市曾经耸立的地方形成熔岩流。

根据物理法则，这残酷的未来必然会到来。地球将最终在火舌中死去，并被太阳吞噬。这是一条物理定律。

这场灾难将在未来 50 亿年中发生。在这一宇宙级时间范围内，人类文明的起起落落不过是微不足道的小小涟漪。有一天我们将必须离开地球，或者死去。所以，当地球上的环境变得让人无法忍受时，人类——我们的后人，将如何应对？

数学家和哲学家伯特兰·罗素曾经痛惜道："没有任何火花、英雄气概和强烈的思想和感情能够超越生死、保留生命。一切时代的劳作、一切虔诚挚爱、一切绝妙灵感、一切人类非凡才能的耀眼光芒都注定要在太阳系的悲壮死亡中毁灭。人类成就的整座神殿将必然埋葬在宇宙残骸之下的废墟中……"

对我而言，这是英语中最发人深省的段落之一。但是罗素是在一个火箭飞船被认为不可能的年代写下这段话的。今天，有一日离开地球的想法已经不那么牵强了。卡尔·萨根曾说，我们应该变成"双行星物种"。地球上的生命非常宝贵，他说，我们应该扩张到至少另一个适宜居住的行星上，以防止大灾难的降临。地球运行在一个"宇宙射击场"中，其中有小行星、彗星和其他在地球轨道附近飘浮的碎片，与它们中任何一个相撞都可能导致我们的灭亡。

将要到来的灾祸

诗人罗伯特·弗洛斯特曾提出地球将在火焰中终结还是在冰冻中终结这一问题。运用物理定律，我们能够合情合理地预测地球将如何在一次自然灾难中终结。

在数千年的时间跨度里，人类文明面临的危机之一是一次新的冰期的出现。最后一次冰期在一万年前结束了。当下一次冰期在未来的一万到两万年中到来时，北美洲的大部分地区可能会被半英里厚的冰层覆盖。人类文明在最近短暂的两个冰期之间的时间里兴旺繁荣，这期间地球异常温暖，但这样的一个周期不会永远持续下去。

在数百万年的时间里，大型流星或彗星与地球相撞可能会造成毁灭性的影响。上一次从天而降的大灾难发生在 6 500 万年以前，一个直径 6 英里的物体猛然撞击墨西哥的尤卡坦半岛，形成了一个直径约 180 英里的陨石坑，消灭了到那时为止在地球上居统治地位的生命形式——恐龙。另一次宇宙撞击可能也是当时那个等级的。

数十亿年之后，太阳将渐渐膨胀，并且吞噬地球。事实上，我们估计太阳在下个 10 亿年中温度将升高约 10%，烤焦地球。它将在 50 亿年后完全吞噬地球，我们的太阳将转变为红巨星。地球事实上将位于太阳的大气层之内。

数百亿年后，太阳和银河系都将死去。当我们的太阳最终耗尽其氢／氦燃料时，它将萎缩成一颗微型白矮星，并且渐渐冷却，直到它成为一堆的黑色核废料游荡在真空中。银河系将最终与邻近的仙女星系相撞，仙女星系比我们的银河系大。银河系的旋臂会被撕裂，我们的太阳将被甩入太空。两个星系中心的黑洞将在最终的撞击和合并之前表演一场死亡之舞。

由于人类在某天必须逃离太阳系，到邻近的星体上谋求生存或者毁灭，因此问题在于我们要如何去那里。离我们最近的星系半人马座阿尔法星在4光年以外。传统的化学推进火箭——时下太空项目的主力，其时速勉强能达到每小时4万英里。用那种速度，它仅仅到达最近的恒星就要花上7万年。

分析一下现在的太空项目，在我们现有的微不足道的技术能力和一艘可以让我们开始探索宇宙的恒星飞船之间有着巨大的鸿沟。自从20世纪70年代早期对月球进行探索以来，我们的有人驾驶太空项目将宇航员送入了距地球仅仅300英里的轨道上的航天飞机和国际空间站。然而，NASA计划，到2010年逐步停用航天飞机，为猎户座飞船让路。猎户座飞船将在50年的中断之后，于2020年之前把宇航员带回月球。这项计划是建立一个永久性的、人工操纵的月球基地。在那之后，一项人工操作的任务将在火星上实施。

显然，如果我们想要在某天到达其他恒星，那么必须发明新型的火箭。要么从根本上提高火箭的推进力，要么增加火箭运行的时间。例如，一架大型化学火箭可能具备数百万磅的推进力，但仅仅能燃烧几分钟。相反，其他火箭设计，比如离子发动机（在下列段落中详述），或许具备可能在外层空间中运行数年的微弱推进力。

谈到火箭学，乌龟能胜过兔子。

离子和等离子体发动机

不同于化学火箭，离子发动机不会产生推动传统火箭的那种突然的、剧烈的高温气浪。事实上，它们的推进力通常是用盎司来衡量的。要是将它们放在地球上的一张桌面上，它们会因为过于无力而不能移动。但是，它们在推进力上的匮乏在持久力上得到了更大弥补，因为它们可以在太空的真空中运行数年。

一台典型离子发动机看上去就像显像管的内部。一根火热长丝由一股电流加热，制造出一股电离后的原子，比如氙，它们从火箭底部射出。离子发动机并不依靠炙热、爆炸性的气流行驶，它依靠的是稀薄但稳定的离子流。

NASA 的 NSTAR 离子推进器在 1998 年成功发射的深空一号（Deep Space 1）上进行了测试。离子发动机总共燃烧了 678 天，创下了离子发动机的新纪录。欧洲航天局也在自己的智能一号（SMART 1）探测器上对一台离子发动机进行了测试。曾经飞越一颗小行星的日本隼鸟号太空探测器由四台氙离子发动机驱动。尽管不怎么激动人心，但离子发动机将会完成行星间远距离任务（不紧急的）。其实，离子发动机可能有朝一日成为星际运输的主力。

离子发动机有一种更为强大的版本——等离子体发动机。例如，

VASIMR（可变比冲磁致离子浆火箭）利用一束强有力的等离子体将火箭推进太空。VASIMR 由宇航员、工程师张福林设计，利用无线电波和磁场将氢气加热到 100 万摄氏度。超热的等离子体随即从火箭底部喷出，产生巨大的推力。尽管还没有被送入太空，但是这一发动机的雏形已经在地球上制造完毕。一些工程师希望等离子体发动机能够用来执行火星任务，这可以将到达火星的行程时间缩短到数月。一些设计利用太阳能为发动机中的等离子体赋予能量。其他的设计使用核裂变（这引起了关于安全方面的担忧，因为它涉及将大量核材料装在易发生事故的飞船上送入太空）。

然而，无论是离子发动机还是等离子体 /VASIMR 发动机，都没有足够的能力将我们带到星体上去。要做到这一点，我们需要一套全新的推进设计。设计恒星飞船有一项严重不利的条件：即便是完成一次到达最近的星体上的旅程，也需要数量惊人的燃料，并且飞船需要很长的时间才能到达遥远的终点。

太阳帆

有一个提议或许可以解决这些问题，那就是太阳帆。它利用了阳光能运用非常小但非常稳定的压力这一事实，这一压力足以将巨型火箭推入太空。太阳帆的概念相当古老，始于伟大的天文学家开普勒发表于 1611 年的论文《梦游记》。

虽然太阳帆背后的物理原理相当简单，但制造真正能被送入太空的太阳帆的进展时好时坏。2004年，一台日本火箭成功使用两台小型太阳帆样机进入太空。2005年，行星协会、宇宙工作室和俄罗斯科学院从巴伦支海上一艘潜水艇上发射了宇宙一号宇航器，但是其携带的波浪号火箭失灵了，宇航器没有到达轨道。（早在2001年，一次亚轨道飞行同样失败了。）但是，2005年，一艘15米长的太阳帆飞船由日本的M–V火箭成功送入轨道，尽管太阳帆没有完全展开。

尽管太阳帆技术的进展慢得让人痛苦，太阳帆的支持者们却有另一个或许可以将他们带到星星上去的想法：在月球上制造巨型的激光器阵列，能够向一艘太阳帆发射强烈的激光，使其向最近的星星航行。这样的星际太阳帆的物理特性真的非常令人望而生畏。太阳帆本身的宽度必须达到数百英里，并且完全在太空中制造。我们必须在月球上制造几千束强大的激光束，每一束都能够持续发射数年到数十年。（在一项估算中，发射的激光必须是目前地球能量总产量的1 000倍。）

理论上，一艘庞大的太阳帆或许能够以光速的一半的速度移动。这样的太阳帆只要花上8年左右就可以到达附近的星体。这样一个推进系统的优势在于，它可以使用现有科技。不需要发现新的物理定律来制造这样的太阳帆。但主要的问题是经济上和工程上的。工程上的问题是：制造一艘数百英尺宽的太阳帆，并由位于月球上的数千强大激光束赋予能量，是难以完成的，需要可能在未来 100 年后出现的科技。（星际太阳帆存在一个问题——回收。我们将不得不在一个遥远的行星的卫星上制造第二个激光器阵列，从而将飞船推回地球。或者，飞船能够迅速绕着一颗恒星旋转，把它当弹射器那样使用，为回程获得足够的速度。随后，月球上的激光器可以将太阳帆减速，如此它便能降落在地球上。）

冲压式喷气核聚变发动机

我个人最看好的、能将我们带到其他星球上的选择是冲压式喷气核聚变发动机。宇宙中有丰富的氢，因此冲压发动机可以在太空旅行的时候获取氢，从根本上给予其取之不尽的火箭燃料来源。氢被收集起来后可随即被加热到数百万度，足够热到让氢融合，释放出一次热核反应的能量。

冲压式喷气核聚变发动机是由物理学家罗伯特·E.巴萨德于 1960 年提出的，后来由卡尔·萨根推广。（巴萨德计算，一台重达约 1 000 吨的冲压式喷气发动机理论上或许能够产生保持相当于 1g 的加速度的稳定推力，也就是说，相当于位于地球表面。）如果冲压式喷气发动机能够将 1g 的加速度保持一年，它就可以达到光的速度的 77%，足以使星际旅行真正成为可能。

冲压式喷气核聚变发动机的要求很容易计算。我们知道遍布宇宙的氢气的平均浓度。我们同样能够计算要获得 1g 加速度必须燃烧多少氢气。这一计算反过来决定了用于收集氢气的"勺子"该有多大。基于一些合理的假设，我们发现我们需要一个直径约 160 千米的勺子。尽管在地球上制造这么大的一个勺子是无法实现的，但在太空中制造它却会因为失重而减少困难。

原则上，冲压式喷气发动机能够无限期地自我推进，最终到达银河中遥远的恒星系统。根据爱因斯坦的说法，在火箭内部，时间会减慢，因此推进距离达到天文学距离而不用让船员们进入生命暂停状态或许会成为可能。根据飞船内部的时钟，以 1g 的加速度加速 11 年后，宇宙飞船将到达 400 光年之外的昴星团。23 年后，它将到达离地球约 200 万光年之外的仙女星系。理论上，宇宙飞船或许能在一名船员的生命期限内到达宇宙极限（尽管地球上可能已经过去了数十亿年）。

主要的不确定因素可能是聚变反应。在法国南部建造的国际热核聚变堆结合了两种氢的罕见形态（氘和氚）以获得能量。然而，在太空中，氢最丰富的存在形式是由被一个电子围绕的质子构成的。因此，冲压式喷气核聚变发动机将不得不利用光子–光子聚变反应。尽管物理学家们研究氘/氚聚变过程已经数十年，但光子–光子聚变反应过程还没有被很好地了解，也更难以实现，并且产生的能量远远更少。因此，在未来的 10 年中，掌握难度更高的光子–光子聚变反应将是一大技术挑战。（除此之外，一些工程师对于冲压式喷气发动机能否在其接近光速的时候克服阻力效应感到怀疑。)

在光子–光子聚变反应的物理问题和经济性问题获得解决之前，我们对于冲压式喷气发动机的可行性很难做出精确的估计。但是，在计划去往其他星球的任务时，这一设计在简短的备选名单之内。

核电火箭

1956 年，美国原子能委员会（AEC）开始在漫游者计划中认真研究核火箭。理论上，一个核裂变反应器会将氢之类的气体加热到极端高温，随后，这些气体会从火箭的一端喷出，制造推力。

由于有毒核燃料在地球大气层中有爆炸的风险，因此早期的核火箭发动机被水平放置在铁路轨道上，在那里，火箭的性能可以获得精心的检测。漫游者计划中测试的首台核火箭发动机是 1959 年的奇异 1 号（Kiwi 1，恰如其分地用一种不会飞的小鸟命名）。20 世纪 60 年代，NASA 与美国原子能委员会一同制造了 NERVA（火箭飞行器用核引擎），这是首枚垂直而非水平地进行试验的核火箭。1968 年，这枚核火箭以头朝下的姿势进行了点火试验。

这一研究的结果喜忧参半。火箭是非常复杂的，并且常常失灵。核发动机的剧烈振动时常震裂燃料棒束，导致飞船四分五裂。高温燃烧氢气所造成的腐蚀同样是个反复出现的问题。核火箭项目最终于 1972 年终止。

（这些核火箭还存在另一个问题：失控的核反应器的危险性，就如小型原子弹的情况一样。尽管当今的商业核电站依靠稀释后的核燃料运转，不会像广岛原子弹那样爆炸，但这些核火箭依赖高浓度铀运行，并且因此能够以连锁反应的形式爆炸，制造一起微型核爆炸。当核火箭项目即将结束时，科学家们决定进行最后一次试验。他们移走了用于抑制核反应的操纵杆。反应堆随即进入超临界状态，爆炸，成为燃烧的火球。核火箭这一壮观的谢幕甚至被捕捉为影像。俄罗斯人很不满。他们认为这一惊人之举违背了《部分禁止核试验条约》，该条约禁止了原子弹的地面爆炸。）

多年来，美国军方周期性地重新考虑核火箭。有一项被命名为"森林风核火箭"的秘密计划，它是 20 世纪 80 年代美国军方"星球大战"计划的一部分。（该计划在其细节被美国科学家联合会披露后遭到放弃。）

核裂变火箭最令人担忧的是它的安全性。尽管人类进入太空时代不过 50 年，化学推助火箭在这段时间内也遭受了约 1% 的灾难性失败。（"挑战者"号和"哥伦比亚"号航天飞机的坠毁悲剧性地导致 14 名宇航员丧生，并进一步证实了这一失败率。）

但是，NASA 已经重新开始了核火箭研究，这是自 20 世纪 60 年代 NERVA 项目以来的第一次。2003 年，NASA 命名了一项新计划——普罗米修斯，得名于为人来带来火种的希腊天神。2005年，"普罗米修斯"计划获得了4.3亿美元的拨款，这一拨款在2006年被削减到了1亿美元。该计划的前景尚不明朗。

核脉冲火箭

还有一种可行性不太明确的可能，即使用一系列迷你原子弹来推进一艘恒星飞船。在"猎户座计划"中，迷你原子弹从火箭底部依次被喷射出来，这样宇宙飞船就可以"乘坐"由这些迷你氢弹制造的冲击波。理论上，这一设计可以使一艘宇宙飞船的速度接近光速。这一想法在1947年由协助设计最早的氢弹的斯坦尼斯瓦夫·乌拉姆构思，由泰德·泰勒（美国军方核弹头的主要设计者之一）和普林斯顿高等研究院的物理学家弗里曼·戴森进一步发展。

20世纪50年代和60年代，科学家们对这种星际火箭进行了精密的计算。据估计，这样的宇宙飞船可以在一年内飞到冥王星并返回，最高速度为光速的10%。但即使是以那样的速度，它也需要用约44年才能到达最近的恒星。科学家们推断，以这一火箭推进的太空中的方舟必须航行几个世纪，历经数代船员，他们的后代在飞船上出生并在飞船上度过一生，这样他们的后人才能到达最近的恒星。

1959年，通用原子公司发表了一份报告，估算了一艘猎户座飞船的大小。最大的一种被称为超级猎户座，重达 800 万吨，直径 400 米，提供动力的氢弹超过 1 000 枚。

但是这一项目最大的问题在于，发射过程中核放射性沉降可能会造成污染。戴森估计，每次发射产生的核放射性沉降都能导致 10 个人患上致命的癌症。此外，发射产生的电磁脉冲极为强烈，会导致邻近的电子系统短路。

1963 年，《部分禁止核试验条约》为这一计划敲响了丧钟。最终，推动这一项目的主要驱动者——原子弹工程师泰德·泰勒放弃了。（他曾经向我透露，当他意识到迷你原子弹所包含的物理原理同样可以为恐怖分子所用、制造出便携式原子弹的时候，他终于感到梦想破灭了。尽管这一计划因为被认为十分危险而被终止，但它的名字在猎户座飞船身上沿用了下去，NASA 选择在 2010 年用这个名字来取代航天飞机。）

1973—1978 年，英国星际学会通过"代达罗斯计划"重新提出了核动力火箭的概念。"代达罗斯计划"是一项预备性质的研究，目的是研究是否可能建造能够到达巴纳德星（一颗距离地球 5.9 光年的恒星）的无人驾驶宇宙飞船。（巴纳德星之所以被选中，是因为据推测它有一颗行星。自那时以来，天文学家吉尔·塔特和玛格丽特·特恩布尔编纂了邻近的 17 129 颗可能拥有适合生命存在的行星的恒星的名单。其中呼声最高的是印第安座 ε 星，离地球 11.8 光年。）

为代达罗斯计划所策划的火箭飞船非常庞大，它将不得不在太空中被建造。它的重量将为 54 000 吨，其重量几乎全都在火箭燃料上，能够达到 7.1% 的光速，载重 450 吨。不同于使用微型裂变原子弹的猎户座计划，"代达罗斯计划"会使用由电子射线点火的氘 / 同位素氦–3 混合物。由于其面临难以逾越的技术难题，以及对于其核推进系统的焦虑，"代达罗斯计划"同样被无限期搁置了。

比冲与发动机效率

工程师们有时会说起"比冲"，它使我们可以将各种各样的发动机设计的效率进行排名。"比冲"被定义为每单位质量推进剂的动量变化。因此，发动机效率越高，将一架火箭推入太空所需要的燃料越少。反过来，动量是力作用了一段时间之后的产物。化学火箭尽管有非常大的推力，但只运行几分钟，因此比冲很低。离子引擎由于可以运行数年，因此具备高比冲和非常低的推力。

比冲以秒为单位。一艘典型的化学火箭的比冲为 400~500 秒。航天飞机发动机的比冲是 453 秒。（化学火箭达到的最高比冲是 542 秒，使用了氢、锂和氟混合而成的推进剂。）"智能一号"离子发动机的引擎比冲为 1 640 秒。核火箭的比冲能达到 850 秒。

可能存在的最大比冲会来自一艘能达到光速的火箭，它将具备约 3 000 万的比冲。以下表格列出了不同种类的火箭发动机的比冲。

火箭发动机种类	比冲
固体燃料火箭	250
液体燃料火箭	450
离子发动机	3 000
VASIMR 等离子体发动机	1 000~30 000
核裂变火箭	800~1 000
核聚变火箭	2 500~200 000
核脉冲火箭	1 万 ~100 万
反物质火箭	100 万 ~1 000 万

（原则上，激光帆和冲压式喷气发动机由于根本不具备任何火箭推进剂，所以拥有无限的比冲，尽管它们也有自己的问题。）

太空升降舱

许多这类火箭遭受的最严厉的反对意见，在于它们极为庞大和沉重，这使得它们永远无法在地球上被建造。这也是有些科学家提出在太空中建造它们的原因。在那里，失重也许能使宇航员们轻易抬起重得不可思议的物体。但现在，批评者们指出，在太空中装配它们的费用巨大得无法承受。比如，国际空间站需要超过 100 次的航天飞机发射才能完成装配，其成本已经逐步累积到 1 000 亿美元。它是历史上最昂贵的科学项目。在太空中建造一艘星际飞船或者冲压发动机进气斗的成本比那多许多倍。

但是，正如科幻作家罗伯特·海因莱因喜欢说的那样："如果能够将飞船送到地球上空 160 千米处，那么你已经在任意遨游太阳系的道路上成功一半了。"因为，无论何种形式的发射，在前 160 千米内，火箭都得挣扎着摆脱地心引力，这显然是花费最大的部分。之后，火箭飞船几乎就能轻松航行到冥王星以及更远处。

在未来，有一种方法能够大幅减少成本，那就是太空升降舱。利用一根绳索爬上天堂的想法很古老，例如，像在童话《杰克与魔豆》（*Jack and the Beanstalk*）中那样。但它或许能成为现实——如果绳索可以被高高送入太空。此后，地球自转产生的离心力将足以抵消地心引力，因此绳索将永远不会落下。绳子会魔法般地垂直升入空中，并且消失在云间。（想象一个在轴上转动的球体。它看起来在对抗地心引力，因为离心力将它推离了自转中心。同样，一根非常长的绳子由于地球转动可以在空中被挂起。）要想将绳子的状态保持住，除了地球的自转，不需要任何事物。理论上，人可以爬上绳子并且向上进入太空。我们有时候会向在纽约城市大学学习物理学课程的学生提出问题，要他们计算这样一根绳子所承受的张力。不难发现，绳子所承受的张力甚至足以使钢丝绳猛然断裂。这就是太空升降机舱长期以来被认为不可能实现的原因。

首位深入研究太空升降舱的科学家是苏联幻想家、科学家康斯坦丁·齐奥尔科夫斯基。1895 年，他受埃菲尔铁塔启发，想象一座能够升入太空的塔，将地球与一座太空中的"空中城堡"联系起来。它将从下而上进行建造，从地面上开始，工程师将慢慢把升降机延伸到天上。

1957 年，苏联科学家尤里·阿苏塔诺夫提出了一种新的解决方式：将太空升降舱以相反的顺序建造，自上而下，从太空中开始。他想象一颗位于太空中距地球 36 000 英里的静止轨道上的卫星，从那里，可以降下一根缆索到地球上。随后，缆索将被锚定在地面上。但是一台太空升降舱的系绳必须耐受大约 60~100 吉帕斯卡[①]（GPa）的张力。钢大约在承受 2 GPa 的时候就会断裂，这使得这一构思遥不可及。

随着亚瑟·C. 克拉克于 1979 年出版的小说《天堂的喷泉》（*The Fountains of Paradise*）和罗伯特·海因莱因于 1982 年出版的小说《星期五》（*Friday*）的推出，太空升降舱的概念传达给了更多的受众。可是，由于没有任何进展，这一概念逐渐被冷落了。

当化学家们开发出碳纳米管的时候，这一等式发生了翻天覆地的变化。1991 年，日本电气的饭岛澄男的研究成果突然激起了广泛的兴趣（尽管碳纳米管的痕迹要追溯到 20 世纪 50 年代，这一事实如今被忽略了）。令人瞩目的是，纳米管的强度比钢丝绳更大，

---

① 1 吉帕斯卡 =100 万帕斯卡。——编者注

但也更轻。事实上，它们超过了维持一个太空升降舱所需要的强度。科学家们相信一根碳纳米管纤维能够承受 120 GPa 的压力，这还远远在断裂点之上。这一发现重新点燃了制造太空升降舱的热情。

1999 年，NASA 的一项研究对太空升降舱进行了认真的考虑，想象了一条约 1 米宽、47 000 千米长的带子，能够将约 15 吨的有效载荷传送到地球轨道中。这样的太空升降舱可能在一夜之间改变太空经济。建造开支可以减少到原来的万分之一，是一项惊人的、革命性的改变。

目前，将 1 磅重的物体送入环绕地球的轨道要花费 10 000 美元以上（大致是一盎司黄金的价格）。举例来说，每一次航天飞机发射任务的花费多达 7 亿美元。一台太空升降舱可以将费用减至每磅 1 美元。在太空项目开支中，如此巨幅的减少能将我们观察太空的方式进行革命。简单地按下升降舱按钮，我们理论上可以以一张飞机票的价格乘坐升降舱进入太空。

但是，在我们建造一台能够乘坐着升入太空中的太空升降舱之前，必须解决难以克服的实际障碍。目前，实验室中制造的纯净碳纳米管纤维的长度不超过 15 毫米。要建造一台太空升降机，我们必须制造数千英里长的碳纳米管索。尽管从科学的角度来看，这只不过是一个技术问题，但如果我们想要建造一台太空升降机，那么它会是一个顽固而艰难的问题，必须解决。但是，许多科学家相信，在数十年内，我们能够掌握制造碳纳米管长索的技术。

其次，碳纳米管中的微型杂质会使得长索成为问题。意大利都灵理工学院的尼古拉·普尼奥估计，一根碳纳米管中哪怕有一个分子出现误差，碳纳米管索的强度就要减少70%，使其无法达到支持一台太空升降舱所必需的最低耐受力。

为了激励太空升降舱方面的原创思想，NASA为两项独立项目拨了款。（效仿安萨里X奖，这一奖项成功激励了有进取心的发明家，他们制造出了能够携带乘客到达太空边缘的商业火箭。安萨里X奖在2004年由"太空船一号"获得。）NASA拨款的项目称为光束动力竞赛和系链竞赛。在光束动力竞赛中，参赛队伍必须将一件重量至少25千克的机械装置以至少每秒钟1米的速度送到一根系链（从起重机上垂下）上方至少50米处。这听起来或许很容易，但困难在于机械装置不得使用燃料、电池或者电线。取而代之的是，激起装置必须由太阳电池阵电源系统、太阳能集光器、激光器或者微波等适合在太空中使用的能源来提供动力。

在系链竞赛中，参赛队伍必须制造出重量不得超过两克的两米长系链，并且它能携带的物体的重量必须比前一年的最佳系链多50%。竞赛的目的是鼓励研究，开发出能在太空中悬挂10万千克物体的轻型材料。奖金分别为15万美元、4万美元和1万美元。（在此强调一下征服这一竞赛的难度：在2005年，竞赛举办的第一年，没有人获奖。）

尽管一台成功的太空升降舱可以使太空项目发生根本性的改

变，但这样的机器有它们自己的一系列危害。例如，近地人造卫星的轨道在它们环绕地球运行的时候会不断改变（这是由于地球在它们下方转动）。这意味着，这些人造卫星最终会与太空升降舱以每小时 18 000 英里的速度猛烈撞击，足以使系链断裂。为了防止这样的劫难，在未来，人造卫星必须带有小型火箭，以便在太空升降舱周围游过，或者，升降舱的系链不得不配备小型火箭，以躲避经过的人造卫星。

同样，与陨石微粒的相撞是个问题，因为太空升降舱远在地球大气层之上，而我们的大气层通常会保护我们免受陨石危害。由于陨石微粒撞击是不可预知的，升降舱必须带有附加的防御盾，或许还要有故障安全冗余系统。地球上的极端气候也会造成问题，比如飓风、潮汐波和风暴等。

弹弓效应

还有一种新颖的方式能将物体投掷到接近光的速度，那就是使用"弹弓"效应。在将航天探测器送上太空中的行星时，NASA 有时会让它们绕邻近的行星快速移动，这样它们就能使用弹弓效应提高速度。NASA 用这种方法节省了宝贵的火箭燃料。旅行者宇宙飞船就是这样得以到达海王星的，它位于太阳系的边缘。

普林斯顿大学的物理学家弗里曼·戴森提议，在遥远的未来，我们或许会发现两颗互相围绕对方高速公转的中子星。通过无限靠近两颗中子星之一，我们可以绕其高速移动，并且随后以接近光速的 1/3 的速度被甩入太空。事实上，我们将使用万有引力给予额外的推进以接近光速。理论上，这仅仅是或许可行。

其他人提议我们围绕太阳快速移动以使速度增加到接近光速。事实上，《星际迷航 4：抢救未来》中应用了这一方法。企业号的船员们劫持了一艘克林贡飞船，随即向太阳疾驶，以打破光障、回到过去。在影片《当世界毁灭时》（*When Worlds Collide*）中，地球受到与小行星撞击的威胁，科学家们制造了一台巨型过山车逃离地球。一艘火箭宇宙飞船从过山车上滑下，获得了极高的速度，随后在过山车底部快速绕转、射入太空。

然而，事实上，这些利用引力将我们推进到太空中的方法没有一个是可行的。（由于能量守恒定律，在从过山车上滑下和驶回的过程中，我们最终达到的速度与初始的一样，因此我们无论如何都不会获得能量。同样，绕着静止不动的太阳，我们最终达到的速度与开始时相同。）戴森使用两颗中子星的方式可能有效的原因是中子星转动得极快。一艘利用弹弓效应的宇宙飞船从一颗恒星或行星移动中获取能量。它们如果是静止的，就根本不存在弹弓效应。

尽管戴森的提议或许可行，但它对如今被束缚在地球上的科学家们没有帮助，因为我们需要一艘宇宙飞船来访问转动的中子星。

去往天空的轨道炮

另有一种能将物体以梦幻般速度掷入太空的绝妙方法——轨道炮。阿瑟·C.克拉克和其他作家都在自己的科幻小说中对其大加描绘，在"星球大战"导弹防御系统中，它也作为系统的一部分得到了认真的评估。

轨道炮将炮弹推进到高速，采用的不是火箭燃料或火药，而是电磁的力量。

轨道炮最为简单的形式由两根平行的导线或轨道构成，一颗炮弹横跨在两根导线上，组成了一个U形结构。连迈克尔·法拉第都知道，当一束电流被放置在磁场中的时候，它会受到一个力的作用。（这其实是所有电动机的基础。）通过将数百万安培的电力送入这些导线，并使其通过炮弹，轨道周围形成了巨大的磁场。这一磁场随后会以巨大的速度将炮弹推下轨道。

轨道炮已经成功地将金属物体以极高的速度射出非常短的距离。非比寻常的是，理论上，一门简单的轨道炮应该能够将一颗金属炮弹以每小时18 000英里的速度发射，如此它将进入地球周围的轨道。基本上，NASA的整个火箭战队都可以用一门轨道炮替代，它可以将所有荷载从地球上发射入轨道。

与化学火箭和枪炮相比，轨道炮具备极大的优势。在一支来复枪里，膨胀的空气推动子弹所能达到的极限速度被冲击波的速度限制。尽管儒勒·凡尔纳在他的经典小说《从地球到月球》（*From the Earth to the Moon*）中使用火药把宇航员发射到了月球上，但我们可以计算出使用火药所能获得的极限速度仅达到将人送上月球所需速度的一小部分。但是，轨道炮不被冲击波的速度限制。

可是，轨道炮存在问题。它极快地将物体加速，使得它们通常会在空气的冲击之下被压扁。荷载物在被射出轨道炮炮筒的过程中会严重扭曲变形，因为炮弹撞上了空气，就好像撞上一堵砖墙一样。此外，荷载物沿轨道产生的巨大加速度也足以使它们变形。由于炮弹引起的损毁，轨道不得不定期更换。并且，此时宇航员所要承受的重力能轻易压碎他体内的所有骨头足以致死。

有一项提议，在月球上安装一门轨道炮。在地球大气层之外，一颗轨道炮的炮弹可以不费吹灰之力疾行过太空的真空。但仅仅一门轨道炮产生的巨大加速度就可能毁坏荷载物。从某些意义上来说，轨道炮是激光帆的对立面，激光帆经过很长一段时间缓慢地提高自己的速度。轨道炮是有限制的，因为它们将巨大的能量填充进了小小的空间内。

能够将物体发射到附近恒星上的轨道炮相当昂贵。一项提议认为，轨道炮应该在太空中制造，将地球至太阳的距离延长 2/3。它储存来自太阳的太阳能，随即猛地将那些能量排放入轨道炮，以 1/3 光速的速度送出 10 吨的荷载，加速度是重力加速度的 5 000 倍。不出意料的是，只有最强壮的机器荷载才能在如此巨大的加速度之下幸存。

太空旅行的危险

太空旅行不是周末的野餐。巨大的危险恭候着去往火星或更远处的载人飞船。地球上的生命已经被庇护了数百万年：地球的臭氧层保护地球免受紫外线侵袭，地球的磁场对抗太阳耀斑和宇宙射线，地球厚厚的大气层使地球免遭流星撞击，使流星在进入大气层的时候被烧毁。我们将地球上温和的气温与气压视作理所当然。但是，在太空中，我们必须面对这样的事实：宇宙的大部分都处于混乱之中，有危险的辐射带和大群致命的流星。

要想延长太空旅行时间，第一，要解决的问题是失重。俄罗斯科学家对失重的长期研究表明，在太空中，人体流失宝贵的矿物质和化学元素的速度比预想中快得多。尽管经过严格的训练，在空间站度过一年以后，俄罗斯宇航员的骨骼和肌肉仍然出现了严重萎缩，他们在刚回到地球的时候只能像婴儿一样爬行。看来，肌肉萎缩、骨骼恶化、红细胞产量减少、免疫力低下，以及心血管系统功能减弱是长时间失重不可避免的后果。

去往火星的任务或许要花上数月到一年的时间，它将使宇航员的忍耐力达到极限。对于飞往附近恒星的长距离任务而言，这个问题将是致命的。未来的宇宙飞船或许不得不旋转、通过离心力制造人造重力以维持人们的生命。这一调整将大大增加未来宇宙飞船的花费和复杂性。

第二，宇宙中存在以每小时数万英里的速度飞行的流星，这或许会要求宇宙飞船装备额外的防御盾。对航天飞机船身的详细检查显示了几次微小的、但有致命可能的小型流星撞击。在未来，宇宙飞船可能必须为船员配备一个特别双重加固的舱室。

太空中的辐射强度比过去所认为的强很多。例如，在 11 年的太阳黑子周期中，太阳耀斑发出大量的致命等离子体，这些等离子体向地球奔腾而来。在过去，这一现象迫使空间站上的宇航员们寻找特殊的保护，以对抗亚原子颗粒可能致命的密集攻击。在这样的太阳爆发期间进行太空行走是致命的。（例如，哪怕是从洛杉矶到纽约做一次简单的横跨大陆旅行，也会使我们在每小时的飞行里接受 1 毫雷姆[①]辐射。在整个旅程中，我们被暴露在几乎相当于一台牙科 X 光机的辐射之下。）在太空中，地球的大气层和磁场不再保护我们，辐射会成为一个严重的问题。

假死

到目前为止，我介绍的火箭设计有一项始终存在的非议，即哪怕我们能制造出这样的恒星飞船，也要花上数十年到数百年才能到达附近的恒星。这样的任务需要数代船员参与，他们的后代将到达

1　1 雷姆 =0.01 希沃特。——编者注

最后的目的地。

《异形》和《人猿星球》等电影提出了一个解决方法：让太空旅行者们假死。也就是说，他们的体温会被小心翼翼地降低，直到身体机能几乎停止。冬眠的动物每年冬季期间都这么做，某些鱼类和蛙类可以被冻在冰块中，但当温度上升时又能解冻。

研究这一奇特现象的生物学家们认为，这些动物能够创造天然"防冻剂"，降低水的凝固点。这一天然防冻剂由鱼体内的蛋白质和蛙体内的葡萄糖构成。通过往血液中注射这类蛋白质，鱼可以在北极零下 2 摄氏度的气温下生存。蛙类进化出了维持高葡萄糖水平的能力，因此可以阻碍冰晶形成。尽管它们身体的表面或许会被冻僵，但它们的身体内部却没有冻结，这使得它们的身体器官能够继续运转，虽然速度会减缓。

然而，将这一能力应用到哺乳动物身上是有问题的。当人体组织被冰冻时，冰晶就从细胞内部开始形成。随着这些冰晶的增大，它们能够穿透和摧毁细胞壁。（希望在死后将自己的头部和身体冷冻在液氮中的名人们或许会想要重新考虑。）

虽然如此，科学家们还是在不会自然冬眠的动物（如老鼠和狗）身上取得了有限的关于假死的进展。2005 年，匹兹堡大学的科学家们在把狗的血液抽干并用特殊冰冻液体替代后成功地让它们复活。临床死亡三小时后，狗在心脏复跳后重获生命。（尽管手术后大多数狗很健康，但有几只遭受了一些大脑损伤。）

同一年，科学家将老鼠放入含有硫化氢的房间中，并且成功地将它们的体温减为 13 摄氏度长达 6 小时。老鼠的代谢率下降到了原来的 1/10。2006 年，马萨诸塞州综合医院的医生使用硫化氢使猪和老鼠陷入了假死状态。

在未来，这样的步骤或许可以拯救发生严重意外或心脏病患者，因为每一秒都至关重要。假死可以让医生"冻结时间"，直到病人能够得到治疗。但是，要想让这样的技术应用于人类宇航员，或许还需要数十年以上，他们可能需要将生命暂停几个世纪。

纳米飞船

还有一些方法能让我们通过更先进的、未经验证的、接近科幻小说的科技到达其他恒星。最有希望的提议是使用以纳米技术为基础的无人驾驶探测器。在这篇讨论中，我自始至终都假设恒星飞船必须是巨大的装置，消耗大量能源，能够将大批人类船员带去恒星，类似于《星际迷航》中的"企业号"。

但更合适的途径可能是首先以接近光速的速度发送一架微型无人驾驶探测器到遥远的恒星。正如我们早先提到的那样，在未来，有了纳米科技，可以制造出微型宇宙飞船，它们利用的是原子和分子大小的器械的力量。例如离子，由于它们很轻，因此能够使用实验室中的普通电压轻易加速到接近光速的速度。或许可以使用强大的电磁场以接近光速的速度将它们送入太空，而非使用巨大的推助火箭。这意味着，如果一台纳米机器人被电离，并且被放入一个电场中，它将毫不费力地被提速到接近光速。这台纳米机器人随即会向恒星滑翔而去，因为太空中没有摩擦力。以这种方法，许多困扰大型恒星飞船的问题都立刻迎刃而解了。无人操控的智能纳米机器人宇宙飞船或许可以花费制造和发射一艘巨型载人恒星飞船所需开支的一小部分就到达近处的恒星系统。

这样的纳米飞船可以用于飞往近处的恒星，或者像一位退休的美国空军航天工程师杰拉德·诺德利建议的那样，用于向一艘太阳帆施加压力以将它推进太空。诺德利说："如果有一群针头大小的恒星飞船排成队形飞行，并且相互联系，你用一个手电筒就能推动它们。"

但是，纳米飞船也面临着挑战。它们可能会在飞过电场或磁场时改变方向。为了对抗这些力量，我们需要在地球上将纳米飞船的电压增强到极高的水平，这样它们就不会轻易转变方向。其次，我们或许不得不送出数百万艘这样的纳米机器人恒星飞船，以保证有少量恒星飞船能够真正成功到达目的地。向最近的恒星送出大群恒星飞船或许看起来很奢侈，但这样的恒星飞船很便宜，并且能以十亿计地大批生产，这样它们就只要有一小部分到达目的地就行了。

这些纳米飞船会是什么样的？NASA前领导人丹·戈尔丁想象了一个"可乐罐大小"的宇宙飞船舰队。其他人则提出了制造针头大小的宇宙飞船的假设。五角大楼已经在调查开发"智能尘埃"的可能性，尘埃大小的粒子内部有微型探测器，能够被喷洒在整个战场上，为指挥官提供实时信息。在未来，可以想象"智能尘埃"或许会被送往近处的恒星。

尘埃大小的纳米机器人的电路系统将使用半导体产业应用的蚀刻技术来制造。这一技术能够制造出小至 30 纳米或者约 150 个原子宽的元件。这些纳米机器人可以在月球上使用轨道炮甚至粒子加速器发射，粒子加速器一般能将亚原子颗粒发射到接近光速。这些装置非常便宜，以至数百万台设备可以被发射到太空中。

一旦到达某个附近的恒星系统，纳米机器人就可以在一颗荒无人烟的行星卫星上着陆。由于行星卫星的引力小，纳米机器人可以毫不困难地着陆和起飞。因此这样的一颗行星卫星也会是理想的运行基地，因为它能提供稳定的环境。纳米机器人可以建立一家纳米工厂，使用在行星卫星上发现的矿物，以建造一个能将信息发送回地球的强大无线电台。或者，纳米工厂可以被用于制造自身的数百万个复制品，以探索那个恒星星系和去其他附近的恒星探险，重复这一过程。由于这些飞船是机器人化的，因此它们不必在用无线电回复信息后飞回地球。

我刚刚描述的纳米机器人有时被称为"冯·诺伊曼探测器"，以著名数学家约翰·冯·诺伊曼的名字命名，他解析了能够自我复制的图灵机的数学原理。原则上，这样自我复制的纳米机器人星际飞船或许能够探索整个银河系，而不仅仅是地球附近的恒星。最终，或许会产生一个由数万亿个这样的纳米机器人组成的球体，它们增加得越来越快，同时变大、以接近光速的速度扩张。这一扩张中的球体中的纳米机器人可以在数十万年内将整个银河系开拓为殖民地。

一位电气工程师非常认真地考虑了纳米飞船这一概念，他就是密歇根大学的布雷恩·吉尔克里斯特。他不久前从 NASA 的先进概念研究所获得了 50 万美元拨款，探究如何建造发动机不大于细菌的纳米飞船。他想象使用半导体行业的蚀刻技术来建造纳米飞船舰队，这些飞船会喷射直径仅数十纳米的纳米粒子来自我推进。这些纳米粒子靠经过一个电场来获得能量，就像在离子发动机内部一样。由于每一个纳米微粒都比一个离子重数千倍，因此这样的发动机将携带比一台典型离子发动机多很多的推力。这样，纳米发动机将具备与离子发动机相同的优势——除了它们具备更大的推力这一点。吉尔克里斯特已经开始蚀刻这些纳米飞船的某些部件。迄今为止，他已能在一块 1 厘米宽的硅芯片上蚀刻 10 000 个独立推进器。最初，他想把他的纳米飞船舰队送到整个太阳系中以测试它们的能力。但最终这些纳米飞船或许会成为首先到达恒星上的舰队中的一部分。

吉尔克里斯特的提议是 NASA 所考虑的几个新颖提议之一。在几十年的停滞状态之后，NASA 不久前对各种各样的星际旅行提议给予了认真的考虑——这些提议从脚踏实地到奇异荒诞，应有尽有。自 20 世纪 90 年代早期开始，NASA 主办了一年一度的先进太空推进研究研讨班。在研讨班期间，这些技术被认真的工程师和物理学家小组批驳得体无完肤。更为野心勃勃的是突破性物理学推进项目，它探索与星际旅行相关的神秘的量子物理世界。尽管两者没有共同观点，但是它们的活动有许多都集中在该领域的领先者——激光帆和各种类型的聚变火箭身上。

由于宇宙飞船设计方面的进展缓慢而稳定，因此，第一艘某种类型的无人驾驶探测器将在 21 世纪末或 22 世纪初被送到附近处恒星上的假设是合理的。这使它成为一项一等不可思议。

但星际飞船最强有力的设计可能涉及反物质。尽管它听起来像科幻，但事实上反物质已经在地球上被制造出来，并且或许某天会为可行的载人星际飞船提供最有前景的设计方案。

10 反物质和反宇宙

在科学界所能听到的最令人兴奋、宣告新发现到来的话语不是"尤里卡"，
而是"真奇怪……"

——艾萨克·阿西莫夫

如果一个人不像我们那样具有宗教信仰，那么我们会说他是个怪人，这就
解决了。我的意思是，现今的确是这样，因为现在我们不能烧死他了。

——马克·吐温

你可以从一个先锋背上的箭头认出他来。

——贝弗利·鲁比克

在丹·布朗的书《天使与魔鬼》（写于《达·芬奇密码》之前
的畅销书）中，一小撮极端主义者"光明会"策划了一次阴谋，用
一枚从日内瓦市外的核实验室 CERN 偷来的反物质弹炸毁梵蒂冈。阴
谋家们知道，物质和反物质相互碰触会造成一场巨大的爆炸，比氢
弹的威力大上许多倍。尽管反物质弹纯属虚构，反物质却是真实的。

在一枚原子弹的全部威力中只有约 1% 是有效的。只有很小一

部分铀转变成能量。但如果反物质弹能被制造出来，那么它将把自身 100% 的质量转变为能量，这使它远比原子弹有效。（更精确一点儿，在一枚反物质弹中，50% 的材料能被转化为可使用的爆炸性能量。其余将以探测不到的粒子——微中子的形式被带走。）

反物质长期以来一直是受到热烈探讨的焦点。尽管反物质弹不存在，但物理学家已经得以使用强大的核粒子加速器制造出极少量的反物质用于研究。

制造反原子和反化学

20 世纪初，物理学家意识到，原子由带电荷的亚原子粒子与绕一个微小原子核（带正电荷）转动的电子组成（带负电荷）。原子核由质子（带正电荷）和中子（带电呈中性）组成。

因此，20 世纪 30 年代，当物理学家意识到每一颗粒子都有一个孪生兄弟——一颗具有相反电荷的反粒子时，事情很让人震惊。第一个被发现的反粒子是反电子（称为正电子），具有正电荷。正电子与电子几乎在所有方面完全一样，除了携带相反的电荷。正电子最初是在云雾室中拍摄的宇宙射线照片里被发现的。（正电子轨迹在云雾室中相当容易被看到。当它们被置于一个强大的磁场中时，它们转向与普通电子相反的方向。事实上，我在上高中时拍摄过这样的反物质轨迹。）

1955 年，加利福尼亚大学伯克利分校的吉伏质子加速器制造出了第一颗反质子。正如预期的那样，它与质子几乎完全相同——除了它具有负电荷。这意味着，我们可以制造出反原子（由正电子围着反质子转动）。其实，反元素、反化学、反人类、反地球，甚至反宇宙在理论上都是可能的。

目前，CERN 和芝加哥市外的费米国家加速器实验室的巨大粒子加速器已经能够制造微量反氢。（制造方式是使用粒子加速器将一束高能量质子发射进入目标，由此制造大量亚原子残骸。强大的磁铁分离出反质子，它们的速度被减到非常慢，并且随后暴露在由钠–22 自然放射出的正电子之下。当正电子环绕反质子转动时，它们制造出了反氢，因为氢原子是由一个质子和一个电子组成的。）在纯净的真空中，这些反原子可以永远存在。但如果存在杂质，那么这些反原子最终会撞击普通的原子，然后湮灭，释放出能量。

1995 年，CERN 创造了历史，它宣布已经制造出了 9 个反氢原子。费米国家加速器实验室很快依样画葫芦制造出了 100 个反氢原子。原则上，除了惊人的花费，没有什么能够阻止我们同样制造出更高级的反元素。哪怕是制造几盎司的反原子都会让任何一个国家破产。（截至本书写作时间，反物质的年产量在 10 亿分之一克到一亿分之一克之间。这一产量在未来可能提高到原来的三倍。）反物质的经济效益非常差。2004 年，CERN 花费 2 000 万美元制造出了几万亿分之一克的反物质。这使得反物质成为世界上最贵重的物质。

"如果我们能够将我们已经在 CERN 中制造出的所有反物质收集起来，并且让它们与物质湮灭，"一篇出自 CERN 的报告如此说道，"我们就会拥有足够的能量将一个电灯点亮几分钟。"

处理反物质则提出了不寻常的问题，因为任何物质与反物质之间的接触都会引起爆炸。将反物质放入一个寻常容器的行为等同于自杀。反物质一接触容器壁，就会爆炸。如此不稳定，应该如何处理它呢？一种方法是先将反物质电离成气态或者离子，随后将它安全地封闭在一个"磁瓶子"中。磁场会防止反物质碰触容器壁。

要制造一台反物质发动机，需要将一束稳定的反物质流注入一间反应室，在那里，它将小心地与普通物质相结合，制造出一次控制之下的爆炸，类似于化学火箭制造的爆炸。这一爆炸制造出的离子随即会从反物质火箭的一端发射出来，创造出推助力。由于反物质发动机将物质转化为能量的效率很高，因此理论上它是未来星际飞船最令人感兴趣的发动机设计之一。在《星际迷航》系列中，反物质是"企业号"的能量来源，它的发动机是由控制之下的物质与反物质相撞提供能量的。

反物质火箭

宾夕法尼亚州立大学的物理学家杰拉德·史密斯是反物质火箭最主要的倡导者之一。他相信，短期内，只需 4 毫克的正电子就足以将一架反物质火箭在几星期内送上火星。他注意到，反物质内包含的能量比普通火箭燃料中包含的能量大 10 亿倍。

制造这种燃料的第一步是通过粒子加速器制造成束的反质子，随后将它们储存在由史密斯构建的"彭宁阱"中。在建造过程中，彭宁阱重量为 220 磅（大部分是液氮和液氢的重量），将在一个磁场中储存约一万亿反质子。（在非常低的温度下，反质子的波长比容器壁中原子的波长长数倍，因此反质子大部分会被容器壁反射回来，而不是自我湮灭。）他说，这样的彭宁阱应该能够将反质子保存约 5 天（直到它们最终与普通原子混合，被湮灭）。他的彭宁阱应该能够储存约 10 亿分之一克反质子。他的目标是制造出能够储存多达 1 微克（100 万分之一克）反质子的彭宁阱。

尽管反物质是地球上最珍贵的物质，但它的成本每年都在大幅下降（目前 1 克约要花费 62.5 万亿美元）。一台正在芝加哥市外的费米国家加速器实验室制造的粒子注入器应当能够将反物质的产量增加到原来的 10 倍，从每年 1.5 微毫克到 15 微毫克，这将把反物质的价格拉低。然而，NASA 的哈罗德·格里什相信，随着进一步的改良，价格可以较为实际地下降到每微克 5 000 美元。新墨西哥州洛斯阿拉莫斯新奈吉技术公司的史蒂文·豪博士说道："我们的目标是将属于科幻小说中激进范畴的反物质转移到交通和医学应用的商业使用范畴。"

迄今为止，能够生产反质子的粒子加速器并非为了这一用途而特别设计，因此它们效率不高。这样的粒子加速器主要目的是作为研究工具，而不是反物质工厂。这就是为什么史密斯想象着建造一台特别用于生产大量反质子、能够降低成本的新型粒子加速器。

如果反物质的价格可以通过技术改造和大量生产进一步降低，那么史密斯期盼，有一天反物质火箭能够成为行星间或恒星间旅行的常用交通工具。然而，在那一天来临之前，反物质火箭将停留在纸上阶段。

自然存在的反物质

既然反物质在地球上如此难以制造，那么在宇宙中找到反物质是否会比较容易呢？不幸的是，在宇宙中对反物质的搜索所获甚微，使物理学家们相当惊讶。我们的宇宙是由物质而非反物质组成，这一事实难以解释。我们可以天真地假设，宇宙初始时有相同数量、对称的物质和反物质。因此反物质的缺乏令人不解。

最有可能的解释是由安德烈·萨哈罗夫首先提出的，他在20世纪50年代为苏联设计了氢弹。萨哈罗夫提出理论：宇宙初始，物质和反物质的数量在大爆炸中有轻微的不对称。这一微小的对称破坏被称为"CP不守恒"。这一现象目前是许多活跃的研究课题的中心。实际上，萨哈罗夫的理论指出，所有今天宇宙中的原子都是由一次物质和反物质间的近乎完全的对消中遗留下来的，大爆炸导致了两者之间的一次宇宙对消。少量的残余物质创造了组成如今可见的宇宙的残留物。我们身体的全部原子都是这次物质与反物质之间巨大对撞的残留物。

这一理论留下了有少量反物质自然存在的可能。如果的确如此，那么发现其来源将大幅减少在反物质发动机内使用反物质的成本。理论上，天然反物质的沉积物很容易被发现。当一个电子和一个正电子相遇时，它们就会湮灭，成为γ射线，能量为1.02百万电子伏特或以上。这样，通过在宇宙中扫描具有这种能量的γ射线，我们可以发现天然反物质的"指纹"。

事实上，反物质的"源泉"已经由美国西北大学的威廉·珀塞尔博士在银河系中发现，位置离银河中心不远。显然，一股反物质的溪流存在着，它在与普通的氢气撞击时创造了这一典型的1.02百万电子伏特的γ射线。如果这一缕反物质存在于自然界中，那么其他没有在大爆炸中被摧毁的反物质群也可能存在于宇宙中。

为了更系统地寻找自然存在的反物质，PAMELA（反物质探索及轻核子天体物理负载）人造卫星于2006年被送入轨道。这是一项俄罗斯、意大利、德国和瑞典之间的合作研究，目的是搜索反物质。早先搜索反物质的任务是由高空气球和航天飞机执行的，因此数据是在不超过一个星期的时间内收集来的。相反，PAMELA将在轨道中至少停留三年。"它是有史以来的最佳探测器，我们将长时间使用它。"罗马大学的皮耶尔乔治·皮科扎宣布。

PAMELA 的目的是探测来自普通来源（比如超新星）的宇宙射线；同时也探测来自特殊来源（比如完全由反物质组成的恒星）的宇宙射线。PAMELA 将特别寻找反氢元素的蛛丝马迹，它可能在反恒星的内部产生。尽管如今的大多数物理学家相信宇宙大爆炸造成了物质和反物质间近乎完全的对消，但根据萨哈罗夫的看法，PAMELA 是基于一种与此不同的假设——整个反物质宇宙范围没有经历那次对消，并且因此在今天以反恒星的形式存在。

如果反物质少量存在于太空中，我们就可能"收获"一些反物质用以推进宇宙飞船。NASA 的先进概念研究所非常慎重地采用了在太空中收获反物质的构想，近期，NASA 为一项飞行员计划提供了资助，以研究这一概念。"基本上，你想做的是织出一张网来，就像在钓鱼时那样。"巴尔技术公司的杰拉德·杰克逊这样说，该公司是这一计划的带头组织。

反物质收割机以三个同心球体为基础，每个都由一张晶格线网络制成。最外面的球体直径有 16 千米，并且带正电荷，因此它将排斥任何质子，后者是带正电荷的。它将吸引反质子，反质子是带负电荷的。反质子将由外侧球体收集，随后，在它们通过第二个球体的时候，速度将被减慢，并且最终在它们到达最内侧的球体时停下，这一球体直径为 100 米。反质子随即会被捕捉到一个磁瓶子中，并且与正电子混合，以制造反氢元素。

杰克逊估计，在一艘宇宙飞船中，控制下的物质–反物质反应能够只使用 30 毫克反物质就能为一艘飞往冥王星的太阳帆提供燃料。17 克反物质，杰克逊说，足够为一艘星际飞船提供动力飞往半人马座阿尔法星。杰克逊声称，在金星和火星的轨道之间，可能存在 80 克可以被太空探测器收集到的反物质。然而，由于将这一巨型反物质收集器投入使用的复杂性和巨大开支，它在 21 世纪末或更晚的时候之前可能无法实现。

一些科学家梦想从一颗飘浮在太空中的流星上收获反物质。(《飞侠哥顿》连环漫画曾经描绘了一颗离群的流星，它飘浮在太空中，与任何行星发生接触都会制造一次恐怖的爆炸。)如果天然反物质在太空中没有被发现，那么我们将不得不等待数十年甚至几个世纪，直到我们能够在地球上生产出巨量反物质。但假设生产反物质的技术问题能够解决，那么有朝一日反物质火箭带我们去恒星上就会成为可能。

鉴于我们如今对于反物质的了解，以及这一科技可以预见的发展，我把反物质火箭飞船划分为一等不可思议。

反物质缔造者

什么是反物质？自然界毫无理由地将宇宙中亚原子粒子的数量加倍，这似乎很奇怪。大自然通常很节俭，但是现在我们了解了反物质，大自然似乎极度冗赘和浪费。如果反物质存在，那么反宇宙也会存在吗？

　　为了问答这些问题，我们必须调查反物质本身的来源。反物质的发现要追溯到 1928 年保罗·狄拉克的开创性研究成果。他是 20 世纪最有才华的物理学家之一，在剑桥大学担任卢卡斯数学教授席位，那是牛顿和霍金曾经担任的席位。狄拉克出生于 1902 年，1925 年量子革命爆发的时候，他是一位高瘦的 20 多岁的男子。尽管当时学的是电气工程，他却突然对量子理论产生了兴趣。

　　量子理论是建立在这一概念上的：像电子这样的粒子可以不被描述为点状粒子，而是可以被描述为某种类型的波，用薛定谔的著名波动方程描述。（波代表了能够在那一点找到该粒子的可能性。）

　　但是，狄拉克意识到，薛定谔的方程有一个不足之处。它只描述了低速移动的电子。对于高速移动的电子，该方程就失灵了，因为它并不遵守高速移动的物体的定律，即由阿尔伯特·爱因斯坦发现的相对论。

　　年轻的狄拉克面临的挑战是修正薛定谔的方程，使它适应相对论。1928 年，狄拉克提出了对薛定谔方程的彻底修改，完全遵守了爱因斯坦的相对论。物理界震惊了。狄拉克纯粹通过控制更高级的数学对象——旋量，发现了他著名的电子相对方程。对一个数学问题的好奇心突然成了整个宇宙的中心。（不同于之前许多坚持认为物理上的重大突破应该扎实地建立在实验数据基础上的物理学家，狄拉克采取了相反的策略。对他而言，美感充足的纯数学就是通向重大突破的可靠指南。他写道："在一个人的方程中具备美感，比使之符合试验结果更重要。而且，一个人如果真正具有健全的洞察力，就已经身处肯定通往进步的途径上了。"）

在发展关于电子的新方程的过程中，狄拉克意识到爱因斯坦著名方程 $E=mc^2$ 并不非常准确。尽管遍布于麦迪逊大道上的广告、孩子们的 T 恤、卡通片，甚至超级英雄们的服装之上，但爱因斯坦的方程只有部分是正确的。正确的方程其实是 $E=\pm mc^2$。（之所以出现这个负号，是因为我们要取某个量的平方根。取一个量的平方根总是会产生一个正与负的歧义。）

但是物理学家们憎恶负能量。有一条物理学公理：物体永远趋向于最低能量状态（这就是水永远设法保持在最低水平——海平面的原因）。由于物质永远会下降到其最低的能量水平，因此负能量的前景可能会是灾难性的。它意味着所有的电子最终都会急剧向下跃迁至无穷的负能级，由此，狄拉克的理论会变得不稳定。因此，狄拉克发明了"狄拉克海"这一概念。他设想所有的负能量状况都已经被填满了，如此一来，电子就不能向下跃迁至负能级。这样，宇宙就稳定了。同样，一道 γ 射线可能偶然与一个处于负能量状态的电子相撞，并且将它提高到一种正能量的状态。我们随后会看到 γ 射线变成了一个电子，并且在狄拉克海中制造了一个"洞"。这个洞在真空中的表现会像一个气泡，即它将具有正电荷和与最初的电子相同的质量。换言之，这个洞会表现得像一个正电子一样。因此，在这幅图景中，反物质由狄拉克海中的"气泡"组成。

狄拉克做出这一令人震惊预言后仅仅数年，卡尔·安德森真正发现了正电子（狄拉克因此在 1933 年获得诺贝尔奖）。

换言之，反物质存在是由于狄拉克的方程有两种解，一种物质的，一种是反物质的。（并且，反过来，这是狭义相对论的结果。）

狄拉克方程不仅预测了反物质的存在，还预言了电子的"自旋"。亚原子粒子能够自旋，很像一个陀螺。反过来，电子的自旋对于了解晶体管和半导体中的电子流至关重要，这奠定了现代电子学的基础。

霍金为狄拉克没有取得自己方程的专利感到遗憾。他写道："如果狄拉克为狄拉克方程取得专利，那么他会发一笔大财。他将从每台电视机、每台随身听、每套电子游戏和每台计算机上收取专利费。"

今天，狄拉克的著名方程被镌刻在威斯敏斯特教堂的石板上，离艾萨克·牛顿的墓不远。在全世界，它或许是唯一一个被授予如此独特荣誉的方程。

狄拉克与牛顿

科学史学家们试图弄明白狄拉克是如何得出他革命性的方程的，并且反物质概念常常使人将他比作牛顿。奇怪的是，牛顿与狄拉克有很多共同点。当他们在剑桥完成自己影响重大的成果时，他们都是 20 多岁，两人都是数学大师，两人都具备另一个显而易见的特征：完全缺乏社交能力，达到了病态的地步。两人都因为无法加入小型对话和不具备基本的社交风度而声名狼藉。狄拉克害羞到了令人难堪的地步，他从来不会说任何话，除非被直接提问，随后他会回答"是""不是"或"我不知道"。

狄拉克还极度谦逊，不喜欢为公众所知。当他获得诺贝尔物理学奖时，由于奖励会带来知名度和麻烦，他曾认真地考虑要拒绝它。但是，当有人向他指出拒绝诺贝尔奖将引来更多公众的瞩目时，他决定接受。

已经有大量关于牛顿的古怪个性的图书问世，其中有大量假说——从汞中毒到精神疾病。但是最近剑桥心理学家西蒙·巴伦–科恩提出了一项最新理论，或许能够解释牛顿与狄拉克的奇怪性格。巴伦–科恩宣布，两人可能都患有阿斯佩格综合征，这种病与自闭症相似，就像影片《雨人》中的低能特才者一样。阿斯佩格综合征患者极不容易暴露思想、社交上格格不入，有时生来具有极强的计算能力。但是，与自闭症患者不同，他们在社会中能应付过来，并且可以担任富有成效的工作。如果这一推想是正确的，那么牛顿与狄拉克奇迹般的数学能力或许是以社交上与其他人格格不入为代价而获得的。

反重力与反宇宙

利用狄拉克的理论，我们现在能够回答许多问题：重力的反物质对应物是什么？反宇宙存在吗？

正如我们讨论过的那样，反粒子具有与普通物质相反的电荷。但是，完全没有电荷的粒子（比如光子——光的粒子；或者引力子——万有引力的粒子）可以是它们自己的反粒子。我们可以看到，万有引力是它自己的反物质，换言之，重力和反重力是同一件事物。因此，反物质在重力下会躺倒，而不会站立。（物理学家普遍相信这点，但它事实上从未在实验室中被证明过。）

狄拉克的理论同样回答了深层次的问题：为什么自然界允许反物质存在？这能意味着反宇宙存在吗？

在一些科幻小说中，主人公在太空中发现了一颗与地球相似的行星。事实上，除了一切都由反物质组成这一点，那颗新的星球与地球在各方面都一模一样。我们在这颗行星上有反物质孪生兄弟，居住在反城市中。由于除了电荷相反，反化学的定律与化学定律相同，生活在这样一个世界中的人永远都不会知道他们是由反物质组成的。（物理学家们把这称作电荷反向宇宙，或 C 反向宇宙，因为在这一反宇宙中所有的电荷都是反的，但是余下的一切都保持相同。）

在另一些科幻故事中，科学家们在太空中发现了地球的孪生兄弟，不同之处在于那是一个镜中的宇宙。在那里，所有一切都是左右颠倒的。每个人的心脏都在右侧，并且大多数人是左撇子。他们终其一生都不知道自己生活在一个左右颠倒的镜像宇宙里。（物理学家将这样一个镜像宇宙称为宇称反向宇宙，或 P 反向宇宙。）

这样的反物质与宇称反向宇宙真的可能存在吗？物理学家非常严肃地看待关于孪生宇宙的问题。因为当我们简单地翻转我们所有亚原子粒子的电荷，或者颠倒左右方向之后，牛顿和爱因斯坦的方程仍旧保持不变。因此，C 反向宇宙和 P 反向宇宙原则上是可能的。

诺贝尔奖得主理查德·费曼就这些宇宙提出了一个有趣的问题。"假设有一天，我们与一颗遥远行星上的外星人用无线电取得了联系，但是无法看到他们。我们能通过无线电向他们解释'左'和'右'之间的差别吗?"他问道。如果物理定律允许 P 反向宇宙存在，那么要传达这些概念应该是不可能的。

他推断，确定的事物很容易交流，比如我们身体的形状，手指、手臂和腿的数量。我们甚至可以向外星人讲解化学和生物学定律。但如果我们试图向他们解释"左"和"右"（或者"顺时针方向"和"逆时针方向"）的概念，我们每次都会失败。我们将永远无法向他们解释我们的心脏在身体中的位置、地球自转的方向，或者 DNA 分子盘旋的方向。

因此，当年同在哥伦比亚大学的杨振宁与李政道证明了这一宝贵的命题是错误的。通过仔细观察亚原子粒子的性质，他们证明镜像宇宙、P 反向宇宙是不可能存在的。一位物理学家在得知这一革命性的结果后说："上帝一定犯了个错误。"由于这个名叫"宇称不守恒"的具有意义重大的成果，杨振宁和李政道在 1957 年获得诺贝尔物理学奖。

对于费曼而言，这一结论意味着，你如果通过无线电与外星人谈话，就不可能建立一个能够使你仅仅在无线电中就说出左撇子宇宙和右撇子宇宙之间区别的试验。（例如，放射性钴-60 放射出的电子以顺时针方向自转和以逆时针方向自转的圈数并不相等，事实上它会以一种优先的方向自转，由此打破了宇称。）

费曼甚至想象，外星人与人类之间终将发生一次历史性的会面。我们将在首次会面握手时要求外星人伸出他们的右手，如果外星人确实伸出了他们的右手，那么我们就知道我们成功使他知晓了"左-右"和"顺时针-逆时针"的概念。

但是，费曼随即提出了一个令人不安的想法。如果外星人伸出的是他们的左手会怎么样？这意味着我们犯了一个致命的错误，我们没能让他们明白"左"和"右"的概念。更糟糕的情况是，这意味着外星人事实上是由反物质组成的，外星人将所有的试验倒过来进行，因此混淆了"左"和"右"。这表示，当人类与外星人握手时就会发生爆炸！

这是我们在 20 世纪 60 年代之前的理解。要说出我们的宇宙和一切都由反物质组成并且宇称翻转的宇宙之间的区别是不可能的。

如果你将宇称翻转，使电荷相反，那么产生的宇宙将遵循物理定律。宇称本身被颠覆了，但是电荷和宇称仍旧在该宇宙中保持良好的对称性。因此，一个 CP 反向宇宙仍然是可能的。

这表示，当我们通过电话与外星人交谈时，我们仍无法说明一个普通的宇宙和一个既宇称反向又电荷反向的宇宙（也就是，左和右互换，并且所有物质都变成了反物质）之间的不同。

然后，1964 年，物理学家们受到了第二次震撼：CP 反向宇宙无法存在。通过分析亚原子粒子的性质，在与另一个 CP 反向宇宙通过无线电谈话的时告知左与右、顺时针与逆时针之间的区别还是有可能的。由于这一研究成果，詹姆斯·克罗宁和瓦尔·菲奇在 1980 年获得了诺贝尔奖。

（虽然当 CP 反向宇宙被证明不符合物理学定律时，许多物理学家都感到难过，但事后来看这一发现是件好事，正如我们早先讨论的那样。如果 CP 反向宇宙可能存在，那么最初的大爆炸应该涉及数目恰好相同的物质和反物质，并因此发生 100% 的湮灭，我们的原子也不可能存在！我们是作为数量不均的物质与反物质之间湮灭反应的残留物而存在的，这一事实是 CP 不守恒的证据。）

反宇宙是可能存在的吗？答案是肯定的。即使宇称反向和电荷反向宇宙是不可能的，反宇宙仍旧是可能的，但那会是一个奇怪的宇宙。如果我们反转电荷、宇称和时间的推移顺序，那么所获得的宇宙将符合所有的物理定律。CPT 反向宇宙是被允许的。

时间倒转是一种古怪的对称。在一个 T 反向宇宙中，煎蛋会从晚餐盘子里跳出来，在煎锅里重新变形，随后跳回鸡蛋中，封上裂缝。尸体从死亡状态中站起，变得年轻，变成婴儿，随后跳入他们母亲的子宫。

常识告诉我们，T 反向宇宙是不可能的。但亚原子粒子的数学方程告诉我们并非如此。牛顿的定律向前或向后推移都能完美地起作用。想象一下拍摄一场台球比赛，每一次球的相撞都遵循牛顿的运动定律。播放这样一盘录像带会使比赛很奇怪，但这是牛顿的定律所允许的。

在量子理论中，事情要更加复杂。T 反向本身违反了量子力学的定律，但是完整的 CPT 反向宇宙是被允许的。这意味一个左右反转、物质变成反物质，并且时间倒退的宇宙遵守物理定律，完全可以接受。

（具有讽刺意味的是，我们无法与这样一个 CPT 反向世界进行交流。如果他们的行星上的时间是倒流的，那便意味着我们通过无线电告诉他们的一切都是他们未来的一部分，因此他们将在我们与他们说话后马上忘记我们所说的话。所以，尽管 CPT 反向宇宙在物理定律下是允许的，但我们无法通过无线电与任何 CPT 反向外星人谈话。）

总的来说，如果地球上能制造出足够的反物质，或者在太空中能发现足够的反物质，那么反物质发动机或许给了我们为远距离星际飞船提供燃料的确切可能性。由于 CP 不守恒，物质与反物质之间有微小的失衡，这或许反过来意味着仍旧存在大量的反物质，并且能被我们获取。

但是，由于反物质发动机涉及的技术困难，发展这一技术或许要花上一个世纪，甚至更久，这使得它成为一等不可思议。

然而，让我们面对另一个问题：超光速星际飞船在未来的数千年后会成为可能吗？爱因斯坦的名言"没有什么能比光更快"是否存在漏洞？令人吃惊的是，答案是肯定的。

第 2 部分
二等不可思议

11 比光更快

可以确信，生命最终会遍布银河系及其之外。
因此，生命或许不会永远都只是宇宙中的微小污染，尽管它现在是。
事实上，我发现这是一幅相当吸引人的风景。
——皇家天文学家马丁·瑞斯爵士

比光速移动得更快是不可能的，当然这样也不可取，
因为你的帽子总是会被吹掉。
——伍迪·艾伦

在《星球大战》中，当"千年隼"号载着我们的主人公卢克·天行者和汉·索罗从荒凉的行星塔图因升空的时候与一队围绕着该行星的凶恶的帝国战列舰相遇了。帝国的战列舰用激光炮向主人公的飞船射出了激烈的火力网，逐渐突破了它的力场。"千年隼"的火力不及对方。在这藐视一切的激光火力压迫下，汉·索罗吼着说，他们唯一的希望是跳入"超空间"里。在时间的小缺口上，超空间发动机活跃起来。他们周围的所有星星突然朝着显示屏的中心聚合，拉出笔直、炫目的光线。一个洞口开启了，"千年隼"号飞了进去，

到达超空间，获得了自由。

这是科学幻想吗？毫无疑问。但有可能为这一情节找到科学依据吗？或许可以。超光速旅行一直是科幻小说的主要内容之一，但近来物理学家们已经对于这一可能性给予了严肃的思考。

根据爱因斯坦的说法，光速是宇宙中的极限速度。哪怕是我们最强大的核粒子加速器——能够制造出只有在爆炸的恒星中心或者宇宙大爆炸中才存在的能量，也不能将亚原子粒子以超光速的速度射出。显然，光速是宇宙中的终极交警。如果的确如此，那么任何到达远方星系的希望似乎都是虚幻的。

或者，也许不是……

失败者爱因斯坦

1902 年，阿尔伯特·爱因斯坦年轻时，人们还很难想象他今后会成为继艾萨克·牛顿之后最伟大的物理学家。事实上，那一年是他人生的最低点。作为一名博士新生，他申请的所有大学都拒绝为他提供教职。（他后来发现自己的教授海因里奇·韦伯为他写了非常可怕的推荐信，或许是为了报复爱因斯坦缺了他那么多课。）并且，爱因斯坦的母亲激烈反对他与女友米列娃·马里奇在一起，但当时马里奇已经怀了他的孩子。他们的第一个女儿莉泽尔成了私生女。年轻的爱因斯坦打零工也失败了。就连家教的工作也在他被粗暴地解雇的时候结束了。在他情绪低落的信件中，他说考虑当个推销员维持生计。他甚至向家人写道，或许他从未降生会更好些，因为他对自己的家庭是个沉重的负担，并且在他的人生中没有任何成功的机会。当他的父亲去世时，他由于父亲死时认为自己的儿子是个完全的失败者而羞愧难当。

但是，在那一年的晚些时候，爱因斯坦转了运。一位朋友安排他到瑞士专利局做职员。在那个底层职位上，爱因斯坦将带来现代历史上最伟大的革命。他很快分析完自己办公桌上的专利，随后花上几小时思考从儿时起就一直令他不解的物理问题。

他天才的秘密是什么？或许他的天才的线索是他的一种能力：以物理图像（比如行进中的火车、加速行走的钟和拉长的织物）而非纯数学为基础进行思考。爱因斯坦曾经说过，如果一种理论无法做到让孩子理解，那么这种理论或许是无用的。也就是说，一种理论的精髓必须能用一幅物理图像表示。因此，许多物理学家迷失在数学的灌木丛中，哪里也到达不了。但是，爱因斯坦就像他的前人牛顿一样，为物理图像所困扰，随后又为数学所困扰。对牛顿来说，物理图像就是落下的苹果，还有月球。使得苹果落下的力与引导月球位于其轨道之中的是同样的力吗？当牛顿判断答案为"是"时，他为宇宙创造了一座数学的建筑，突然间揭示了天空中最大的秘密——天体自身的运动。

月球与相对论

阿尔伯特·爱因斯坦在 1905 年提出了著名的狭义相对论。他的核心理论是一幅连孩子都能理解的物理图像。这是一个从他 16 岁起便萦绕心头的梦的结果，当时他问了一个至关重要的问题：如果某个物体的运动速度超越了光速，那么会发生什么呢？作为一名年轻人，他知道牛顿力学描述了地球和天空中物体的运动，而麦克斯韦的理论描述了光。这是物理学的两大支柱。

爱因斯坦最为天才之处在于，他认识到这两大支柱是相互矛盾的，其中之一必将坍塌。

根据牛顿的理论，你总是有可能跑赢一道光线，因为光的速度没有什么特别之处。这意味着当你在一旁与光赛跑的时候，光线必须保持静止。但是年轻的爱因斯坦意识到，从来没有人见过完全静止的、如同被冷冻的波一样的光波。因此，牛顿的理论行不通。

最终，作为一名在苏黎世学习麦克斯韦理论的大学生，爱因斯坦找到了答案。他发现了某些连麦克斯韦都不知道的事：光速是一个常数，无论你移动得多快。如果你向着一道光线或者以与其相反的方向急速移动，它都以同样的速度前进，但是这一特点违背了常识。爱因斯坦找到了他童年时的困惑的答案：你永远都无法与光线赛跑，因为它永远都会以恒定的速度从你身边移开，无论你跑得多快。

但是，牛顿力学是一个紧密结合的体系：就如拉动一根松垮的细线，要是在这套理论的假设上做最小的改动，整套理论的线团就可能瓦解。在牛顿的理论中，时间的流逝在全宇宙中都是一致的。地球上的一秒与金星或火星上的一秒是完全相同的。同样，摆放在地球上的米尺也与冥王星上的米尺长度相同。但是，如果无论你的移动速度有多快，光的速度都永远不变，那么我们对空间与时间的认识就必须彻底改变。时间与空间必须进行深层次的扭曲，以保护光速的恒定不变。

根据爱因斯坦的理论，如果你处于一艘快速行进的火箭宇宙飞船内部，那么火箭内部时间的流逝与地球上相比将会放慢。根据你移动的速度，时针以不同的频率跳动。此外，这艘火箭宇宙飞船内部的空间会被压缩，因此根据速度，米尺的长度会发生变化。并且火箭的质量同样会增加。我们如果用望远镜仔细观看火箭内部，就会发现，火箭里的时钟变慢了、人们用慢动作移动，并且人们看起来显得扁平。

其实，如果火箭以光速移动，那么火箭内部的时间看来会停止，火箭将会被压缩为零，并且其质量将会变为无穷大。由于这些观察结论全都不合常理，因此爱因斯坦宣布，没有什么能够打破光障。（因为物体移动速度越快物体就变得越重，这意味着能量运动被转化为了质量。转变为质量的精确能量总额很容易计算，我们只用几行算式就能得出著名的方程 $E=mc^2$。）

自爱因斯坦得出了他著名的方程以来，可以说已有数百万次实验证实了他革命性的想法。例如，GPS（全球定位系统）能锁定你在地球上所处的方位，精确到几英尺之内，如果不加入基于相对论的修正机制，它就会失效。（由于军方依赖 GPS，连五角大楼的将军都不得不听物理学家介绍关于爱因斯坦相对论的理论。）GPS 的时钟实际上随着他们在地面上的快速移动而变化，正如爱因斯坦所预料的那样。

对这一概念最生动的示例可以在核粒子加速器里找到，科学家们在核粒子加速器中将粒子加速，使其接近光速。在瑞士日内瓦市外，CERN 的巨大加速器——大型强子对撞机（LHC）中，质子被加速到数万亿电子伏特，而且它们的移动速度非常接近光速。

对一个火箭科学家而言，光障目前还不太成问题，因为火箭的速度仅仅能够达到每小时数万英里。但是在一到两个世纪内，当火箭科学家们认真盘算着要将探测器送上最近的恒星（距离地球超过4 光年）时，光障就会成为难题。

爱因斯坦理论的漏洞

数十年来，物理学家们试图找到爱因斯坦著名论断中的漏洞。已经有一些漏洞被发现，但它们大多不怎么有用。例如，如果一个人用手电筒扫过天空，原则上光束的图像会超过光速。几秒之内，光束的图像会从地平线上的一点移动到对面的一点，其距离可能延伸数百光年。但是这无关紧要，没有任何信息能比光速传播得更快。光束的图像超越了光速，但是这一图像不携带任何能量或信息。

类似的是，如果我们有一把剪刀，两片刀刃交叉的那一点离刀刃的连接点越远就移动得越快。如果我们想象剪刀有一光年长，那么合上两片刀刃会让交叉点以超光速移动。（同样，这也无关紧要，因为交叉点不携带任何能量或信息。）

同样，就如我在第 4 章中所提到的那样，EPR 实验使我们能够以超光速发送信息。（我们可以回忆起，在这个实验中，两个电子共振，随后它们被加速向两个相反的方向释放。由于这些电子是相干的，所以信息可以在它们之间以超光速发送，但是这一信息是随机的，因此是无用的。EPR 机器因此不能被用于将探测器送上遥远的恒星。）

对于一个物理学家而言，最重大的漏洞来自爱因斯坦本身，他在 1915 年创造了广义相对论，这是一种比狭义相对论更强大的理论。广义相对论的种子是在爱因斯坦仔细观察一个儿童旋转木马时种下的。如我们先前所见，当物体的速度向光速接近时，物体的体积会收缩。移动越快，被挤压得越厉害。但是在一个旋转圆盘中，外侧圆周比中心部分移动得要快。（事实上，中心部分几乎静止。）这意味着一把置于圆盘边缘的尺子一定会缩短，而一把置于圆盘中心的尺子几乎保持不变，因此旋转木马的表面不再是平坦的，而是弧形的。因此，加速具有弯曲旋转木马上的空间与时间的作用。

在广义相对论中，时空是一块可以伸展和收缩的织物。在特定情况下，织物可能会伸展得比光速更快。比如，想想大爆炸，137亿年前宇宙在一次爆炸中诞生。我们可以计算出，最初宇宙以超光速扩张。（这一活动并不违反狭义相对论，因为是空的空间——星体之间的空间——在扩张，而不是星体们本身。扩张的空间并不携带任何信息。）

重点在于，狭义相对论只适用于局部区域，即在你附近的区域内。在局部临近区域（例如太阳系）内，狭义相对论仍旧适用。但在涵盖一切物质的范围内（例如，包括宇宙在内的宇宙规模），我们必须改用广义相对论。在广义相对论中，时空变成了一张织物，并且这块织物可以拉伸得比光更快。它还允许"空间中的洞"存在，通过这种洞，我们可以走捷径，穿越时间和空间。

鉴于这些限制，或许以超光速移动的办法是以广义相对论为依据来行动。有两种途径或许能做到这一点：

（1）拉伸空间。如果拉伸你身后的空间，并且与面前的空间相接触，那么你将产生自己已经移动得比光更快的错觉。事实上，你根本就没有动。由于空间已经变形，这意味着你能够在转眼之间到达遥远的星体上。

（2）撕裂空间。1935 年，爱因斯坦提出了虫洞的概念。想象一下爱丽丝的玻璃镜，那是一件连接牛津郊外和奇妙世界的魔法装置。虫洞是能够连接两个宇宙的装置。上小学的时候，我们得知两点之间直线距离最短。但这不一定是正确的，因为，如果我们将一张纸卷起，直到两点相互接触，那么我们就能看到，两点之间最短的距离其实是一个虫洞。

正如华盛顿大学的物理学家马特·维瑟所说的那样："相对论学术界开始考虑怎样能将曲速引擎或者虫洞之类的事物从科幻世界带入现实。"

大不列颠皇家天文学家马丁·瑞斯爵士甚至说："虫洞、额外的维度和量子计算机打开了能够将我们的整个宇宙最终完全转变为'活生生的宇宙'的思维方案。"

阿尔库维雷引擎和负能量

延伸空间的最佳例子是阿尔库维雷引擎，由物理学家米格尔·阿尔库维雷于 1994 年提出，使用了爱因斯坦的引力理论。它与《星际迷航》中的推进系统很相似。这种恒星飞船的飞行员坐在一个气泡（叫作"曲速泡"）内，在气泡中，一切似乎都很正常，甚至当宇宙飞船打破光障的时候也是。事实上，飞行员会认为自己是静止不动的。然而，在曲速泡之外，当曲速泡前的空间被压缩时，会发生极严重的时空扭曲。时间不会膨胀，因此曲速泡内的时间将会正常流逝。

阿尔库维雷承认，《星际迷航》或许为他获得这个解起了一些作用。"《星际迷航》中的人们一直谈论曲速引擎，一种使空间变形的概念，"他说，"我们已经拥有了一种关于空间怎样能够或者不能够被扭曲的理论，那就是广义相对论。我认为应当会有一种方法能使用这些概念来解释曲速引擎如何运转。"这或许是第一次受电视节目启发而得到的爱因斯坦方程的一个解。

阿尔库维雷推测，他提出的星际飞船的旅行会与《星球大战》中千年隼号所经历的相似。"我的猜测是，他们可能会见到与那十分相似的场景。在飞船面前，星星们变成了长长的线条。在飞船后面，他们什么都看不到——只有黑暗，因为星光不能以足够快的速度赶上他们。"他说。

阿尔库维雷引擎的关键在于将宇宙飞船以超光速推进所需的能量。通常，物理学家们首先采用正能量来推进一艘恒星飞船，它的移动速度永远慢于光速。为了移动得更快，超越光速，必须更换燃料。一次简单的计算显示，我们需要"负质量"或者"负能量"，这或许是宇宙中最吸引人的存在——如果它们的确存在。传统上，物理学家把负能量和负质量当作科幻虚构事物，不予重视。但是我们现在能看到，对于超光速而言，它们是不可替代的，而且它们或许确实存在。

科学家们在自然界中寻找负物质，但迄今为止没有收获。（反物质和负物质是两种完全不同的事物。前者存在，并且具有正能量，但具有相反的电荷。负物质的存在尚未被证明。）负物质相当古怪，因为它轻如无物。事实上，它会飘浮在空中。如果负物质在早期的宇宙中存在，那么它应该已经飘移到了外层空间。不同于受行星引力吸引、会猛烈撞击行星的流星，负物质会避开行星。它会受恒星和行星等大型天体排斥，而非吸引。因此，尽管负物质可能存在，但我们只能指望在深空中，而绝不是在地球上寻获它。

在深空中寻找负物质的方案之一是利用一种名叫"爱因斯坦透镜"的现象。按照广义相对论，当光在一颗恒星或一个星系附近移动时，它的路径会被对方的引力弯曲。1912 年（甚至早于爱因斯坦全面发展广义相对论），他预测一个星系或许能起到望远镜的镜片的作用，来自在某个附近星系中移动的某个遥远物体的光会在其穿越银河系时聚集于一点，就像穿越一面透镜一样，在最终到达地球的时候形成一个典型的环形。这些现象叫作"爱因斯坦环"。1979 年，首面爱因斯坦透镜在外层空间中被观察到。自那以后，爱因斯坦透镜成了天文学家们不可缺少的工具。[比如，在外层空间中确定"暗物质"的位置曾经被认为是不可能的。（暗物质是一种不可见但有重量的神秘物质。它包围住银河系，在宇宙中的数量可能是普通的可见物质的 10 倍。）但 NASA 的科学家们已经成功制作出了暗物质的地图，因为暗物质会在光从其中穿过的时候将其弯曲，和玻璃弯折光的方式一样。]

因此，使用爱因斯坦透镜在外层空间中搜寻负物质和虫洞应当是可能实现的。它们应该会以独特的方式弯折光，而这可以用哈勃太空望远镜观察到。迄今为止，爱因斯坦透镜还没有在外层空间发现负物质或者虫洞的图像，但是搜索仍在继续。如果有一天，哈勃太空望远镜通过爱因斯坦透镜探测到负物质或者虫洞的存在，那么会在物理学界掀起轩然大波。

负能量与负物质的区别是负能量的确存在，但数量极少。1933年，亨德里克·卡西米尔根据量子理论做出了一项古怪的预言。他宣称，两块不带电荷的平行金属板会相互吸引，就像魔法一样。正常情况下，平行金属板会保持静止，因此它们没有任何净电荷。但是，在两块平行金属板之间的真空中，不是什么都没有，而是充满了"虚粒子"，时有时无。

在短暂的时间内，电子-正电子对突然爆发，湮灭，并重新消失在真空中。具有讽刺意味的是，曾经被认为空无一物的真空现在被证明有量子活跃于其中。正常情况下，物质和反物质的微小爆炸似乎会违反能量守恒。但是，由于测不准原理，这些微小的违反情况极度短暂，因此平均来看能量仍旧是守恒的。

卡西米尔发现，虚粒子云会在真空中制造出净压力。两块平行金属板之间的空间是有限的，因此压力很低。但是金属板外的压力是不受约束的、较大的，因此会产生将金属板推向一起的净压力。

通常，零能量状态在这两块金属板处于静止并且远离对方的时候发生。但是，在金属板相互靠近的过程中，我们可以从中获取能量。如此一来，由于动能已经从金属板中抽离，因此两块金属板的能量低于零。

这一负能量其实是于 1948 年在实验室里测得的，所获的结果证实了卡西米尔的预测。这样，负能量和卡西米尔效应就不再是科学幻想，而是确定无疑的事实。然而，问题在于卡西米尔效应相当微小，需要在实验室中使用精巧、先进的测量设备探测这种能量。（通常，卡西米尔能量与金属板之间距离的四次方成反比。这表示，两块金属板相距越近，能量越大。）卡西米尔能量在 1996 年由史蒂文·拉蒙诺在洛斯·阿拉莫斯国家实验室精确测得，引力为一只蚂蚁的三万分之一重。

自阿尔库维雷首先提出他的理论以来，物理学家们已经发现了大量奇特的性质。星际飞船内的人们会与外界断绝联系。这意味着你无法简单随意地按下按钮，并且以超光速移动。你无法穿透气泡与外界交流。必须有一条预先存在的"高速公路"穿越空间与时间，就像根据列车时刻表通过的一组火车。在这个意义上，星际飞船不会是一艘能随意转变方向和速度的普通飞船。事实上，星际飞船像是一节客车，漂浮于预先存在的压缩空间的"波浪"之上，沿一条弯曲的时空走廊航行。阿尔库维雷推测："我们在这一路上需要一系列异常物质发生器，它就像一条高速公路，以一种同步方式为你控制空间。"

事实上，对爱因斯坦方程更为古怪的解也可以被找到。爱因斯坦的方程称，如果给出一定的质量或能量，就能计算出这一质量或者能量会产生的时空弯曲（和向池塘中投入石块能够计算出石块造成的涟漪的方式一样）。但是，方程式也可以倒推回去。你可以从一个混乱的时空入手，比如《阴阳魔界》（The Twilight Zone）中的那种。（比如，在这样的宇宙中，你可以打开一扇门，发现自己身处月球。你可以绕着一棵树奔跑，发现自己回到了过去，而你的心脏在你的身体右侧。）随后，你可以计算出与这一特殊时空相联系的物质与能量分布。（这意味着，如果给出池塘表面波纹的整体情况，就可以倒推计算出产生这些波纹所需的石头的分布。）其实，阿尔库维雷就是用这种方式得出了他的方程。他从一个保持超光速前进的时空入手，随后倒推回去，并且计算出了产生这一时空所需的能量。

虫洞与黑洞

除了拉伸空间，打破光障的第二种可行方法是通过虫洞——连接两个宇宙的通道——将空间撕裂。在小说中，对虫洞的首次提及来自牛津的数学家查尔斯·道奇森，他以笔名刘易斯·卡罗尔写下了《爱丽丝镜中奇遇记》。爱丽丝的镜子是一个虫洞，连接了牛津的郊外与仙境中的魔法世界。爱丽丝将手穿过镜子，被立即从一个宇宙传送到了另一个宇宙。数学家们把它们称为"多连通空间"。

物理学上的虫洞的概念可以追溯到1916年，在爱因斯坦公布他史诗般的相对论之后一年。物理学家卡尔·史瓦西——他后来在德国军队服役——成功解开了爱因斯坦方程，精确地得出了一颗单一点状恒星的状态。在远离这颗恒星的位置，其引力场与普通恒星的引力场非常相似。并且，事实上爱因斯坦使用了史瓦西的解计算出了一颗恒星周围光的偏折。史瓦西的解对天文学产生了直接的、深远的影响，直到今天它仍是爱因斯坦方程最著名的解之一。一代又一代的物理学家使用这一点状恒星周围的引力场作为有限定直径的真实恒星引力场的近似值进行研究。

但是，如果认真对待这一点状恒星的解，就会发现潜伏在其中心的是一个巨大的点状物体，它已经使物理学家感到震撼，使他们为之惊奇达近一个世纪，那就是黑洞。史瓦西对一颗点状恒星的引力的解就像特洛伊木马。从外表看来，它像是一件来自天堂的礼物，内部却潜伏着各种魔鬼和幽灵。但是，如果接受了其中的一个就必须接受另一个。史瓦西的解证明，在向这颗点状恒星靠近的时候会发生古怪的事情。围绕着这颗恒星的是一个隐形球面（称为"视界"），那是一个不可返回点。每一件东西都只进不出，就像个捕蟑盒。一旦穿越了视界就永远不可能回来。（一旦处于视界内部就必须以超光速移动才能逃回到视界外面，而那是不可能的。）

当你向视界靠近时，你身上的原子会被潮汐力拉伸。双脚感受到的引力会比头部感受到的引力大很多，因此你会被"拉成意大利面"，并且随后被撕裂。同样，你身体的原子也会被引力拉伸和撕开。

在一个从外部看着你靠近视界的人看来，你就像是在时间的流逝中放慢了动作。事实上，一旦触碰到视界，时间看起来就像停止了一样！

此外，当你穿越视界时，你会看到已经在黑洞周围被束缚和循环了数十亿年的光。你就像在看一部电影，详细叙述黑洞的历史，追溯它的起源。

最终，如果你直接掉入黑洞，那么在它的另一头会是另一个宇宙。这被称为爱因斯坦–罗森桥，它现在被称作虫洞。

爱因斯坦和其他物理学家相信，恒星永远都无法进化成这样一个怪物。实际上，爱因斯坦在 1939 年发表了一篇论文，证明一团流动的气体和尘埃永远无法浓缩成一个黑洞。因此，尽管在黑洞中心藏有虫洞，但他有把握，这样一个奇怪的物体不可能自然形成。事实上，天文物理学家亚瑟·爱丁顿曾经说过，应该是有"一条自然定律阻止恒星表现得如此荒诞离奇"。换言之，黑洞其实是爱因斯坦方程的一个合理的解，但是没有已知的机制可以通过自然方式构成一个黑洞。

同年 J. 罗伯特·奥本海默和他的学生哈特兰·斯奈德发表了一

篇论文，这一切随之发生了改变。这篇论文证明黑洞的确可以自然形成。他们假设一颗走向死亡的恒星已经耗尽了它的核燃料，并且随后在引力下坍缩，这样它就会在自身重量之下向心聚爆。如果引力能将恒星压缩入它的视界之内，那么就没有什么科学上已知的事物可以阻止引力将恒星挤压成一个点状粒子——黑洞。（这一聚爆方式或许给了奥本海默数年后制造长崎原子弹的思路，那枚原子弹依赖一个钚球体的聚爆。）

随后的突破发生在 1963 年，新西兰数学家罗伊·克尔研究了或许是黑洞最实际的例子。物体在收缩时会旋转得更快，就像滑冰者在把手臂向身体收拢时会旋转得更快一样。结果，黑洞应该会以极快的速度旋转。

克尔发现，旋转的黑洞不会像史瓦西假设的那样坍缩成点状的恒星，而是会坍缩成一个旋转的圆环。任何不幸碰撞到圆环的人都会被毁灭。但是掉进圆环内的人不会死去，而是会穿越过去。但是，这个人不会在圆环的另一端盘旋转圈，而是穿过爱因斯坦–罗森桥，在另一个宇宙中盘旋转动。换言之，旋转的黑洞是爱丽丝的镜子的边缘。

这个人如果再次在旋转的黑洞周围移动，那么他会进入另一个宇宙。事实上，重复进入旋转圆环的行为会将一个人带入不同的平行宇宙中，就像是按下升降机的"向上"按钮。原则上，宇宙的数量可以是无限的，一个摞在另一个顶上。"穿过这个魔环，然后——

很快！——你就身处一个全然不同的宇宙中了，那里的半径和质量都是负的。"克尔写道。

但是，有一个严重的不利因素。黑洞是"不可穿越的虫洞"的实例，即穿过视界是一次单程旅行。一旦穿过了视界和克尔环就无法退过克尔环，退出视界。

但是，1988 年，加州理工学院的基普·索恩和同事们发现了一个可穿越的虫洞的例子，即一个可以自由出入的虫洞。事实上，有了这个解，穿过虫洞并不比坐飞机更糟糕。

通常，引力会挤垮虫洞的咽喉部分，杀死试图到达虫洞另一头的宇航员。这是不可能以超光速穿越虫洞的原因之一。但是相信负能量或负质量的推斥力能够让咽喉部位敞开足够的时间，让宇航员畅行无阻。换言之，负质量或负能量对于阿尔库维雷引擎和虫洞的解来说，都是必不可少的。

在过去的数年中，已有数量惊人、允许虫洞存在的爱因斯坦方程精确解被发现。但是，虫洞确实存在吗？或者，它们仅仅是一种数学上的想象？虫洞面临的重要问题有三个。

第一，为了创造穿越虫洞所必需的剧烈时空扭曲，需要数量巨大的正物质和负物质，约等同于一颗巨大恒星或者一个黑洞。华盛顿大学的物理学家马修·维瑟估计，打开一个一米宽的虫洞所需的负能量抵得上木星的质量，不同之处是该能量必须是负的。他说："你需要大约一个负木星质量的能量完成这一任务。仅仅操纵一个正木星质量的能量就已经是天方夜谭了，远远超越了我们在可预见的未来里所能达到的能力。"

加州理工学院的基普·索恩推测："事实会证明物理学定律允许人体大小的虫洞里有足够的异常物质保持虫洞开启。但是，事实也会证明，创造虫洞和保持它们敞开的科技远远超越我们人类文明的能力，无法想象。"

第二，我们不知道这些虫洞的稳定程度。这些虫洞产生的射线或许会杀死任何进入其中的人。或者，虫洞可能根本不稳定，会在有人刚进入时就关闭。

第三，落入黑洞的光线会发生蓝移，即，当它们靠近视界时，它们会获得越来越大的能量。事实上，在视界自身的位置上，光会发生技术性的无限蓝移，因此这一下陷过程中的能量发出的辐射可能杀死一架火箭中的所有人。

让我们更细致地探讨这些问题。问题之一是聚集足够的能量撕裂时间和空间这块织物。做到这一点最简便的方法是将一个物体压缩，使它小于自己的"视界"。以太阳为例，这表示要将它的直径压缩到约两英里，然后它将坍缩成一个黑洞。（太阳的引力太弱，不足以将它的直径自然地压缩到两英里，因此我们的太阳将永远无法变成黑洞。原则上，这表示任何事物，甚至是你，如果被充分压缩，都可以变成黑洞。这意味着将你身体的所有原子压缩到比亚原子还小——一项超过现代科学水平的功绩。）

更实际的方法是集合一组激光束，向一个精确的点发射强烈的激光。或者建造一台巨大的核粒子加速器，制造两束原子束，它们随后会猛烈相撞，释放出巨大的能量，足以在时空的织物上撕开一道小口子。

普朗克能量和粒子加速器

我们可以计算在时空中制造不稳定所需要的能量：大约等同于普朗克能量，或者说 10^{19} 亿电子伏特。这真是无法想象的巨大数字，比当今最强大的机器——位于瑞士日内瓦郊外的 LHC（大型强子对撞机）所能获取的能量还多 10^{15} 倍。LHC 能够使质子在一个大型"环状物"中摇晃，直至它们的能量达到数万亿电子伏特，这是自宇宙大爆炸以来不曾出现过的能量。但是，即使是这一机器中的庞然大物，都远不可能制造出接近普朗克能量的能量。

继 LHC 之后，下一台粒子加速器将是 ILC（国际直线对撞机）。ILC 不会将亚原子粒子的路径弯成环形，而是会把它们喷射到一条直线路径上。粒子沿这一路径移动时会被注入能量，直到它们获得大到难以想象的能量为止。随后，一束电子将与正电子相撞，制造出巨大的能量爆发。ILC 将有 30~40 千米长，是斯坦福直线加速器长度的十倍，是目前最大的直线加速器。

ILC 产生的能量将为 0.5 万亿~1 万亿电子伏特——少于 LHC

的 14 万亿电子伏特，但这可能带有误导性。（在 LHC 中，质子之间的对撞发生在组成质子的成分——夸克之间。因此涉及夸克的对撞少于 14 万亿电子伏特。这就是为什么 ILC 将产生比 LHC 所能产生的更大的对撞能量。）同样，由于电子没有成分，因此电子和正电子之间相撞的动态更为简单和彻底。

但现实地说，ILC 同样远远不足以在时空中打开一个洞。要做到那一点，你需要一台强大 10^{15} 倍的加速器。对于我们这种使用死去的植物作为燃料（比如石油和煤）的 0 型文明而言，这种科技超出了我们所能集合的任何事物。但它对于一个Ⅲ型文明来说，或许会成为可能。

别忘了，一个Ⅲ型文明在使用能源方面能动用整个星系的资源，消耗比一个Ⅱ型文明多 100 亿倍的能量，Ⅱ型文明的能源消耗是以单单一颗恒星为基础的。而一个Ⅱ型文明比一个Ⅰ型文明消耗的能量多 100 亿倍，Ⅰ型文明的能量消耗是以一颗行星为基础的。在 100~200 年间，我们脆弱的 0 型文明将达到Ⅰ型文明的水平。

根据这一假设，我们距离能够实现普朗克能量还有非常远的距离。许多物理学家认为，在极度微小的距离，即 10^{-53} 厘米的普朗克距离内，空间不是空无一物或者平静的，而是变得"满是泡沫"。它产生微小的气泡，气泡不断地短暂出现，与其他气泡相撞，随后消失在真空中。这些在真空中猛然进进出出的气泡是"虚拟宇宙"，非常类似于突然出现又消失的电子和正电子虚拟粒子。

通常，这一量子时空"泡沫"是我们完全无法看见的。这些气泡会在一段非常微小的距离内出现，我们无法观察到它们。但是量子物理学家提出，如果我们将足够的能量集中在一个点上，直到达到普朗克能量，这些气泡就可以变大。届时我们将看到时空中充满了小气泡，每个气泡都是一个虫洞，连接着一个"婴儿宇宙"。

在过去，这些婴儿宇宙被认为是一种好奇的产物、一种纯数学的奇怪结果。但是，现在物理学家开始想象我们的宇宙最初可能也是从这样的婴儿宇宙开始的。

这样的想法纯粹是推测，但物理学定律给出了可能，将足够的能量集中到一点上，在太空中打开一个洞，直到我们能接近显露出来的时空泡沫和虫洞，它们将我们的宇宙和一个婴儿宇宙相连。

在太空中打出一个洞当然要求我们在技术上有重大突破。但是，同样，它对于一个 III 型文明而言或许是可能实现的。比如，一种叫"尾场桌面加速器"的事物已经有了很有前景的发展。非比寻常的是，这种核粒子加速器非常小，可以被放置于桌面上，却能产生数十亿电子伏特的能量。尾场桌面加速器的工作原理是向带电荷的粒子发射激光，随后粒子会借助激光的能量移动。在斯坦福直线加速器中心、英国的卢瑟福·阿普尔顿实验室和巴黎综合理工学院完成的实验证明，使用激光束和等离子体注入能量是可能实现短距离内的巨幅增速的。

但是，另一大突破在 2007 年实现了，斯坦福直线加速器中心、加州大学洛杉矶分校和南加州大学的物理学家和科学家们证明，一台巨型粒子加速器的能量可以在仅仅 1 米的距离内加倍。他们从一束电子开始，这束电子沿着斯坦福大学 2 英里长的电子管发射，达到了 420 亿电子伏特的能量。随后，这些高能量电子被送入一个"加力燃烧室"，它由一个仅 88 厘米长的等离子室构成，在那里电子获取额外的 420 亿电子伏特，使它们的能量加倍。（等离子室充满了锂气。当电子穿过气体时，它们制造出一种等离子体波，等离子体波制造出尾流。这个尾流转而流回电子束，并随后将它向前推，给予它额外的动力。）在这一了不起的成就中，物理学家们将过去记录的加速一道电子束产生的每米能量提高到了原来的 3 000 倍。通过给现存的加速器添加这样的"加力燃料室"，我们理论上几乎不付出代价就能将它们的能量加倍。

今天，尾场桌面加速器的纪录是每米 2 000 亿电子伏特。要将这一结果扩展到更长的距离面临着无数问题（比如在激光功率被注入电子束的时候维持电子束的稳定）。但假设我们能够维持每米 2 000 亿电子伏特的功率水平，就意味着一台能够实现普朗克能量的加速器必须有 10 光年长。这完全在 III 型文明的能力之内。

虫洞和拉伸空间或许给予了我们打破光障的最现实的方法。但这些技术是否稳定还是未知的；如果它们稳定，那么，要想完成它们的任务仍旧必须使用巨大的正能量或负能量。

或许一个先进的Ⅲ型文明已经具备了这项技术。或许还要过数千年我们才能思考出如何控制和利用这样的规模的能量。由于在量子水平上控制时空的织物的基本定律仍旧存在争议，因此我把它归类为二等不可思议。

12 时间旅行

如果时间旅行可能，那么来自未来的游客在哪里？
——斯蒂芬·霍金

"（时间旅行）有违理性。"菲尔比说。"理由呢？"时间旅行者问。
——H.G. 威尔斯

在小说《雅努斯方程》（*Janus Equation*）中，作者 G. 斯普鲁伊尔探索了一个由时间旅行引起的令人痛心的问题。在这个故事中，一位以时间旅行为目标的杰出数学家遇见了一位不寻常的美丽女子，他们成了情侣，尽管他对她的过去一无所知。他开始对于调查她的真实身份感兴趣。最终，他发现她曾经接受过整容手术，改变了自己的容貌。并且，她曾经做过变性手术。最后，他发现"她"其实是一位来自未来的时间旅行者，"她"其实就是他自己，但来自未来。这意味着他和自己相爱了。令人好奇的是，如果他们生育了一个孩子会怎样呢？如果这个孩子回到了过去，长大后成了故事开头的数学家，那么，成为自己的母亲、父亲、儿子和女儿是不是会成为可能？

改变过去

时间是宇宙中最大的谜团之一。我们都被时间的河流推动前行，有违自己的意愿。大约在公元 400 年，圣奥古斯丁就时间自相矛盾的本质进行了大量的写作："当过去不再是过去，而未来尚未成为未来，过去和未来怎能成真？至于现在，如果永远处于现在，而永远不成为过去，它就不再是时间，而是会成为永恒。"如果我们将圣奥古斯丁的逻辑推进一步，我们就会发现时间不可能是真实的。因为过去已经流逝，未来尚不存在，而现在只能存在片刻。（圣奥古斯丁因此对于时间将如何影响上帝提出了意味深长的神学疑问。如果上帝是全能的，他写道，那么他受到时间流逝的约束吗？换句话说，上帝会像我们凡人一样，由于赴约迟到而不得不匆忙赶路吗？圣奥古斯丁最后得出结论，上帝是全能的，因而不可能被时间支配，并且因此必须存在于"时间之外"。尽管存在于时间之外的概念似乎很荒谬，但它是现代物理学中反复出现的构想，正如我们将看到的那样。）

就像圣奥古斯丁那样，我们都在某个时候对于时间的古怪本质以及它如何区别于空间感到好奇。如果我们可以在空间中前后运动，那么为什么在时间中不能呢？我们也都想知道在我们寿命结束后的年月，未来会是什么面貌。人类的生命有限，但我们对在自己离去后会发生什么极为好奇。

尽管我们对时间旅行的渴望或许就如人类历史一样古老，但似乎第一个关于时间旅行的故事是塞缪尔·马登于 1733 年写的《20世纪回忆录》（*Memories of the Twentieth Century*），故事中，一位来自 1997 年的天使跨越了 250 年，回到了过去，目的是将描述未来世界的文件交给一位英国大使。

这样的故事还有很多。1838 年的匿名短篇小说《误车：时光倒错》（*Missing One's Coach: An Anachronism*）讲述了一个等候马车的人突然发现自己身处 1 000 年前。他遇见一位来自古老修道院的僧侣，并且试着向对方解说在之后 1 000 年中历史将会如何发展。然后，他发现自己如先前一般被不可思议地送回了他生活的时代，不同的是他已经错过了马车。

连查尔斯·狄更斯 1843 年的小说《圣诞颂歌》（*A Christmas Carol*）也是某种意义上有关时间旅行故事，因为埃比尼泽·斯克鲁奇被带到了过去和未来，目睹了从前的世界和他死后的世界。

在美国文学中，时间旅行首次出现在马克·吐温 1889 年的小说《康州美国佬在亚瑟王朝》中。一位 19 世纪的美国佬被拖回到时间之中，最后出现在公元前 528 年亚瑟王的朝廷上。他被投入牢狱，即将在火刑柱上烧死，但他随即宣布他有将太阳抹去的能力，因为他知道就在那一天会发生一次日食。当太阳被遮蔽时，暴民们大为惊恐，同意释放他，并向他承诺好处，作为将太阳归还的交换。

但是，首部严肃尝试时间旅行的小说是 H.G. 威尔斯的经典之作《时间机器》。在小说中，主人公被送到了几百年后的未来。在那遥远的未来，人类本身由于基因分成了两个种族：险恶的莫洛克斯，他们维护着沾满污垢的地下机器；以及百无一用的、孩子气的艾洛伊，他们在地上世界跳舞，永远都意识不到他们可怕的命运（被莫洛克斯吃掉）。

在此之后，时间旅行已经成为科幻作品的常用素材，从《星际迷航》到《回到未来》。在《超人Ⅰ》中，当超人得知路易丝·莱恩已经死去后，他不顾一切地决定让时光倒流，他让自己绕着地球极速飞行，比光速更快，直到时间本身倒转。地球减速，停止，最终向着相反的方向自转，直到地球上所有的钟都倒着走。洪水迅速后退，破裂的大堤奇迹般地自我修复，路易丝·莱恩从死亡的国度回来了。

从科学的角度来看，时间旅行在牛顿的宇宙中是不可能实现的。在牛顿的宇宙中，时间被视作一支箭，一旦射出就永远不能向后折回。地球上的一秒在整个宇宙中都是一秒。这一构想被爱因斯坦推翻，他证明时间更像一条蜿蜒流过宇宙的河流，当它在恒星和星系中蛇形流过时，流速会加快或减慢。因此，地球上的一秒并不是绝对的，当我们在宇宙各处旅行时，时间各不相同。

就像我早先探讨的那样，根据爱因斯坦的狭义相对论，火箭移动得越快，它内部的时间流逝得越慢。科幻作家们推测，如果能打破光障就可以回到过去。但这是不可能的，因为要达到光速必须具有无穷大的质量。光速是所有火箭的终极障碍。《星际迷航4：抢救未来》中，企业号的船员们劫持了一艘克林贡宇宙飞船，并且用它绕着太阳转圈飞行，就像个弹弓一样，打破了光障，到达了20世纪60年代的旧金山。但这违反了物理定律。

但是，去往未来的时间旅行是可能实现的，并且已经用实验证明了数百万次。《时间机器》的主人公去往遥远未来的旅程其实在物理学上是可能的。比如，如果一位宇航员以接近光速的速度移动，那么他会花费1分钟到达最近的恒星。地球上已经流逝了四年，但是对他而言仅仅过去了1分钟，因为火箭内部时间会减速流逝。因此，根据地球上已经经历的，他就已经旅行到了未来的四年之后。（我们的宇航员每次进入太空时其实都短暂地进入了未来。当他们在地球上空以每小时18 000英里移动时，他们的时钟比地球上的时钟走得稍微慢一点儿。因此，在国际空间站进行了一年的任务之后，当他们返回地球时，他们其实进入了不到一秒之后的未来。进入未来的世界纪录目前由俄罗斯宇航员谢尔盖·阿夫杰耶夫保持，他在太空中度过了748天，并因此到达了0.02秒之后的未来。）

因此，能将我们带到未来的时间机器符合爱因斯坦的狭义相对论。但是回到过去呢？

如果我们能够回到过去，历史就不可能被写就了。一旦历史学家记录了过去的历史，就有人可以回到过去并改写它。时间机器不但会使历史学家们失业，还能使我们随心所欲地更改时间的进程。例如，我们回到恐龙的时代，并且偶然地踩到了某个碰巧是我们祖先的哺乳动物，或许我们会意外地消灭整个人类。当来自未来的游客搅黄历史事件，并且尝试寻找最佳拍照角度的时候，历史将成为一部没完没了、颠三倒四的"巨蟒组"剧集。

时间旅行：物理学家的游乐场

或许，在黑洞和时间机器的密集数学方程方面，宇宙学家斯蒂芬·霍金是最著名的代表人物。不同于其他早早就因数学、物理受人注目的学习相对论的学生，霍金在年轻时其实不是个优秀的学生。他显然极为聪明，但他的老师们常常会注意到，他没有将精力集中在学习上，并且从来不发挥他的全部潜力。但是转折点在1962年到来了，从牛津毕业后，他开始出现肌萎缩侧索硬化（ALS）的症状。他被自己患有这一运动神经元上的不治之症的消息惊呆了，这种病将剥夺他的所有运动功能，并可能很快导致死亡。最初这一消息令人极为难过。如果他无论如何都会很快死去，那么获得博士学位又有何用呢？

在熬过了最初的恐惧、震惊之后，他有生以来第一次得以集中精神。他意识到自己没有多长时间可以活了，便开始猛攻广义相对论中某些最困难的问题。20 世纪 70 年代早期，他发表了一系列里程碑式的论文，证明爱因斯坦理论中的"奇点"（在这个位置，引力场变得无穷大，比如黑洞的中心和宇宙大爆炸的瞬间）是相对论不可或缺的一部分，并且无法被轻易摒除（就像爱因斯坦所认为的那样）。1974 年，霍金还证明了黑洞并不完全是黑的，而是会逐渐放射出辐射，现在这被称为"霍金辐射"，因为辐射连黑洞的引力场都能穿透。这篇论文是量子理论在相对论上的第一次重要应用，并且是他最著名的研究成果。

正如预测的那样，肌萎缩侧索硬化慢慢使他的手、腿和声带瘫痪，但速度比医生最初的预计慢得多。因此，他已经经历了许多对于普通人来说十分重大的人生事件：成为三个孩子的父亲，于 1990 年与第一任妻子离婚，五年后娶了第二任妻子，并于 2006 年申请与第二任妻子离婚；2007 年，他登上喷气式飞机进行无重力飞行，实现了毕生的心愿。他的下一目标是飞向太空。

后来，他几乎完全瘫痪在轮椅中，通过眼睛的活动与外界交流。然而，尽管身患难以忍受的残疾，他仍旧能开玩笑、写论文、做演讲，并且参加论战。他仅靠移动双眼就比那些能够完全控制自己躯体的科学家团队更有效率。（他在剑桥大学的同事、女王任命的皇家天文学家马丁·瑞斯爵士曾经向我透露，霍金的残疾的确妨碍他进行那些为了保持自己研究领域内顶尖地位所需要的单调计算。因此，他转而集中精力提出新颖的思想，而不是完成困难的运算，这可以由他的学生来做。）

1990 年，霍金读了同事们的一篇论文，提出了一种类型的时间机器，他立刻产生了怀疑。他的习惯告诉他，时间旅行是不可能的，因为不存在来自未来的旅行者。如果时间旅行如同星期天在公园里野餐一样常见，那么来自未来的时间旅行者应当会举着相机纠缠我们，要求我们摆好姿势。

霍金还向全世界的物理学家提出了一项挑战。他宣布，应当有一条定律使时间旅行不可能实现。他提出了"时序保护猜想"，从物理定律上禁止时间旅行，以"为历史学者保障历史的安全"。

然而，令人尴尬的是，无论物理学家们多么努力地尝试，都无法找出一条不允许时间旅行的定律。看起来时间旅行似乎符合已知的物理定律。由于无法找出任何禁止时间旅行的物理定律，霍金后来改变了主意。他说："时间旅行或许可行，但是它不实际。"这句话在伦敦的报纸上被大肆报道。

时间旅行一度被认为是边缘科学，却突然间成了理论物理学家们的游乐场。加州理工学院的物理学家基普·索恩写道："时间旅行曾经仅仅是科幻作家的领地。严肃的科学家对其像躲避瘟疫一般，唯恐避之不及——哪怕是在用笔名写小说或者私下阅读的时候。时代真是变了！现在能够在严肃科学期刊上发现关于时间旅行的学术性分析，出自著名的理论物理学家之手……为什么会发生这样的改变？因为我们物理学家已经意识到时间的本质是一个极为重要的议题，不能仅仅被遗落在科幻作家手中。"

所有这些混乱与兴奋的原因是，爱因斯坦的方程允许很多种时间机器存在。（然而，它们是否经得起量子理论的挑战仍不确定。）在爱因斯坦的理论中，事实上我们常常遇到某种叫"封闭式类时间曲线"的东西，它是允许回到过去的时间旅行路径的专业术语。如果我们沿着一条封闭式类时间曲线的路径前进，那么我们将踏上一次旅程，并且回到我们出发之前的时间。

第一种时间机器包含了一个虫洞。爱因斯坦方程有许多解连接了空间中两个相距遥远的点。但是，由于空间和时间在爱因斯坦的理论中密不可分，相互交织，因此，同一个虫洞可以连接时间中的两个点。掉入虫洞，你可以（至少在数学上）回到过去。可以想象，你随后能够回到开始的那一刻，并且遇到离开之前的你自己。但是，正如我们在之前的章节中提到的，穿过一个黑洞中心的虫洞是一次单程旅行。正如物理学家理查德·戈特所说："我不认为一个人在黑洞中回到过去的时光会存在什么疑问。问题是他是否能重新出现，夸耀他的经历。"

另一种时间机器包括一个旋转的宇宙。1949 年，数学家库尔特·哥德尔发现了第一个包含时间旅行的爱因斯坦方程的解。假设宇宙旋转，那么只要你在宇宙中以足够快的速度移动，或许就可以回到过去，甚至到达自己出发之前的时间。因此，一次环绕宇宙的旅行也是一次回到过去的旅行。当天文学家们拜访高级研究所的时候，哥德尔常会问他们是否找到了宇宙正在旋转的证据。当他们告诉他有清楚的证据表明宇宙在膨胀，但是宇宙的净转动可能是零时，他很失望。（否则，时间旅行或许会很平常，历史会像我们所了解的那样令人崩溃。）

第三种情况，如果你绕着一根无限长的、旋转的圆柱走，你可能同样会发现，自己回到了自己出发之前。（这个解是由 W.J. 范·斯托克姆在 1936 年发现的，早于哥德尔的时间旅行解，但斯托克姆看起来没有意识到他的解允许时间旅行。）既然如此，如果你在五朔节绕着一根旋转的五月柱跳舞，那么你或许会发现自己身处四月。（然而，这一方案的问题在于圆柱必须是无限长的，并且旋转得非常快，以至大多数材料会被甩出去。）

最近的时间旅行的例子由普林斯顿大学的理查德·戈特于 1991 年发现。他的解决方案是以发现巨大的宇宙弦（可能是最初的大爆炸的残存物）为根据的。他假设两根大型宇宙弦即将相撞。如果你快速绕这两根相撞的宇宙弦移动，你就会回到过去。这种类型的时间机器的优势在于不需要无限长的圆柱、旋转的宇宙或者黑洞。（然而，这一方案的问题在于必须先找到飘浮于太空中的巨大宇宙弦，并且随后使它们以精确的方式相撞。回到过去的可能性只能持续一段短暂的时间。）戈特说："一个坍缩的弦环足够大，需要你用一年的时间绕它一圈然后回到一年前，那么弦质量–能量必须超过整个星系的一半。"

但是，时间机器最有前景的方案是前一章中提到的"可穿越虫洞"，一个时空中的洞，在虫洞中人可以自由在时间中前进和后退。理论上说，可穿越虫洞不仅能提供超光速旅行，还可以提供时间旅行。可穿越虫洞的关键是负能量。

一个可穿越虫洞时间机器将由两个房间组成，每个房间由两个分开一小段距离的同心球体组成。使外侧的球体向内聚爆，两个球体会制造卡西米尔效应，并因此产生负能量。假设一个 III 型文明能够将这两个房间用一个虫洞（可能从时空泡沫中获取一个）连接起来。随后，将第一个房间以接近光速的速度送入太空。那个房间里的时间会减慢，这样两个时钟就不再同步了。两个房间内的时间以不同的速度流逝，而它们由一个虫洞相连。

如果身处第二个房间内，你可以立即穿过虫洞到达第一个房间，那里的时间比较早。这样你就回到了过去。

这一方案面临难以克服的问题。虫洞可能会很小，比一个原子还小得多。金属板可能必须被向内收紧到普朗克长度的距离，以制造足够的负能量。最后，你只能回到时间机器被制造的时间点。在那之前，两个房间的时间流逝速度是相同的。

悖论和时间谜题

时间旅行提出了各种问题，既有技术性的又有社会性的。拉里·德怀尔提出了伦理、法律和道德上的议题，他记录道："一个挥拳殴打年轻时的自己（或者情况相反）的时间旅行者应该被指控袭击吗？谋杀他人后逃回过去寻求庇护的时间旅行者应当在过去为他在未来所犯下的罪行受审吗？如果他在过去结了婚，那么他应当为重婚受审吗？即使他的另一个妻子在差不多接下来5 000年里都不会出生。"

但最尖锐的问题或许是由时间旅行引起的逻辑悖论。比如，如果我们在自己出生之前杀死了自己的父母会怎样？这在逻辑上是不可能的。它有时被称为"祖父悖论"。

解决这些悖论有三种方法。第一种，或许你在回到过去的时候只是简单地重复历史，因此就使过去实现了。这样的话，你就不具有自由意志。你只能被迫如已经记录的那样完成过去发生的事。这样，如果你回到过去，将时间旅行的秘密告诉了年轻的自己，那么事情就是注定要如此发生的。时间旅行的秘密来自未来。这是命运。（但这没有告诉我们最初的想法来自哪里。）

第二种，你具有自由意志，因此你可以改变过去，但在一定限度内。你的自由意志无法制造出时间悖论。每当你试着在自己出生前杀死自己的父母，就会有一股神秘的力量阻止你达到目的。这种方式被俄罗斯物理学家伊戈尔·诺维科夫大为提倡。（他辩称，有一条物理定律使我们无法在天花板上行走，尽管我们或许想这么做。因此，或许有一条物理定律使我们无法在自己出生前杀死自己的父母。某一条古怪的定律妨碍我们达到目的。）

第三种，宇宙分裂为两个宇宙。在其中一条时间轴上，你杀死的人仅仅看上去像你的父母，但他们不是你的父母，因为你正处于一个平行宇宙中。最后的这种方式似乎是唯一符合量子理论的，如我在后面的章节讨论多元宇宙的时候所提到的那样。

第二种可能在影片《终结者 3》中获得了探索。影片中阿诺德·施瓦辛格扮演一个来自未来的机器人，在那里，凶残的机器人已经接管了一切。寥寥无几的人类幸存者像动物一般被机器人穷追不舍，由一位伟大的领袖领导，机器人无法杀死他。机器人对此深感不满，派出一系列机器人杀手回到这位伟大的领袖出生之前，去杀死他的母亲。但是，在史诗般的战斗之后，人类文明最终在电影末尾被摧毁了，就如它命中注定的那样。

《回到未来》探索了第三种方式。布朗博士发明了一辆以钚为燃料的德罗宁汽车，它其实是一台用以回到过去的时间机器。马蒂·麦克弗莱（迈克尔·J.福克斯饰演）进入了机器，并且回到过去，遇见了自己的母亲，当时她处于青少年时期，随后与他坠入了爱河。这提出了一个难题：如果马蒂·麦克弗莱的母亲拒绝了他的父亲，那么他的父母就不会结婚，而马蒂·麦克弗莱将永远不会出生。

布朗博士略微澄清了这一问题。他走向黑板，画了一条水平线，代表我们的宇宙的时间轴。随后他又画了第二条线，是第一条线的分支，当你改变过去时，这个平行宇宙就会打开。这样，每当我们回到时间的河流中，河流就会分为两股，一根时间轴变成两根时间轴，或者它被称作"多世界"方法，我们将在下一章中进行讨论。

这表示所有的时间旅行悖论都可以被解决。如果你在自己出生前杀死了自己的父母，那么这仅仅表示你杀死了某两个在基因上与你父母完全相同的人，并与你的父母有着相同的记忆和性格，但他们不是你真正的父母。

"多世界"概念至少解决了一个关于时间旅行的主要问题。对于物理学家来说，时间旅行（除找到负能量之外）受到的最大非议在于辐射效应会逐渐增强，最后你在进入机器的瞬间会被杀死，或者虫洞在你身上崩塌。辐射效应会增强是因为任何进入时间之门的辐射都会被送回过去，它最后会在宇宙中游荡，直至它到达现在，随后它再次落入虫洞。由于辐射能无数次进出虫洞入口，因此虫洞内部的辐射强得不可思议，足以杀死你。但是"多世界"解决了这个问题。如果辐射进入时间机器，并且被送往过去，那么它会进入一个新的宇宙，它无法一次又一次地重复进入时间机器。这明确地意味着有无数个宇宙，每个宇宙一个循环，每个循环只有一个光子辐射，而不是无限量的辐射。

1997 年，当三位物理学家证明霍金禁止时间旅行的方案有先天缺陷时，这一讨论有点儿被解释清楚了。伯纳德·凯、马雷克·拉齐科夫斯基和罗伯特·沃尔德证明，时间旅行符合所有已知的物理定律，除了一处。在时间中旅行时，所有可能出现的问题都集中在视界上（位置靠近虫洞的入口）。但是视界恰好位于我们预计的爱因斯坦理论失灵、量子理论开始生效的位置。问题在于，当我们试图计算进入一台时间机器时的辐射效应时，我们都不得将爱因斯坦广义相对论和辐射的量子理论相结合。但是，当我们天真地试图结合这两种理论时，得到的理论都是毫无意义的：它产生一系列无限的答案，而这些答案没有意义。

这是万有理论占据主导地位的地方。困扰物理学家的穿越虫洞旅行的一切问题（比如，虫洞的稳定性、可能杀死人的辐射和进入虫洞时虫洞会闭合）都集中于视界，那正是爱因斯坦理论失去意义的地方。

因此，理解时间旅行的关键在于理解视界，只有一种万有理论能解释它。这就是为什么如今大多数物理学家同意能明确解决时间旅行问题的唯一方法就是提出一种引力和时空的完整理论。

万有理论会联合宇宙的四种力，并且使我们能够预测当我们进入一台时间机器时可能会发生的情况。只有一种万有理论能成功计算出一个虫洞所制造的全部辐射效应，并且肯定地解决当我们进入时间机器时虫洞的稳定性问题。即便如此，我们可能还必须等上几个世纪甚至更久，才能制造出一台机器以测试这些理论。

由于时间旅行的原理与关于虫洞的物理联系极为紧密，时间旅行似乎符合二等不可思议的要求。

13 平行宇宙

"可是，先生，"彼得说，"您的意思真的是会存在另外的世界吗？
到处都有，比如就在拐角处？"
"没有更加可能的事情了，"教授说……他低声自言自语，
"我奇怪他们究竟在学校里教了什么。"
—— C.S. 刘易斯《纳尼亚传奇：狮子、女巫和魔衣橱》

听着：隔壁还有另一个浩瀚宇宙，咱们去吧！
—— E. E. 卡明斯

.

　　平行宇宙真的可能存在吗？这是好莱坞编剧最爱的设定，就像在《星际迷航》中"镜子，镜子"那一集中所演绎那样。柯克船长被意外传送到一个古怪的平行宇宙中。在那里，行星联邦是一个靠野蛮征服、贪婪和掠夺来维系的邪恶帝国。在那个宇宙中，斯波克留着吓人的胡子，而柯克船长是一群贪婪的海盗的首领，通过奴役敌人和暗杀上级向上爬。

　　平行宇宙让我们得以探索"如果……会怎样"的世界，以及其值得细细品味的迷人可能性。比如，在《超人》漫画中，有好几个

平行宇宙，在那里，超人的家乡氪星没有爆炸，或者超人最终泄露了自己的身份：温和有礼的克拉克·肯特，或者他娶了路易丝·莱恩并且有了超人宝宝。但是，平行宇宙仅仅是《阴阳魔界》的重演，还是在现代物理学中具备基础呢？

纵观历史，几乎在每个古代社会，人们都相信有其他层次的存在，有天神和幽灵的居所。基督教徒相信天堂、地域和炼狱。佛教徒相信涅槃和各种形态的意识。印度教徒则拥有数千种层次的存在。

基督教神学家非常茫然，不知道如何解释天堂的位置，他们常常推测上帝居住在更高维度的层次中。令人吃惊的是，如果更高维空间的确存在，那么许多被认为是上帝所具备的特性或许会成为可能。一个高维空间的生物或许能够随意消失又出现，或者能够穿墙而过——这些能力通常被认为属于上帝。

近来，平行宇宙的概念成了理论物理学家之间辩论得最热烈的话题之一。事实上，有几种类型的平行宇宙迫使我们重新思考"真实"的含义。在这一有关各种平行宇宙的辩论中，处于风口浪尖的莫过于真实的含义本身。

在科学文献中，讨论得最激烈的有至少三种类型的平行宇宙：

a. 超空间，或者高维空间

b. 多元宇宙

c. 量子平行宇宙

超空间

有一种平行宇宙是历史最悠久的辩论对象——高维空间。我们生活在三维（长、宽、高）空间内，这是常识。无论我们在空间中怎样移动物体，所有的方位都可以用这种三维空间坐标表示。事实上，我们可以用这三个数字标出宇宙中任何物体的方位，从我们的鼻子尖到所有星系最遥远的角落。

第四维空间似乎有违常识。比如，如果让一个房间充满烟雾，那么我们不会看到烟雾消失在另一个维度中。我们不会在宇宙的任何地方见到物体突然消失，或者飘荡到另一个宇宙。这意味着任何高维空间——如果它们的确存在，都必须比一个原子更小。

三维空间构成了古希腊几何学的根本基础。比如，亚里士多德在他的文章《论天》中写道："线只有一种量，面有两种，而体有三种。除此之外就不存在其他的量了，因为总共就只有三种量。"公元 150 年，亚历山大的托勒密提出了第一条证明高维空间"不可能存在"的"证据"。在他的《论距离》中，他进行了以下推理。做三条相互垂直的直线（就像构成房间角落的三条直线那样）。很明显，他说，与其他三条直线相互垂直的第四条直线是不可能画出来的，因此第四维度肯定是不存在的。（他证明的其实是我们的大脑无法将第四维度视觉化。你桌上摆放的计算机一直都在超空间内进行运算。）

在 2 000 年的时间里，任何敢谈论第四维度的数学家都要冒着被嘲讽的风险。1685 年，数学家约翰·沃利斯攻击第四维度，称它为"造化的怪胎，比喀迈拉①和半人马更不靠谱。"19 世纪，"数学王子"卡尔·高斯解决了大量与第四维度相关的数学问题，但由于它们可能会引起强烈的反对而不敢发表。但是，高斯私下做了实验，测试平面的三维古希腊几何学是否的确描述了整个宇宙。在一次实验中，他让助手们留在三座山顶上，每人手执一盏灯笼，由此构成了一个巨大的三角形。高斯随后测量三角形每个角的度数。让他失望的是，他发现三角形的内角和都是 180 度。他总结：如果规范的古希腊几何学有什么差错，那么这些差错非常微小，无法用他的灯笼发现。

高斯将问题留给了他的学生格奥尔格·波恩哈德·黎曼，黎曼写下了基础高维度数学（在数十年后被大量引入爱因斯坦的广义相对论中）。黎曼的一次著名演说就像一阵强烈的旋风，推翻了拥有 2 000 年历史的古希腊几何学，并且建立高等、弯曲的维度的基本数学，至今我们仍然在使用它。

在黎曼非凡的发现于 19 世纪后期的欧洲广为传播之后，"第四维度"在艺术家、音乐家、作家、哲学家和画家中变得大受欢迎。艺术史学家琳达·达尔林普尔认为，毕加索的立体主义事实上从第

---

① 喀迈拉：古希腊神话中狮头、羊身、蛇尾的怪兽。——译者注

四维度获得了部分灵感。（在毕加索的画中，双眼面向前方、鼻子面向另一方的妇人是一次将四维角度形象化的尝试，因为从第四维度可以同时看到妇人的脸、鼻子和后脑勺。）亨德森写道："就像黑洞一样，'第四维度'拥有神秘的特质，无法被完全了解，哪怕是科学家们自己。不过，'第四维度'的影响力远比黑洞或者1919年后更新的科学假说更为深远，除了广义相对论。"

另一些画家也进行了关于四维的创作。在萨尔瓦多·达利的《十字架上的基督》中，基督被钉在一个模样古怪、飘浮着的三维十字架上，那其实是一个超立方体，一个未展开的四维立方体。在他著名的《记忆的永恒》中，他试图将时间表现为第四维度，因此将那只熔化的钟作为隐喻。马塞尔·杜尚的《下楼的裸女》试图通过捕捉一位走下楼梯的裸女的时移动态来表现时间是第四维度。第四维甚至出现在王尔德的短篇小说《坎特维尔的幽灵》中，一个居住在四维空间中的幽灵在一座房屋里徘徊不去。

四维空间还出现在 H.G. 威尔斯的一些作品中，包括《隐形人》、《普拉特纳的故事》（*The Plattner Story*）和《奇异的探访》（*The Wonderful Visit*）。（在后者中——它从此成了大量好莱坞电影和科幻小说的灵感基础，我们的宇宙与一个平行宇宙相撞。一位来自另一个宇宙的可怜天使在偶然被猎人射中后落入了我们所在的宇宙。我们宇宙中的贪婪、小气和自私使天使感到恐惧，并且最终自杀。）

罗伯特·海因莱因也在《兽之数》（*The Number of the Beast*）

中用略带挖苦的方式对平行宇宙进行了探索。海因莱因想象了四个勇敢的人，他们驾驶着一位疯狂的教授的跨维度跑车在平行宇宙中嬉闹冒险。

在电视剧《旅行者》中，一个年轻男孩从书中得到灵感，制造了一台能让他在平行宇宙间"滑翔"的机器。（那孩子读的其实是我的书——《超越时空》。）

但是，在历史上，四维空间被物理学家认为不过是一种好奇心的产物。有关高维空间的证据从来没有被发现过。在1919年物理学家西奥多·卡鲁扎写出一篇极受争议的论文，提及高维空间的存在之后，这一切开始发生了改变。他从爱因斯坦的广义相对论入手，但将广义相对论放到了五维之中。（时间是一个维度，空间是四个维度。因为时间是第四个时空维度，现在物理学家将第四维度称作五维。）如果第五维度被压缩得越来越小，那么方程式会魔法般地分裂为两个部分。其中之一描述爱因斯坦的标准相对论，但另一部分变成了麦克斯韦的光学理论！

这是令人震惊的发现。或许光的秘密隐藏在第五维度中！爱因斯坦本人也被这个解震撼了，它似乎给出了光和引力的完美统一。（爱因斯坦对卡鲁扎的解法非常震惊，他反复思索了两年才最终同意发表这篇论文。）爱因斯坦给卡鲁扎写信："通过一根五维圆柱实现（一种统一理论）的想法，我从来没想到过……乍一看，我就非常喜欢你的想法……你的理论在形式上的统一令人吃惊。"

多年以来，物理学家一直在问这样一个问题：如果光是波，那么波动是什么？光能够在空的空间中穿过数十亿光年的距离，但空的空间是真空，没有任何物质。那么，真空中的波动是什么？运用卡鲁扎的理论，我们就有了具体的方案来回答这个问题：光是第五维度中的涟漪。麦克斯韦方程精确地描述了光的全部性质，被证明完全是在第五维度中移动的光的方程。

想象一下在池塘中游泳的鱼。它们或许从来没有想过存在第三个维度，因为它们的眼睛长在两侧，并且它们只能向前或者向后、向左或者向右。第三个维度对它们而言或许是一种不可能。但是，接下来想象一下池塘上落下的雨。尽管它们无法看到第三维度，但它们能够清楚地看到池塘表面涟漪的影子。同样，卡鲁扎的方程将光解释为在第五维度中传播的涟漪。

卡鲁扎还对五维空间在何处做出了解答。由于我们没有见到关于第五维度的证据，因此它一定被"卷"得非常小，以至无法被观察到。（想象将一张二维的纸紧紧卷起，变成一根圆筒。从远处看去，圆筒就像一个一维的线条。这样，一件二维物体可以被卷起来，变成一件一维物体。）

卡鲁扎的论文最初引起了轰动。但在后来的岁月里，针对他的理论出现了反对的声音。这一新的第五维度有多大？它是如何被卷起来的？没有答案。

爱因斯坦在几十年的时间里断断续续地研究这一理论。当他于

1955 年去世后，这一理论很快被遗忘，仅仅成为物理发展史中一个古怪的脚注。

弦理论

这一切都在一种令人吃惊的新理论出现后发生了改变，这种理论叫超弦理论。到 20 世纪 80 年代，物理学家们被淹没在亚原子粒子的海洋中。每当他们使用强大的粒子加速器将一个原子打碎，他们都会发现有大量的新粒子被喷出。J. 罗伯特·奥本海默声称诺贝尔物理学奖应当颁给当年没有发现任何新粒子的物理学家，这真叫人沮丧！名字听起来像希腊语的亚原子粒子数量激增，吓坏了恩里科·费米。（他说："要是我能记住所有这些粒子的名字，我就能变成一个植物学家。"）经过数十年的辛勤工作，一种叫"标准模型"的系统得以将粒子们进行分类。数十亿美元、数千名工程师和物理学家的汗水和 20 个诺贝尔奖都一件一件地投入到艰难集合而成的标准模型中。这是一种真正了不起的理论，似乎与所有亚原子物理相关的实验数据都相符。

但是，尽管标准模型取得了实验上的巨大成功，却仍然被一个严重缺陷拖累。正如霍金所说："它很丑陋，并且是临时性的。"它包括至少 19 个自由参数（包括粒子质量和它们与其他粒子相互作用的强度）、36 个夸克和反夸克、3 个精确又丰富的亚粒子副本，以及许多名字古怪的亚原子粒子，比如 τ 中微子、杨–米尔斯胶子、希格斯玻色子、W 玻色子和 Z 粒子。更糟糕的是，标准模型没有提到引力。似乎很难相信大自然在其最重要、最根本的层面上会如此无序和极度不优雅。这是一种除了它的母亲任何人都不喜欢的理论。标准模型彻头彻尾的丑陋迫使科学家们重新分析他们所有关于自然的假设，看看有什么地方是大错特错的。

如果分析过去几个世纪的物理学，那么前一个世纪中最重要的成就是将所有基础物理总结为两个伟大的理论：量子理论（以标准模型为代表）和爱因斯坦的广义相对论（描述万有引力）。值得注意的是，它们合在一起，代表了基础层次上所有物理学知识的总和。前者描述了非常微小的亚原子粒子的世界，在那里粒子们表演了一场精彩的舞蹈，时有时无，在同一时间出现在两个不同地点。后者描述了巨大物体的世界，比如黑洞和大爆炸，并且使用了光滑表面、拉伸的织物以及扭曲面这样的语言。两种理论在各方面都截然相反，使用不同的数学、不同的假设和不同的物理图像。就好像大自然有两只手，哪只都不与对方沟通。此外，所有将两种理论联合的尝试都徒劳无功。在 50 年的时间里，试图强行促成量子理论和广义相对论的联合的尝试都产生了数量极多、毫无意义的结果。

超弦理论的出现改变了这一切。超弦理论断定，电子和其他亚原子粒子不过是一根弦的不同振动形式，它像一个微型橡皮筋那样起作用。如果击打橡皮筋，那么它将以不同的方式振动，每种振动相当于一种不同的亚原子粒子。这样，超弦理论解释了目前为止已经在我们的粒子加速器中发现的数百种亚原子粒子。爱因斯坦的理论事实上仅仅是弦的最低水平的振动之一。

弦理论被认为是一种"万有理论"，是传说中爱因斯坦在人生最后 30 年中感到困惑的理论。爱因斯坦想要一种单一的、全面的理论，概括所有物理定律，能够使他"读取上帝的意志"。如果弦理论能正确统一万有引力和量子理论，那么它或许象征着自 2 000 年前古希腊人提出物质由何组成的疑问以来科学的最高成就。

但是，超弦理论的古怪特点在于这些弦只能在特定的时空维度中颤动，它们只能在十维中振动。如果试图在其他维度中创造一种弦理论，那么它会在数学上崩溃。

当然，我们的宇宙是四维的（三维的空间和一维的时间）。这意味着其他六维肯定以某种未知的方式坍缩了，或者就像卡鲁扎的第五维度那样卷起来了。

最近，物理学家们对证明这些高维空间的存在进行了严肃的思考。或许证明高维空间存在的最简单方法是从牛顿的万有引力定律中找出差错。高中时我们学到，当我们进入太空的时候，我们承受的地球引力会减小。更精确地说，引力的减小与距离的平方成正比。但这只是因为我们生活在一个三维世界中。（想象一个包围地球的球体。地球的引力均匀地展开，遍布球体表面。如此一来，球体越大，引力越小。但由于球体表面大小与其半径的平方成正比，因此遍布球体表面的引力的强度会与半径的平方成反比。）

但是，如果宇宙有四个空间维度，那么引力的减弱就应当与距离的立方成正比。如果宇宙有 n 个空间维度，那么引力应当以 $n-1$ 次幂减弱。牛顿著名的反平方定律经测试被证明在天文距离下极为准确，那就是为什么我们能以惊人的精确度让空间探测器飞过土星的光环。但直到最近，牛顿的反平方定律都从未在实验室中进行过短距离测试。

首次在短距离内测试反平方定律的实验于 2003 年在科罗拉多大学进行，结果为负。看来不存在平行宇宙，至少在科罗拉多没有。但是这一负结果吊起了其他物理学家的胃口，他们希望这一实验能以更高的精确度再次进行。

此外，2008 年在瑞士日内瓦郊外投入使用的大型强子对撞机用于寻找名叫"超粒子"的新型粒子，它是超弦的一种较高的振动形式（你在自己周围所看到的一切都只是超弦的最低振动）。如果超粒子由大型强子对撞机发现，那它可能标志着一场我们看待宇宙方式的革命。在这样的宇宙中，标准模型仅仅代表超弦的最低颤动。

基普·索恩说："到 2020 年，物理学家们会理解量子引力的定律，会发现它是弦理论的一种变体。"

除了高维空间，弦理论还预测了其他平行宇宙，那就是"多元宇宙"。

多元宇宙

关于弦理论还有一个令人不安的问题：为什么有五个不同版本的弦理论？弦理论可以成功统一量子理论和万有引力，但有五种方式可以做到这一点。这相当令人尴尬，因为大多数物理学家都想要一种独一无二的"万有理论"。比如，爱因斯坦想知道"上帝在创造宇宙的时候是否有其他选择"。他的信念是，统一一切的弦理论应当是唯一的。那么，为什么会有五种弦理论？

1994 年，另一则令人吃惊的消息炸开了锅。普林斯顿高级研究所的爱德华·威腾和剑桥大学的保罗·汤森推断，所有的五种弦理论其实是同一种弦理论——只要我们添加第十一个维度。从第十一维度的着眼点来看，所有的五种理论瓦解成了一种！这理论毕竟是独一无二的，只要我们攀上十一维的高峰。

在第十一维度中，可以存在一种新的数学对象，叫作膜（比如，一个球体的表面）。这里有一种惊人的发现：如果一个人从十一维掉入十维，全部的五种弦理论都会出现，从一层膜开始。因此，所有的五种弦理论都不过是将一层膜从十一维时空移到十维时空。

（为了把这个发现形象化，想象一个在中间缠着一条橡皮筋的沙滩球。想象用一把剪刀把球一切为二，一半在橡皮筋上，一半在橡皮筋下，因此，将沙滩球的上半部分和下半部分去掉后，剩下的就是橡皮筋—— 一根弦。以同样的方法，如果我们卷起第十一维，一张膜所留下的就只是它的中纬线，那是一根弦。事实上，这样的切割有五种方式可以实现，使得我们在十维中有了五种不同的弦理论。）

第十一维度给予了我们全新的图景。它还意味着或许宇宙本身是一张膜，飘浮在一个十一维时空中。并且，并非所有这些维度都必须很小。事实上，有些维度可能是无限大的。

这提出了我们的宇宙存在于一个其他宇宙的多元宇宙中的可能性。想象一大堆飘浮的肥皂泡，或者膜。每个肥皂泡代表一个飘浮在一个更大的十一维超空间中的宇宙。这些肥皂泡可以与其他肥皂泡相互联合，或者破裂，甚至短暂出现又消失。我们可能仅仅生活在这些肥皂泡宇宙之一的表面上。

麻省理工学院的马克斯·泰格马克认为，在50年内，"这些'平行宇宙'的存在再不会比100年前其他星系的存在更富争议，当时我们的宇宙被称为宇宙岛"。

根据弦理论的预测，有多少宇宙？弦理论有一个令人窘迫的特征——宇宙可能有成千上万个，个个符合相对论和量子理论。有一种估计认为，这样的宇宙可能有1古戈尔（1后面加上100个0）个。

一般来说，这些宇宙之间的交流是不可能的。我们身体的原子就像被捕蝇纸困住的苍蝇。我们能够在自己的膜宇宙的三维中任意行动，但是我们不能跳下宇宙进入超空间，因为我们被粘在了自己的宇宙里。但引力作为时空的弯曲可以自由地在宇宙间的空间里飘浮。

事实上，有一种理论认为，暗物质（一种包围宇宙的不可见物质）或许是飘浮于一个平行宇宙中的普通物质。正如 H.G. 威尔斯的小说《隐形人》中那样，一个人如果飘浮于第四维中，他就会隐形。想象两张平行的纸，有人飘浮于其中一张纸上，就意味着他在另一张纸上面。

同样，有推测称，暗物质或许是一个飘浮于我们之上另一个膜宇宙中的普通星系。我们能够感觉到这个星系的引力，因为引力会慢慢在宇宙之间流动，但是另一个星系对我们而言是不可见的，因为光在星系下面移动。这样，这个星系将具有引力，但不可见，这符合对于暗物质的描述。（还有另一种可能，暗物质或许由超弦的下一级振动组成。我们看到的周围的一切，比如原子和光，都不过是超弦的最低振动。暗物质可能是较高振动的集合。）

自然，大多数平行宇宙可能已经死去，由无形的亚原子粒子（比如电子和中微子）气体组成。在这些宇宙中，质子或许是不稳定的，因此我们所知的一切物质都会慢慢衰变和溶解。由原子和分子组成的复杂物质在许多这样的宇宙中或许不可能存在。

其他平行宇宙可能恰恰相反，具有远远超出我们想象的复杂物质形式。它们可能并不只拥有一种由质子、中子和电子组成的原子，而是具有一系列令人眼花缭乱的其他稳定物质形态。

这些膜宇宙也可能相撞，制造出宇宙焰火。普林斯顿的一些物理学家相信我们的宇宙可能是 1 370 亿年前两张巨大的膜相撞而产生的。那场巨大碰撞的冲击波造就了我们的宇宙，他们认为。值得注意的是，在探索这一奇怪想法的实验结果时，它们看起来符合目前绕地球运转的威尔金森微波各向异性探测器（WMAP）人造卫星发来的结果。（它被称为"大碰撞"理论。）

多元宇宙的理论具备一项对其有利的事实。当我们分析自然的常数时，我们发现它们被"调节"得非常精确，允许生命存在。如果增加核力的强度，恒星就会以过快的速度烧尽，无法让生命产生。如果降低核力的强度，那么恒星永远不会燃烧，生命无法存在。如果加强万有引力，那么我们的宇宙会在一场"大挤压"中快速死去。如果减弱万有引力，那么宇宙会膨胀成一场"大冻结"。事实上，大自然的常数中有大量"偶然"，允许了生命存在。看起来，我们的宇宙存在于一个具有很多参数的"适居带"内，所有的参数都被"微调"成适合生命生存。因此，我们要么就接受这个结论：存在某种形式的上帝，他选择了我们的宇宙，让它"刚好"适合生命；要么就有数十亿个平行宇宙，其中有许多已经死亡。正如弗里曼·戴森所说："宇宙似乎知道我们即将到来。"

剑桥大学的马丁·瑞斯爵士曾经写道，这一精确的调节其实是多元宇宙的铁证。有五种物理常数（比如不同的力的强度）被微调到适合生命生存，他认为还有无限多个的宇宙，其自然参数不符合生命的要求。

这就是所谓"人择原理"。比较温和的说法仅仅认为我们的宇宙是经微调后适合生命生存的（因为我们在这里是第一次做出这一论断）。比较激进的说法是，或许我们的存在是某种设计的副产品，或者是有意而为。大多数宇宙学家会同意人择原理比较温和的版本，但是，关于人择原理是能够带来新发现和新结论的新科学原理，还是仅仅是对简单事实的陈述，则存在许多争论。

量子理论

除了高维空间和多元宇宙，还有一种类型的平行宇宙，它使爱因斯坦头痛不已，如今仍不断折磨着物理学家们。那就是由普通量子力学预测的量子宇宙。量子物理学中的矛盾似乎非常棘手，以至诺贝尔奖得主理查德·费曼喜欢说："没有谁真正懂得量子理论。"

讽刺的是，尽管量子理论是有史以来人类提出的最成功的理论（通常精确到100亿分之一），但它基于松散的机会、运气和概率。和牛顿理论不同，牛顿理论对物体的运动做出了确切、坚定的解答，量子理论只能给出一定的可能性。现代的奇迹，如激光、互联网、计算机、电视机、移动电话、雷达、微波炉等等，都建立在多变的可能性之上。

这一问题最突出的实例之一是著名的"薛定谔的猫"问题（由量子理论的奠基人之一设计，他矛盾地提出了这一问题，目的是粉碎这一概率性的解释）。薛定谔反对这种对他理论的解释，说："如果有人非要坚持他那该死的量子跳跃，那么我会后悔参与这件事。"

薛定谔的猫的悖论是这样的：一只猫被放在一个密封盒子里。在盒子中，一把枪瞄准了猫（扳机与一个放置在一块铀旁边的盖革计数器相连）。通常，当铀原子开始衰变时，它会启动盖革计数器，随后使枪开火，把猫杀死。铀原子要么衰变，要么不会衰变。猫非生即死。这不过是常识。

但在量子理论中，我们不能确切地知道铀是否衰变。因此我们不得不增加两种可能性，添加一个衰变原子的波函数和一个未衰变原子的波函数。但这意味着，为了描述那只猫，我们不得不增加猫的两种状态。因此猫不是生就是死。它代表着一只死去的猫和一只活着的猫的总和！

正如费曼曾经写道的那样，量子力学"把自然描述得从常识观点看来荒诞可笑。并且它与实验结果完全一致。因此，我希望你们能够接受自然的本来面目——荒诞可笑。"

对于爱因斯坦和薛定谔来说，这有违常理。爱因斯坦信仰"客观事实"，一种常识性的牛顿学说观点认为物体以确切的状态存在，而不是以许多可能的状态存在。然而，这一古怪的解释却处于现代文明的核心。没有了它，现代电子学（以及我们身体的原子）无法存在。（在我们的正常世界中，我们有时会开玩笑说"有点儿怀孕"，事实上这是不可能的。但在量子的世界中，事情会更离谱。我们同时以所有可能的肉体形式存在：没怀孕的、怀孕的、孩子、老妇人、青少年、职业女性，等等。）

要解决这一高难度的悖论有几种方式。量子理论的缔造者相信哥本哈根派，认为一旦打开盒子，就可以做出衡量，并且判断猫是死是活。波函数"坍缩"成了一个单独的状态，常识开始掌控一切。波已经消失，只留下粒子。这意味着，猫现在进入了一种确定的状态（不是生就是死），并且不再被波函数描述。

这样一来，一道隐形屏障将原子的古怪世界和人类的宏观世界隔离开来。对于原子世界而言，一切都由可能性的波来描述，其中，原子可以同时存在于许多位置。某个位置的波越大，在那一点发现粒子的可能性就越大。但对于大型物体来说，这些波就崩塌了，而物体存在于确切的状态中，因此常识就取得了胜利。

（当客人们去爱因斯坦的家时，他会指着月亮发问："是因为有一只老鼠看着月亮，所以它才存在的吗？"在某种意义上，哥本哈根学派对此做出的回答或许会是肯定的。）

大多数博士阶段物理学课本都虔诚地忠于最初的哥本哈根学派，但许多研究物理学家已经抛弃了它。我们现在拥有纳米技术，并且能操控单个原子，因此我们可以用扫描隧道显微镜任意控制时有时无的原子。没有隐形的"墙"分隔微观和宏观世界，只有一个连续统一的整体。

目前，关于如何解决这一争端并无一致意见，这个问题攻击着现代物理学的心脏。在会议上，有许多种理论相互竞争。一种少数派意见认为一定有一种"宇宙意识"遍布了宇宙。当做出度量的时候，物体会突然出现，而做出度量的是有意识的生物。因此，必定有遍布宇宙的宇宙意识决定了我们所处的状态。有些物理学家，如诺贝尔奖得主尤金·维格纳辩称这证明了上帝或某种宇宙意识的存在。（维格纳写道："不涉及意识就不可能完全一致地制定出量子理论的定律。"事实上，他甚至表达了对印度教吠檀多哲学的兴趣，在这种学说中，宇宙被一种包含一切的意识支配。）

关于这一悖论的另一种观点是"多世界"构想，由休·埃弗里特在 1957 年提出，该构想认为，宇宙不过是一分为二，活着的猫位于其中一半，而死去的猫位于另一半中。这表示，每当有量子事件发生，就会有平行宇宙大量繁殖和分化出来。每个可能存在的宇宙都是如此。一个宇宙越荒诞，它存在的可能性就越小，但这些宇宙依旧存在。这意味着在一个平行宇宙中纳粹赢得了第二次世界大战，或者在一个世界中西班牙无敌舰队从未被打败，每个人都说西班牙语。换言之，波函数从未坍缩。它只是继续发展，愉快地分裂成无数个宇宙。

如麻省理工学院物理学家阿兰·古斯所说："有一个宇宙，在那里猫王仍然活着，艾伯特·戈尔是总统。"诺贝尔奖得主弗兰克·维尔泽克说："我们脑中时常浮现这样的意识，有无穷多个我们自身的轻微变异版本正过着他们的平行人生，每一刻都有更多复制品突然出现，开始延续许许多多的'另一种'未来。"

有一种观点在物理学家中越来越受认同，它被称作"退相干"。这一理论认为，所有这些平行宇宙都有可能存在，但我们的波函数已经与它们退相干（不再与它们一致地振动）了，并因此不再与它们互动。这意味着，在你的起居室里，你同时与恐龙、外星人、海盗、独角兽的波函数共存，它们全都深信它们的宇宙是"真正的"那个，但我们不再与它们"协调一致"了。

根据诺贝尔奖得主史蒂文·温伯格的看法，这就像在自家起居室里调到另一个电台。你知道自己的起居室充满了来自全国和全世界各地大量无线电台的信号，但是你的收音机只能调到一个电台，它与其他的电台都"退相干"了。（总而言之，温伯格注意到，"多世界"构想是"一个不幸的构想，除了所有其他想法"。）

因此，是否存在来自一个邪恶的、劫掠弱小星球、屠杀自己敌人的行星联邦的波函数？或许有。但如果是这样，那么我们已经与那个宇宙不相干了。

量子宇宙

当休·埃弗里特与其他物理学家讨论他的"多宇宙"理论时，他获得的反馈要么是困惑不解，要么是漫不经心。得克萨斯大学的物理学家布莱斯·德威特反对这一理论，因为"我感觉不到自己分裂"。但是，埃弗里特说，这类似于伽利略对认为自己感觉不到地球在转动的批评者的回答。（最终德威特胜过了埃弗里特一方，并且成为这一理论的主要反对者。）

数十年来，"多世界"理论在晦暗不明中失去了活力。它太奇异了，不像是真的。埃弗里特在普林斯顿的顾问约翰·惠勒最终总结：与该理论相联系的"额外累赘"太多。但埃弗里特的理论如今突然流行起来的原因是物理学家试图将量子理论应用于最后一块拒绝被量子化的领域——宇宙本身。将测不准原理运用于整个宇宙，自然会导致多元宇宙。

"量子宇宙学"的概念最初似乎在名称上是自相矛盾的：量子理论涉及的是极小的原子世界，而宇宙学涉及的是整个宇宙。但想想这个：在大爆炸的那一刻，宇宙比一个电子还小得多。每一个物理学家都认同电子必须被量子化，即它们是由一个或然性波动方程（狄拉克方程）描述的，并且能存在于平行状态中。因此，如果电子必须被量子化，如果宇宙曾经小于一个电子，那么宇宙一定也存在于平行状态中——一种自然通往"多世界"的方式。

然而，尼尔斯·玻尔的哥本哈根诠释在应用于整个宇宙的时候遇到了问题。哥本哈根诠释尽管在地球上的每一门博士阶段量子力学课程中被传授，但它依靠的是一个做出观察的"观察者"和波函数的坍缩。定义宏观世界时观察程序是必不可少的。但是在观察整个宇宙的时候怎么能置身于宇宙"之外"呢？如果有一个波函数描述了宇宙，那么一个"在外面"的观察者如何能使宇宙的波函数坍缩？事实上，有些人把从宇宙"之外"观察宇宙的不可行视为哥本哈根诠释的致命缺陷。

在"多世界"方法中，对这一问题的解答很简单：宇宙不过是存在于许多平行状态中，它们全都由一个主波函数定义，这个主波函数叫作"宇宙波函数"。在量子宇宙学中，宇宙是从真空的量子涨落开始的，即一个时空泡沫中的微小气泡。时空泡沫中的大多数婴儿宇宙都经历了一次大爆炸，并且随后立刻经历一次大挤压。这就是为什么我们永远都看不到它们，因为它们极小、寿命极短，在真空中时隐时现。这意味着，甚至"虚无"也随着婴儿宇宙的出现和消失而沸腾，但其规模太小，无法被我们的仪器探测到。但是出于某些原因，时空泡沫中有一个气泡没有重新坍缩、造成大挤压，而是继续膨胀。这就是我们的宇宙。根据阿兰·古斯的说法，这意味着整个宇宙就是一顿免费午餐。

在量子宇宙学中，物理学家们从一个薛定谔方程的模拟入手，它支配电子和原子的波函数。他们使用作用于"宇宙波函数"的德威特–惠勒方程。通常，薛定谔波函数定义的是时间与空间中的每一点，因此你就可以计算在时间和空间的那一点找到电子的可能性。但是"宇宙波函数"定义的是所有可能存在的宇宙。如果宇宙波函数碰巧在定义某个特定宇宙时很大，就意味着那个宇宙很可能会是一个特殊的宇宙。

霍金推动了这一观点。他宣布，我们的宇宙是宇宙中特殊的存在。我们的宇宙波函数较大，而其他大多数宇宙的波函数则接近零。这样，在多元宇宙中存在其他宇宙的可能性虽然很小，但有限。事实上，霍金试图用这种方式得出膨胀率。在这幅景象中，一个膨胀的宇宙比不膨胀的宇宙更有可能存在，因此我们的宇宙是膨胀的。

我们的宇宙来自时空泡沫的"虚无"，这一理论似乎完全无法验证，但它符合一些简单的观测结果。第一，许多物理学家指出，我们宇宙中的正电荷总数和负电荷总数相抵刚好为零，这非常惊人，至少在实验的精确性之内是这样的。我们认为太空中的引力是主导力量，这是事实，但这不过是由于正负电荷正好相互抵消了。如果地球上的正负电荷之间有最微小的不平衡，那么它或许可以将地球撕裂，战胜将地球维持成一个整体的引力。要解释正负电荷之间如此平衡有一个简单的方法：假设我们的宇宙来自"虚无"，并且"虚无"没有电荷。

第二，我们的宇宙的旋转为零。尽管库尔特·哥德尔用了多年时间试图通过累加各个星系的旋转来证明宇宙在旋转，但如今天文学家们相信整个宇宙的旋转为零。如果宇宙出自"虚无"，那么这个现象就很容易解释了，因为"虚无"的旋转为零。

第三，我们的宇宙出自"虚无"有助于解释为什么宇宙的物质-能量内容总和如此之小，甚至可能是零。当我们将物质的正能量和与引力相关的负能量相加时，两者似乎完全相互抵消。根据广义相对论，如果宇宙是封闭的、有限的，那么宇宙的物质-能量总量应该刚好为零。（如果我们的宇宙是开放的、无限的，这就不见得对了。不过暴胀理论确实表明我们宇宙中的物质–能量总量极小。）

宇宙间能进行联系吗？

这就留下了一些耐人寻味的问题：如果物理学家不能排除几种平行宇宙的可能形式，那么有可能与它们取得联系吗？有可能造访它们吗？或者，来自其他宇宙的生物是不是可能已经拜访过我们了？

与其他和我们的宇宙退相干的量子宇宙进行联系似乎非常不可能。我们与其他宇宙退相干的原因是我们的原子撞击周围环境中的无数其他原子。每当有碰撞发生，那个原子的波函数似乎都会稍微"坍缩"，即平行宇宙的数量减少。每次撞击都使可能性的数量减少。数万亿个这样的原子"迷你坍缩"的总数造成了我们身体的原子完全在一个有限状态中坍缩的假象。爱因斯坦的"客观实际"是一种幻觉，由我们的身体中有如此多的原子这一事实造成，每个原子都与另一个碰撞，每次都减少了可能存在的宇宙的数量。

这就像从一架相机里看一幅焦点没对准的画面。这与微观世界相符，在那里一切都似乎是失真和模糊的。但随着你对相机焦距的调整，画面会变得越来越清晰。这对应了数万亿次与邻近原子的微型碰撞，每次都减少了可能存在的宇宙。利用这个方法，我们能顺利完成从模糊的微观世界到宏观世界的转变。

因此，与其他和我们相近的量子宇宙相互影响的可能性并不是零，但是它随着我们身体内原子的数量的增加而快速减小。由于在你的体内有数万亿个原子，你能与由恐龙或者外星人组成的其他宇宙交流的可能性是无穷小的。你可以计算出，你或许要等待比宇宙的寿命还要长得多的时间才能等来这样的事件发生。

因此，与量子平行宇宙取得联系的可能并不能被排除，但由于我们已经与它们退相干，因此这会是极其稀有的事件。但是，在宇宙学中，我们会遭遇一种不同类型的平行宇宙：一种相互共存的多元宇宙，就像是在一个泡泡浴里飘着的肥皂泡。在多元宇宙中与其他宇宙取得联系则是另一个问题。这无疑是一个非常难以完成的任务，但对于Ⅲ型文明而言是有可能完成的。

如前文所述，在太空中打开一个洞或者放大时空泡沫所必需的能量相当于普朗克能量，在那个水平上所有已知的物理学定律都失效。时空在那个能量水平上不稳定，而这就产生了我们离开自己的宇宙的可能性（假设其他宇宙存在，并且我们没有在整个过程中被杀死）。

这并不是一个纯粹的学术性问题，因为宇宙中的所有智慧生命终将面对宇宙的末日。最终，多元宇宙的理论或许能成为我们宇宙中所有智慧生命的救赎。最近来自正围绕地球运转的威尔金森微波各向异性探测器人造卫星的数据确认了宇宙正在以越来越快的速度膨胀。有一天,我们或许都会在被物理学家称为大冻结的浩劫中灭亡。最后,整个宇宙将进入黑暗,天空中所有的星星都不会再闪耀,宇宙将由死去的星体、中子星和黑洞组成,连这些天体的原子也可能开始衰变。温度或许会接近绝对零度,使生命无法存在。

随着宇宙向那一点接近,一个面临宇宙最终死亡的先进文明可以考虑踏上去往其他宇宙的终极旅程。对于这些生物而言,选项是被冻死或者离开。物理定律对于所有智慧生命而言是一道死刑执行令,但是在这些定律中有允许逃脱的条款。

这样一个文明必须利用巨大的核粒子加速器和像太阳系或者星团那么大的激光束将巨大的能量集中于一点,从而实现传说中的普朗克能量。这么做可能足以打开一个通往其他宇宙的虫洞或大门。一个Ⅲ型宇宙可能会在踏上去其他宇宙的旅程时使用可供他们利用的巨大能量打开一个虫洞,离开死去的宇宙,从头来过。

实验室中的婴儿宇宙

尽管这些想法中有的部分令人难以置信,但物理学家们已经对它们进行了严肃的考虑。比如,在试图理解大爆炸如何开始的时候,我们必须分析可能导致最初爆炸的条件。换言之,我们必须问:如何在实验室里制造一个婴儿宇宙?斯坦福大学的安德烈·林德(暴胀宇宙学说的创造者之一)说,如果我们能制造出婴儿宇宙,那么

"或许是时候让我们重新定义上帝了，他不仅仅是宇宙的创造者"。

这个构想并不新颖。多年前，当物理学家计算出点燃大爆炸所需的能量时，"人们立刻开始好奇，如果将大量能量放置于实验室的一个空间中（发射大量大炮）会怎样。你能集中足够的能量启动一场迷你大爆炸吗？"林德问。

如果将足够的能量集中到一点上，那么我们能够得到的将是时空的一次坍缩，变成黑洞，再也没有其他的了。但是，1981年，麻省理工学院的阿兰·古斯和林德提出了"暴胀宇宙"理论，它到如今已在宇宙学家中引起了巨大的兴趣。根据这一构想，大爆炸是从涡轮增压膨胀开始的，比过去所认为的快得多。（暴胀宇宙构想解决了宇宙学中的许多顽固问题，比如为什么宇宙如此均匀一致。无论我们看什么方位，从夜空的一部分到对面的一侧，我们看到的都是均匀单一的宇宙，尽管大爆炸之后没有足够的时间让这些相距很远的地方取得联系。根据暴胀宇宙理论，这一谜题的答案是时空的一小块相对均匀的碎片被放大，成了整个我们可以看见的宇宙。）为了启动膨胀，古斯假设在时间的开端有微小的时空气泡，其中之一膨胀得很大，成为今天的宇宙。

暴胀宇宙理论一下子解答了大量宇宙学疑问。除此之外，它符合所有如今从太空中威尔金森微波各向异性探测器和宇宙背景探测器（COBE）人造卫星不断传来的数据。事实上，它无疑是大爆炸理论的主要候选者。

然而，暴胀宇宙理论提出了一系列令人窘迫的问题。这个气泡为什么会开始膨胀？是什么使膨胀停止，造成了如今的宇宙？如果膨胀曾经发生过，那么它还会再次发生吗？具有讽刺意义的是，尽管宇宙膨胀构想是宇宙学中的先锋理论，但是关于是什么使得膨胀开始以及它为何停止，人们却几乎一无所知。

为了解答这些令人不安的疑问，麻省理工学院的阿兰·古斯和爱德华·法赫里于 1987 年提出了另一个假设性问题：一个先进的文明会如何使自己的宇宙膨胀？他们认为，如果他们能够回答这个问题，他们或许就能够回答为什么宇宙以膨胀开始这个深层次问题。

他们发现，如果将足够的能量集中在一点上，微小的时空气泡就会自动生成。但如果气泡过小，它们就会消失，回到时空泡沫中去。只有当气泡够大的时候它们才能膨胀成一个完全的宇宙。

从外界来看，这一新的宇宙的诞生并没有多骇人听闻，或许不比引爆一枚 50 万吨当量的核弹更惊人。它看起来像是一个小气泡从宇宙中消失，造成了一次小型核爆炸。但是在气泡之内，或许有一个新的宇宙膨胀而出了。想象一个肥皂泡分裂或出芽，形成一个更小的气泡，一个婴儿肥皂泡。同样，在宇宙内，你将看到一场时空的巨大爆炸以及一个完整宇宙的诞生。

自 1987 年以来，已有许多理论试图验证引入能量是否可以使一个大气泡膨胀成一整个宇宙。最广为接受的理论是，一种名叫暴胀子的新粒子破坏了时空的稳定，造成了这些气泡的形成与膨胀。

一场争论在 2006 年爆发，物理学家们开始严肃对待使用磁单极子点燃婴儿宇宙的提议。尽管只具有正极或者负极的磁单极子从未被发现，但人们相信它们支配过最初的早期宇宙。它们过于巨大，很难在实验室里制造。但正是由于它们如此巨大，如果我们将更多能量注入一个磁单极子，我们或许就能够点燃一个婴儿宇宙，使其膨胀，使其变成一个真正的宇宙。

为何物理学家们想要制造一个宇宙？林德说："从这个角度看来，我们人人都能成为上帝。"但是，还有更加实际的理由：最终，从我们的宇宙的死亡中逃脱。

宇宙的进化？

有些物理学家将这一构想推广得更远，达到科幻的限度，以质疑是否有其他智慧生命参与设计了我们的宇宙。

在古斯／法赫里的图景中，一个先进文明能创造出一个婴儿宇宙，但是物理常数（例如电子和质子的质量，以及四种力的强度）是相同的。但如果一个先进文明能够创造出基本常数略有不同的婴儿宇宙呢？那么，这一婴儿宇宙将能随着时间"进化"，每一代的婴儿宇宙都与前一代略微不同。

如果我们把基本常数看作一个宇宙的"DNA"，就意味着智慧生命或许可以制造有细微差别的 DNA。最终，宇宙们将会进化，能够进行繁殖的宇宙将是那些具有允许生命存在与繁荣的最佳 DNA 的宇宙。物理学家爱德华·哈里森在过去由李·斯莫林提出的想法的基础上，提出了一种宇宙间的"自然选择"。支配多元宇宙的宇宙恰恰是那些具有最佳 DNA 的宇宙，它们符合先进文明诞生的要求，而先进的文明又反过来制造出更多婴儿宇宙。"适者生存"意味着最适宜诞生先进文明的宇宙能够生存。

如果这一构想正确，那么它将可以解释宇宙的基本常数为什么是"微调"后适合生命存在的。这完全意味着具备适宜的基本常数的宇宙适合生命存在，这种宇宙是在多维宇宙中增殖的宇宙。

（尽管这个"宇宙进化"构想颇具吸引力，因为它或许能解释人择原理问题，但该构想的难点在于其不可检验，并且无法被证伪。我们不得不等到我们拥有一种完整的万有理论的时候才能弄懂这一构想。）

当前，我们的科技远不足以证明这些平行宇宙的存在。因此，所有这些平行宇宙都算作二等不可思议——如今不可能，但不与物理定律相悖。在长达数千年到数百万年的时间中，这些推测可能成为一个Ⅲ型文明新科技的基础。

第3部分
三等不可思议

14 永动机

理论被接受要经历四个阶段：
　　i. 这是废话；
　ii. 这很有趣，但是不合理；
iii. 这是真的，但无足轻重；
　iv. 我一直都这么说。
——J.B.S. 霍尔丹，1963

在艾萨克·阿西莫夫的经典小说《神们自己》中，一位 2070 年的无名化学家偶然发现了有史以来最伟大的发明——电子泵，它可以凭空生产无限能量。其影响是立竿见影的，也是深远的。他被誉为有史以来最伟大的科学家，因为他满足了文明对能源无法遏制的渴求。"这是全世界的圣诞老人和阿拉丁神灯。"阿西莫夫写道。他组建的公司很快成为地球上最有钱的公司之一，使石油、天然气、煤和核工业全部黯然失色。

世界被免费的能源淹没，文明沉醉于这一新发现的能源。当人人都在庆贺这一伟大成就时，一位孤独的物理学家却感到忧虑。"这所有的免费能源是从哪儿来的呢?"他问自己。最终他揭开了秘密。免费能源的背后是可怕的代价。这些能源来自一个太空中的洞,它将我们的宇宙与一个平行宇宙相连接,能量突然涌入我们的宇宙引起了连锁反应,将最终毁灭星体和星系,把太阳变成超新星,并且由此毁灭地球。

有史以来,传说中的"永动机",一台永远运行而不损失任何能量的装置,一直是发明家、科学家,以及江湖术士和职业骗子的神圣梦想。更强的版本则是一台创造的能量比其消耗的能量更多的装置,比如电子泵,它会创造免费的、无限的能量。

在未来的岁月中,我们的工业化世界会逐渐把石油用尽,寻找大量新兴清洁能源的压力将会出现。飞涨的燃气价格、不断下降的产量、愈演愈烈的污染以及大气变化——都使对能源全新的、强烈的需求不断增加。

如今,一些科学家利用这种对于制造无限量免费能源的关注,想要将他们的发明以数亿美元的价格出售。许多发明家被财经媒体哗众取宠的断章取义诱惑,周期性地争相做这样的事情,那些言论常常将这些异端者吹捧成下一个爱迪生。

永动机的故事流传甚广。在《辛普森一家》题为"家庭教师协会的散伙"的一集中,丽莎在一次教师罢工期间制造了她自己的永动机。这使得霍默庄严地宣布:"丽莎,到这儿来……在这个房间里我们遵守热力学定律!"

在电脑游戏《模拟人生》、《异度传说 I 》、《异度传说 II 》和《创世纪VI：虚伪先知》，以及尼克国际儿童频道的节目《外星侵者 ZIM》中，永动机在剧情中占据了醒目的位置。

但是，如果能源如此宝贵，那么我们制造出一台永动机的可能性有多少呢？这些装置确实不可能实现吗？或者，它们的诞生会修正物理学定律吗？

透过能源看历史

对于文明而言，能源必不可少。事实上，人类的全部历史都可以使用能源这面透镜来观看。对于 99.9% 的人类而言，原始社会就是流浪着、挣扎着生活在食物的匮乏和狩猎之中。生命是残酷的，也是短暂的。可利用的能源为 1/5 马力——相当于我们自身肌肉的力量。分析我们祖先的骨骼，会发现严重磨损的痕迹，这是由日常生存的重负造成的。平均的预期寿命低于 20 岁。

但在大约一万年前，最后一个冰期结束后，我们开发了农业，并且驯养动物，特别是马，逐渐将我们的能量输出提高到了一或二马力。这开始了人类历史上的第一次重大革命。有了马和牛，一个人就有了足够的能量，可以自己耕种一整块田地、日行数十英里，或者将数百磅的石块或谷物从一处搬到另一处。在人类历史上，家庭第一次拥有了剩余的能量，结果造就了我们最初的城市。额外的能量意味着社会有能力支撑一个工匠、建筑师、建造工和文士的阶层，这样一来，古代文明便得以繁荣昌盛。很快，雄伟的金字塔和帝国就在丛林和沙漠中竖起。平均预期寿命达到了约 30 岁。

随后，约 300 年前，人类历史上的第二次重大革命发生了。随着机器和蒸汽动力的出现，可供一人使用的能量蹿升到几十马力。利用蒸汽机车，人们能够在几天内穿越整片大陆。机器能够耕耘整片土地、将数百名乘客送到数千英里以外的地方，并且使我们得以建造规模庞大、高楼耸立的城市。到 1900 年，美国的平均预期寿命几乎达到了 50 岁。

今天，我们正处于人类历史上第三次重大革命——信息革命之中。由于人口爆炸，以及我们对电力和其他能源如饥似渴的需求，我们的能量补给已经被过度使用，到了极限。平均到个人能源储备现在只有几千马力。我们相信一辆汽车能够产生几百马力。不出意料，这种对能量越来越大的需求引起了人们对更强大的能源的关注，其中包括永动机。

历史上的永动机

对永动机的追寻自古就有。首次制造永动机的记载是在 8 世纪的巴伐利亚。其后 1 000 年中出现的改良型永动机都以此为蓝本，它的基础部分是一连串小磁铁附在一个轮子上，就像一个摩天轮。

轮子被放在地面一块较大的磁铁之上。当轮子上的磁铁一块一块地经过静止的大磁铁上方时，它们应该会被大磁铁吸引，随后被排斥，由此推动轮子，制造出永恒运动。

另一种别出心裁的设计是在1150年由印度哲学家婆什迦罗发明的，他提出了一种永远转动的轮子——在轮子的边缘加一枚砝码，使轮子由于不平衡而转动。砝码会在旋转的时候做功，随后它将回到最初的位置。婆什迦罗称，通过一次又一次地重复这一过程，可以凭空获取无限的功。

巴伐利亚永动机和婆什迦罗永动机，以及它们的许多后继者都具有同样的要素：某种类型的轮子，能够无须提供任何能量就旋转一圈，在这个过程中产生可利用的功。（仔细检查这些设计精巧的机器，通常会发现，事实上每转一圈能量都在损失，或者可利用的功无法被获取。）

文艺复兴的到来加快了永动机的诞生。1633年，一台永动机获取了第一个专利许可证。1712年，约翰·贝斯勒在分析了约300种不同的类型后，提出了他自己的设计。（根据传说，他的女仆后来揭发他的机器是一场骗局。）甚至连文艺复兴时期的伟大画家和科学家达·芬奇也对永动机产生了兴趣。尽管他在公开场合斥责永动机，将之与对"贤者之石"的徒劳搜寻相提并论。但他私下在自己的笔记本里画了精巧的自我驱动永动机的草图，包括一个离心泵和一个用于在火上旋转烤肉叉的旋转式烟囱帽。

到了 1755 年，被提交的设计数量极多，以至巴黎的皇家科学院宣布将"不再接受或受理有关永动机的方案"。

永动机历史学家阿瑟·奥德–休姆就这些发明者不知疲倦的奉献进行了评述。他说，他们辛勤工作着，哪怕成功机会微乎其微。休姆将他们与古代的炼金术士相提并论。但是，他写道："哪怕是炼金术士……都会承认自己的失败。"

恶作剧与骗局

造出永动机的奖励非常大，骗局成了家常便饭。1813 年，查尔斯·李德黑法在纽约展示了一台使观众们啧啧称奇的机器，它能够凭空制造出无限的能量。（但罗伯特·富尔顿仔细检查机器后，发现有一条隐蔽的羊肠线传送带驱动着机器。这条传送带又连接到一个在阁楼中悄悄转动一个曲柄的男子那里。）

科学家工程师们同样被卷进了永动机的狂热中。1870 年，《美国科学人》被一台由 E.P. 威利斯制造的机器愚弄了。杂志刊登了一篇标题耸动的报道——《有史以来最伟大的发现》。但稍后调查者发现威利斯的永动机有着隐蔽的能量来源。

1872 年，约翰·厄恩斯特·沃雷尔·基利制造了那个时代最轰动，也最赚钱的骗局，骗得近 500 万美元，在 19 世纪晚期，这是一个天文数字。他的永动机的基础是共振调音叉，他声称它们在

"乙醚"中浸泡过。基利这个没有科学背景的人会邀请富有的投资人到他家，在他会用他的液压气动脉冲真空发动机使他们惊喜万分，这一机器会在没有外界能量来源的情况下高速运转。急切的投资者们被这一自我驱动装置迷住了，争相把钱倒进他的保险柜。

后来，几个幻想破灭的投资者愤怒地控告他欺诈，他也的确在监狱里度过了一些日子，但他死时仍是一个有钱人。在他死后，调查者们在他的机器中发现了他巧妙构思的秘密。当他的房子被拆除的时候，人们发现了地下室地板和墙壁中隐藏的管子，它们秘密地将压缩空气送入他的机器，而这些管子是由一个飞轮提供能量的。

连美国海军和总统都上了一台永动机的当。1881 年，约翰·加姆吉发明了一台液氨机器。冷氨的蒸发会制造出膨胀的气体，推动一枚活塞，这样就能利用海洋本身的热量为机器提供能量。美国海军军方被从海洋中获取无尽的能量这一念头迷住了，于是批准了这一装置，甚至还将它演示给詹姆斯·加菲尔德总统看。问题是，蒸汽无法彻底凝结为液体，因此整个循环无法完成。

报送给美国专利商标局（USPTO）的永动机方案有很多，因此该局拒绝在没有提交操作模型的情况下为这类装置授予专利。在某些罕见的情况下，如果无法从模型上发现明显的缺陷，专利审查员就会授予专利。该局宣布："除了涉及永动机的案例，我局通常不要求提交模型以演示装置的可操作性。"（这一漏洞使寡廉鲜耻的发明者们号称该局已经正式认可自己的机器，由此说服天真的投资人为他们的发明提供资金。）

　　然而，从科学的角度看，对永动机的追求并非一无所获。相反，尽管发明者们从来没有制造出一台永动机，但制造这样一台传说中的机器所投入的巨大时间和精力使物理学家们谨慎地研究热力发动机的本质。（同样，炼金术士们对于能将铅变成金子的贤者之石的徒劳搜寻揭示了一些化学的基本定律。）

　　比如，17世纪60年代，约翰·考克斯开发出一台真正能够永远走下去的时钟，动力来自大气压力的变化。气压的变化会推动一个气压表，气压表随即会转动钟的指针。事实上，时至今日，这台时钟仍然存在并运转着。它之所以能永远运转，是因为其能量以大气压力变化的形式从外界获取。

　　像考克斯的钟那样的永动机，最终使科学家们假设，这样的机器能够永远运转，只要有能量从外界被送入该装置，即总能量守恒。这个理论最终引出了热力学第一定律——物质和能量的总量无法被创造或消灭。最终，人们推断出了三个热力学定律。第二定律陈述，熵（无序）的总量永远是增加的。（粗略地说，这一定律表明，热量只能自发地从高温处向低温处流动。）第三定律陈述，绝对零度永远不可能达到。

　　如果我们将宇宙比作一场博弈，而博弈的目的是获取能量，那么三大定律可以被改头换面成下面这样：

　　"你不可能不劳而获。"（第一定律）

"你无法打破平衡。"（第二定律）

"你连退出游戏都不可能。"（第三定律）

（物理学家们小心翼翼地宣布，这些未必永远是绝对正确的。然而，差错从来没有被发现过。任何想要证明这些定律有误的人都必须对抗几个世纪以来的严谨科学实验。我们将简短地讨论这些定律可能存在的缺陷。）

在19世纪科学引以为荣的成就中，这些定律经历过悲剧，也经历过胜利。这些定律的缔造者之一，伟大的德国物理学家路德维希·玻耳兹曼自杀身亡，部分原因是他在总结这些定律时引起了争端。

路德维希·玻耳兹曼和熵

玻耳兹曼是一个个子不高、胸部发达、健壮如熊的男人，留着巨大的、丛林般的络腮胡。然而，他可畏的、粗野的外表掩盖了他为保卫自己理论所受的创伤。尽管牛顿物理到19世纪已经根基稳固，但玻耳兹曼认为这些定律还从未被精确地应用于极富争议的原子概念，那是一个尚未被许多重要科学家接受的概念。（我们有时会忘记，仅仅一个世纪之前还有大把科学家坚持认为原子不过是个巧妙的噱头，而非真正的实体。原子小得不可思议，他们称，它们或许压根儿不存在。）

牛顿证明，是机械力，而非精神或渴求，足以决定一切物体的运动。玻耳兹曼随后用一个简单的假设优雅地获得了许多气体定律，这个假设是：气体是由微小的原子组成的，像桌球一样，遵守由牛顿总结的力的定律。对于玻耳兹曼而言，一间有气体的房间就像一个充满微型钢球的盒子，每一个钢球都遵照牛顿的运动定律在墙上和其他球体上跳来跳去。在物理学最伟大的著作之一中，玻耳兹曼（还有独立的詹姆斯·克拉克·麦克斯韦）从数学上证明了这一简单设想将如何成就令人大为惊叹的新定律，并且开辟一个名叫统计力学的物理学新分支。

　　突然，从第一定律中可以获取许多物质的性质了。由于牛顿定律规定能量在应用于原子时必须守恒，原子间的每一次撞击都保存了能量，这意味着整间屋子数万亿个原子同样保存了能量。能量的守恒如今不仅可以通过实验确定，还可以通过第一性原理，也就是原子的牛顿机械运动，来证明。

　　但在 19 世纪，原子的存在仍是议论的热点，并且被许多著名人士，如哲学家恩斯特·马赫嘲笑。玻耳兹曼是一个敏感又常常情绪低落的人，他不安地发现自己成了避雷针，成了常常被反原子者恶毒攻击的焦点。对于反原子者来说，任何无法被测量的事物都不存在，包括原子。让玻耳兹曼更觉得耻辱的是，他的许多论文都被德国的一本重要物理学期刊的编辑拒绝了，因为编辑坚持认为原子和分子只是理论工具，而不是真正存在于自然界的物体。

个人攻击让玻耳兹曼感到筋疲力尽、痛苦不堪，他于 1906 年自缢，当时他的妻子和孩子去了海滩。令人难过的是，他没有意识到，仅仅在一年之前，一位自视甚高、名叫阿尔伯特·爱因斯坦的年轻物理学家已经做了不可能的事：他写了第一篇证明原子存在的论文。

总熵永远是增加的

玻耳兹曼和其他物理学家的研究，推动了有关永动机本质的说明，将永动机分为两类。第一类永动机违反热力学第一定律，即它们产生的能量事实上比消耗的能量多。每一次，科学家们都发现这一类永动机依赖隐藏的外部能量，无论是通过欺诈，还是由于发明者并未意识到外界能量来源。

第二类永动机更为精细。它们遵守热力学第二定律。理论上，一台第二类的永动机不产生多余的热量，因此它的效率是 100% 的。然而，第二定律表明，这样一台机器是不可能存在的——多余的热量必定会产生，因此，宇宙中的无序和混乱，或者熵，永远都在增加。无论一台机器的效率有多高，它都会排出一些多余热量，从而提高宇宙的熵。

总熵永远增加，这一事实是人类历史的核心所在，也是大自然的核心所在。根据第二定律，毁灭远比建造容易。某些事物，如墨西哥的阿兹特克帝国，或许要花费数千年来建立，却能在至多数月之内被毁于一旦。一队由乌合之众组成的、装备着马匹和枪支的西班牙征服者完全摧毁了这个帝国。

每当你照镜子时看到一条新的皱纹或者一根新的白发，你就是在观察第二定律的作用。生物学家告诉我们，衰老过程是细胞与基因中遗传误差的逐渐累积，因此细胞的功能慢慢退化。衰老、生锈、腐烂、分解，以及萎缩也都是第二定律的示例。

天文学家阿瑟·爱丁顿曾经这样评论第二定律意义深远的性质："我认为，熵永远增加的定律在自然界的法则中具有至高无上的地位……如果你的理论被发现违背热力学第二定律，我就不能让你抱有希望了；它只会在深深的耻辱之中崩溃。"

哪怕在今天，雄心勃勃的工程师们（以及聪明的江湖骗子）仍旧不断宣布发明了永动机。最近，《华尔街日报》要求我对一位发明者做出评论，事实上他已经说服投资者为他的机器投入了数百万美元。不具备科学背景的记者在主流财经报纸上发表激动人心的文章，滔滔不绝述说这一发明改变世界的可能性（并且在这一过程中产生梦幻般的盈利）。"天才还是狂人？"标题高呼道。

投资者们为这个装置耗费了大把的金钱，而它违背了在高中里传授的基本物理和化学原理。（令我震惊的并非有人试图欺骗缺乏警惕的投资人——这自打时间开始以来就存在了。令人吃惊的是，这个发明者如此轻易便欺骗了富有的投资者们，只因为他们缺乏对基本物理学知识的了解。）我向《华盛顿日报》重复了谚语"蠢人有钱留不住"和 P.T. 巴纳姆的名言"每分钟都有蠢人诞生"。《金融时报》、《经济学人》和《华尔街日报》都曾为形形色色的兜售自己永动机的发明者刊登大篇幅专题文章，或许这并不让人感到奇怪。

三大定律与对称性

但这一切提出了一个更深层次的问题：为什么热力学的铁律一开始就成立？这是一个自三大定律首次被提出以来就一直困扰科学家的谜团。如果能够回答这个问题，那么我们或许能在三大定律里发现漏洞，而其中的含义极度令人震惊。

读研究生时的某一天，我在得知能量守恒定律真正的开端后顿时失语。物理学的基本原则之一（由数学家艾米·诺特在 1918 年发现）是：无论何时，只要一个系统具有对称性，就能得出能量守恒定律。如果宇宙的规则在经过漫长的时间后仍旧保持不变，那么令人惊讶的结果就是这个系统能实现能量守恒。（此外，如果向任意方向移动，物理规则都保持相同，那么动量同样在任何一个方向上都守恒。如果物理定律在旋转中保持不变，那么角动量也是守恒的。）

对我而言，这很令人吃惊。我意识到，当我们分析来自数十亿光年之外、位于宇宙边缘的遥远星系的星光时，我们发现它们的光谱与我们在地球上发现的光谱完全一致。在地球和太阳诞生前数十亿年前放射出的光的遗迹中，我们见到了确凿无疑的氢原子、氦原子、碳原子、氖原子等光谱的"指纹"，与我们今天在地球上看到的一样。换言之，物理学的基本定律在数十亿年中都没有改变，并且直至宇宙的边缘都保持稳定。

至少，我意识到，诺特的定理意味着能量的守恒即使不能永远持续，也可能会持续数十亿年。据我们所知，没有一条物理学基本定律随着时间改变，这就是能量守恒的原因。

诺特的定理对现代物理学的意义是深远的。每当物理学家创造出一种新的理论，无论它是关于宇宙的开端、夸克与其他亚原子粒子的相互作用的，还是关于反物质的，都要首先从该系统遵循的对称性入手。事实上，对称性如今被认定是创造新理论的指导性原则。在过去，对称性被认为是一个理论的副产品——一个有吸引力但根本无用的理论特征，漂亮，但无关紧要。今天，我们认识到对称性是定义任何理论的关键性特征。在创造新理论时，我们物理学家首先从对称性入手，随后围绕着它建立理论。

（令人遗憾的是，艾米·诺特就像她的前辈玻耳兹曼一样，不得不为了取得认同而竭尽全力地斗争。作为一位女数学家，她由于自己的性别而无法在主要学术机构获得长期职位。诺特的良师益友、大数学家戴维·希尔伯特因为没能为诺特争取到职位而为她不平，他愤怒地说："我们这儿是什么地方？大学还是浴池？"）

这提出了一个令人不安的问题。如果能量之所以守恒是因为物理学定律不随时间而改变，那么这一对称性可能在罕见、异常的情况下被打破吗？在宇宙范围内，如果我们的定律的对称性在古怪、出乎意料的地方被打破，那么能量守恒仍旧有可能被违反。

如果物理学定律随着时间的推移而变动，或者随着距离的改变而改变，这就有可能会发生。（在阿西莫夫的小说《神们自己》中，这一对称性由于太空中有一个将我们的宇宙和一个平行宇宙连接起来的洞而被打破了。在太空中，洞的周围的物理定律发生了变化，由此使得热力学定律瓦解。因此，能量守恒可以在太空中有洞——也就是虫洞——的情况下被违反。）

另一个目前有激烈争议的漏洞是，能量能否来自虚无。

来自真空的能量

有一个诱人的问题：从虚无之中可以获取能量吗？物理学家们最近才认识到，真空的"虚无"根本不是空的，而是充斥着各种活动。

这一想法的支持者之一是 20 世纪的怪才尼古拉·特斯拉，托马斯·爱迪生可敬的对手。他还支持零点能量，即真空可能拥有无法计数的能量。如果这是真的，那么真空就是终极的"免费午餐"，能够确确实实地以稀薄的空气供给无限的能量。真空并不像被认为的那样空无一物、不具有任何物质，而是最大的能量货栈。

特斯拉出生于一个今属塞尔维亚的小镇，1884 年，他来到美国，身无分文。他很快就成为托马斯·爱迪生的助手，但由于才华横溢，他变成了爱迪生的竞争对手。在一场著名的、被历史学家誉为"电流之战"的竞赛中，特斯拉与爱迪生进行了较量。爱迪生认为他能够使用他的直流电机使全世界电气化，而特斯拉则是交流电的发明者，并且成功地证明了他的方法远比爱迪生的方法优越，在传送距离内造成的功率损耗要小得多。如今，整个地球的电气化都是在特斯拉的专利，而不是爱迪生的专利的基础上进行的。

特斯拉的发明与专利数目超过 700 项，并且包括一些现代电气史上最重要的里程碑。历史学家已经证实特斯拉发明无线电早于古列尔莫·马可尼（他被普遍认为是无线电的发明者），在威廉·伦琴正式发现 X 射线之前，他已经在研究 X 射线了。（马可尼和伦琴后来都因为特斯拉可能在数年前的发现而获得了诺贝尔奖。）

特斯拉还相信他能够从真空中获取无限的能量，这是一个他不幸未能在自己的笔记中证明的论断。乍一看，"零点能"（或者说真空中蕴含的能量）似乎违反了热力学第一定律。尽管零点能违背了牛顿力学，但是零点能的概念最近从一个出人意料的方向再次出现了。

当科学家们分析来自目前围绕地球轨道运行的人造卫星——比如威尔金森微波各向异性探测器人造卫星的数据时，他们得出了令人吃惊的结论——宇宙有整整 73% 是由"暗能量"组成的，那是一种纯净真空中的能量。这意味着，在整个宇宙中，分离各个星系的真空就是最大的能量蓄水池。（这种暗能量极大，它将星系推离彼此，并且最终可能在一场大冻结中把宇宙撕裂。）

暗能量遍布宇宙，甚至存在于你的起居室和身体内。外层空间中暗能量的总量真是天文数字。超出了所有星体和星系的能量总和。我们同样可以计算地球上暗能量的总量，那相当少，少得不足以为一台永动机提供动力。特斯拉在暗能量的问题上说对了，但是在地球的暗能量总量上犯了错。

可是，他真的错了吗？

现代物理学中最令人尴尬的空白之一是没有人能够计算出我们通过人造卫星可测得的暗能量总量。如果使用原子物理学计算宇宙中暗能量的总值，我们会得出一个误差达 10^{120} 倍的数字！那是在 1 之后加上 120 个 0！这是目前为止在一切物理学说中理论与实验最严重的不匹配。

关键在于，没有人知道如何计算"虚无中的能量"。这是物理学中最重要的问题之一（因为它将最终决定宇宙的命运），但是在目前，我们对于如何计算它感到束手无策。没有理论能够解释暗能量，尽管有关其存在的实验证据正与我们面对面地大眼瞪小眼。

因此，真空的确具有能量，正如特斯拉所认为的那样。但是能量的总量可能太小，无法作为可使用的能量来源加以利用。在星系之间有数量巨大的暗能量，在地球上能找到的量却很小。而令人尴尬的是，没有人知道如何计算这种能量，或者它来自何处。

我的观点是，能量守恒是由深层次的、宇宙学上的原因造成的。任何对这些定律的违背都必定意味着我们对于宇宙进化的认知会发生重大改变。暗能量之谜迫使物理学家们迎难而上，正视这个问题。

由于制造一台真正的永动机或许需要我们在宇宙学的范畴内重新对物理学的基本定律进行评估，因此我将永动机归为三等不可思议，即它们要么真的不可能，要么我们就必须在宇宙学的范畴内从根本上改变我们对基本物理学的理解，以使得这样一台机器变得可能。暗能量仍然是现代物理学中未完成的伟大篇章之一。

15 预言

矛盾的是，真相要倒立起来去吸引注意力。
——尼古拉斯·法莱塔

像预知或者预见未来这样的事情是否存在？这一古老的概念在每一种宗教中都有所体现，可以追溯到古希腊和古罗马神谕，以及《旧约》中的先知。但是，在这样的故事中，预言的天赋也可能是一种诅咒。古希腊神话中有卡珊德拉的故事，她是特洛伊国王之女。她的美貌吸引了太阳神阿波罗的注意。为了赢得她的青睐，阿波罗承诺给予她预见未来的能力。但是卡珊德拉傲慢地拒绝了阿波罗的求爱。阿波罗大发雷霆，扭曲了他的礼物，如此一来，卡珊德拉能够预见未来，但没有人会相信她。当卡珊德拉警告特洛伊的民众他们的劫数即将到来时，没有人听她的话。她预言了特洛伊木马的秘密、阿伽门农之死，甚至还有她本人的死亡。但特洛伊人非但不听她的话，反而认为她疯了，并且将她关了起来。

诺查丹玛斯在 16 世纪写到过，距今更近一些的埃德加·凯西

也曾宣布他们能揭开时间的面纱。尽管已经有许多言论宣称他们的
预言成真（例如，正确预测第二次世界大战、肯尼迪总统被刺，以
及苏联解体），但是这些预言家用以书写自己诗句的行文令人费解、
如寓言一般，可以造成许多种自相矛盾的解释。比如，诺查丹玛斯
的四行诗非常笼统，人们几乎想读出什么就能读出什么（人们已经
这么做了）。其中一首四行诗写道：

> 来自咆哮的世界中心的大火使地球颤抖：
>
> 兴奋的地球围绕着"新城"，
>
> 两大贵族将进行一场无果的长期战争，
>
> 泉水的女神流淌出一条新的红河。

有些人称这首诗证明诺查丹玛斯预见了 2001 年 9 月 11 日纽约
世贸中心双子大楼的毁灭。但是，几个世纪以来，这首诗已经被赋
予了许多种其他的解释。其隐喻过于模糊，怎么解读都有道理。

对于描写君王迫在眉睫的厄运、帝国的崩溃的剧作家们来说，
预言同样是他们最喜爱的设定。在莎士比亚的《麦克白》中，预言
对于该剧主题和麦克白的野心都起着至关重要的作用。麦克白遇到
了三个女巫，她们预言他将崛起，成为苏格兰之王。他凶残的野心
被女巫们的预言点燃，开始了一系列血腥、可怕的行动，消灭自己
的敌人，包括杀害对手麦克德夫无辜的妻子和孩子。

在犯下一系列骇人的罪行夺得王位后，麦克白从女巫那里得知，他将永远不会在战斗中败北或"被人征服，除非有一天巨大的勃南森林会冲着他向高处（邓锡南山）移动"，并且"没有一个妇人所生下的人可以伤害麦克白"。麦克白对这一预言感到宽慰，因为一片森林是无法移动的，并且所有人都是由妇人所生的。但是巨大的勃南森林真的移动了，麦克德夫的军队将自己隐藏在来自勃南森林的细枝之下，向着麦克白前进。并且麦克德夫本人是通过剖宫产出生的。

尽管过去的预言有这么多可供选择的解释，并且因此不可能被证实，但有一种预言很容易分析：对地球的终结——世界末日——的确切日期的预测。自从《圣经》的最后一章——《启示录》以生动的细节展示了地球最后的日子，混乱和毁灭会伴随着敌基督和最终的耶稣再临，原教旨主义者们尝试着预测世界末日的准确日期。

最著名的世界末日预测之一是由占星家们做出的，他们预测滔天洪水将在 1524 年 2 月 20 日终结整个世界，其根据是所有的星星——水星、金星、火星、木星和土星全都在天空中连在了一起。巨大的惶恐席卷了欧洲。在英格兰，2 万人不顾一切逃离了家园，建起了一座储存了能维持两个月的食物和水的、围绕着圣·巴塞洛缪教堂的碉堡。全德国和法国的人们都急忙开始建造大型方舟，以便抵御洪水。冯·伊戈海姆伯爵甚至造了一艘巨型的三层方舟为这场重大事件做准备。但是，当那一天最终到来的时候，天上却只是下着蒙蒙细雨。人们的情绪突然从恐惧变成了愤怒。卖光自己全部财产和将自己的生活完全颠覆了的人们感觉受到了背叛。盛怒之下的暴民开始横冲直撞。伯爵被石块砸死，数百人被暴民踩踏而死。

基督教徒并非唯一感受到预言的诱惑的人群。1648 年，萨瓦塔伊·泽维，土麦那一个富裕犹太家庭的儿子，宣布自己是弥赛亚，并且预测世界将在 1666 年终结。他英俊、富有号召力，并且极为精通喀巴拉的神秘教义，很快聚集了一群极度忠实的追随者，他们将消息传遍了欧洲。1666 年春天，远在法国、荷兰、德国和匈牙利的犹太教徒开始收拾行装，并听从他们的弥赛亚的召唤。但在那年的晚些时候，泽维在君士坦丁堡被大臣逮捕，并且被戴上镣铐投入了监狱。在可能被判死刑的情况下，他突然抛下了犹太装束，戴上了土耳其穆斯林的头巾，并且改信伊斯兰教。他的数万虔诚追随者的狂热膜拜彻底幻灭了。

预言家们的预言甚至在今天仍起着作用，影响着全世界数千万人的生活。在美国，威廉·米勒宣布世界末日将在 1843 年 4 月 23 日到来。当他的预言传遍美国时，一次壮观的流星雨正巧在 1833 年点燃了夜空，是这类流星雨中规模最大的一次，进一步增加了米勒的预言的影响力。

数万名米勒派忠实信徒等待着末日决战的到来。1843 年来了，又平安过去了，末日并没有到来，米勒派分裂成了几个大团体。由于米勒派聚集了极多的信徒，每个分裂出来的派别甚至至今都在宗教上具有重要影响力。米勒派分裂出的一个大派别于 1863 年重组，并且将派别的名字改为基督复临安息日会。他们的信仰是日益临近的基督复临。

另一个分裂出来的米勒派团体稍后转而追随查尔斯·泰兹·罗素的事业，他将世界末日的日期推后到了 1874 年。当那个日子同样过去之后，他修改了他的预测，依据是对埃及大金字塔群的分析，这次的时间是 1914 年。这个团体后来被称作耶和华见证人。

但是，米勒派的其他人继续进行预测，因此，每失败一次就会加速进一步的分裂。一个分裂出来的小团体被叫作大卫派，他们于 20 世纪 30 年代从基督复临安息日会分裂出来。他们在得克萨斯州的韦科有一个小型的共同生活社区，被一个名叫戴维·考雷什的年轻传道者的影响力控制，他能滔滔不绝地讲述世界末日的情形。

我们能预见未来吗？

严格的科学测试能证明有些人可以看到未来吗？在第 12 章中我们看到，时间旅行或许符合物理定律，但那是对于一个先进的 III 型文明而言的。而预言在当今的地球上可能吗？

在莱因研究中心进行的详细测试似乎意味着有些人可以看到未来，即他们能在卡片被揭开前识别出它们。但反复进行的实验证明这一效应非常有限，并且通常会在其他人试图重复实验结果的时候消失。

　　事实上，预知很难与现代物理学取得一致，因为它违反了因果律——原因和结果的定律。结果发生在起因之后，反之不成立。到目前为止，所有被发现的物理定律都包含了因果律。对因果律的违反标志着物理学基础的大崩溃。牛顿力学是牢固地建立在因果律之上的。牛顿的定律包含了一切，如果知道宇宙中所有分子的方位与位置，就能够计算出这些原子未来的运动。这样一来，未来就是可计算的了。大体上，牛顿力学说的是，你如果拥有一台够大的计算机，就能计算出一切未来的事件。根据牛顿的理论，我们可以认为，宇宙就像一台巨大的时钟，在时间的初始由上帝上紧了发条，并且永远都按照他的法则跳动。牛顿的理论中没有预知的位置。

回到过去

　　然而，当我们讨论麦克斯韦的理论时，事情就变得复杂多了。当我们解开麦克斯韦关于光的方程时，我们发现的不是一个解，而是两个：一个"延迟的"波，代表着光从一点到另一点的标准运动；但还有一个"超前的"波，光束在时间上会回到过去。这一超前的解来自未来，到达的却是过去！

　　在100年中，当工程师们遇到这一"超前的"、回到过去的解时，他们简单地将它当作一个数学上的偶然加以忽略。由于延迟波非常精确地预测无线电、微波、电视、雷达和 X 射线的活动，他们轻易地将超前的解丢出了窗外。延迟的解精彩又美丽，并且很成功，工程师们简单地忽略了她丑陋的孪生姐妹。为什么要跟成功过不去？

但对于物理学家而言，超前解在过去的整个世纪中都是一个困扰他们的问题。由于麦克斯韦方程是现代社会的支柱之一，因此这些方程的任何解都必须被非常严谨地对待，即使牵涉到接受来自未来的波。要完全忽略来自未来的超前波似乎是不可能的。什么样的大自然会在其最基础的层面上给予我们这个古怪的解？这是一个残酷的玩笑，还是它具备更深的意义？

神秘主义者们开始对这些超前波产生兴趣，猜测它们似乎是来自未来的信息。或许，如果我们能够以某种方式驾驭这些波，那么我们也许可以将信息送回过去，由此提醒前人注意即将到来的事件。比如，我们可以传送一条消息给生活在 1929 年的祖父母，提醒他们在大崩盘之前卖光所有的股票。这样的超前波不像时间旅行那样允许我们亲自造访过去，但它们使我们能够将信件和信息送回过去，提醒前人注意尚未发生的重大事件。

在理查德·费曼开始研究之前，这些超前波是一个谜，他对回到过去这一构想产生了强烈的兴趣。在参与了制造出首枚原子弹的曼哈顿计划之后，费曼离开了洛斯·阿拉莫斯，去普林斯顿大学在约翰·惠勒手下工作。在分析狄拉克在电子方面的原始著作时，费曼发现了某些非常奇怪的东西。如果他简单地将狄拉克方程中时间的流逝方向反转，并且将电荷反转，方程就能保持不变。换言之，一个在时间中后退的电子与一个在时间中前进的反电子是一样的！通常，一个成熟的物理学家或许会忽略这一解释，认为它仅仅是一个小把戏，一个不具备意义的数学小戏法。在时间中后退似乎没有任何意义，然而狄拉克的方程在这一点上明白无误。换言之，费曼找到了自然允许这些时间倒退的解的原因：它们表现了反物质的运动！如果费曼是一位更资深的物理学家，那么他或许会将这个解抛到脑后。但作为一名地位不高的研究生，他决定进一步追求令他好奇的事物。

当费曼继续钻研这个令人伤脑筋的问题时，年轻的他留意到了某些更奇怪的现象。通常，如果一个电子和一个反电子相撞，那么它们会湮灭，并且制造出一道 γ 射线。他将这画在了一张纸上：两个物体相互碰撞，造成了一阵能量的爆发。

但是，如果在之后改变反电子的电荷，它就成了一个在时间中倒退的普通电子。随后可以将同一幅示意图中时间的箭头改为反转。现在电子似乎在时间中前行了，然后突然逆转方向。电子在时间中调了一个头，现在在时间里后退了，在这个过程中释放出能量。换言之，这是同一个电子。电子－反电子的湮灭过程不过是同一个电子在时间中逆行造成的后果！

因此，费曼揭开了反物质的秘密：它不过是在时间中逆行的普通物质。这个简单的观察结果立即解释了所有的粒子都拥有反粒子伙伴的谜：这是因为所有的粒子都可以在时间中后退，因此就被改头换面成了反物质。（这一解释与先前提及的"狄拉克海"相同，但更加简单，并且是目前被广为接受的解释。）

现在，让我们假设有一团反物质与普通物质相撞了，制造了一场巨大的爆炸。有数万亿电子和数万亿反电子湮灭了。但是，如果我们逆转反电子的前进方向，将它变成一个在时间中逆行的电子，就意味着同一个电子曲折地前进、后退数万亿次。

还有另一个更加不寻常的后果：在一团物质中必须只有一个电子。同一个电子高速前后移动，在时间中曲折前进。每当它一调头就成为反物质。但如果它在时间上再次调头，它就变成了另一个电子。

（费曼与他的论文指导者约翰·惠勒随即推断，整个宇宙可能都是由这样一个在时间中曲折地前进、后退的电子构成的。想象一下，在最初的大爆炸混乱中产生的仅有一个电子。数万亿年后，这个电子将最终与世界末日的剧烈灾难相遇，到那时，它将调头，并且在时间中逆行，在这一过程中释放出一道 γ 射线。随即，它将回到最初的大爆炸时期，并且随之进行另一次调头。这个电子随后会在大爆炸到世界末日之间不断重复前行、后退的曲折过程。21 世纪，我们的宇宙不过是这个电子整个旅程中一个小小的时间碎片，其中我们看到数万亿电子和反电子，即可见的宇宙。尽管这个理论似乎很奇怪，但是它能解释一个量子理论中的奇特事实：为什么所有的电子都是一样的。在物理学中，电子无法进行归类。不存在"绿色电子"或者"约翰电子"。电子不具备个性特征。你无法像科学家们有时给野生动物戴上标签以进行研究那样给一个电子"套上标签"。或许其原因就是整个宇宙是由同一个在时间中前后跳跃的电子构成。）

但是，如果反物质是回到过去的普通物质，那么将一条消息送回过去可能实现吗？你有可能把今天的《华尔街日报》送给过去的自己，由此让你在股票市场上大发横财吗？

答案是否定的。

如果我们把反物质仅仅当作物质的另一种新奇的形式对待，并且随即用反物质做一次实验，那么结果不违反因果律。原因和结果仍旧不变。如果我们现在逆转反电子的时间方向，使它在时间中后退，那么我们不过是进行了一次数学操作。物理原理保持不变。物理上什么都没有变化。所有的实验结果都保持不变。因此，把电子的运动看作在时间里前行和后退有着充分的依据。但是，每当电子在时间中后退，它仅仅实现了过去。因此，要拥有一个前后一致的量子理论，来自未来的超前解似乎必不可少，但它们最终并不违反因果论。（事实上，没有这些古怪的超前波，因果论就会违反量子理论。费曼证明，如果将超前波和延迟波的作用相加，我们就会发现违反因果律的项刚好全部被消掉了。因此，反物质是维护因果律所必需的。没有反物质，因果律或许会崩溃。）

费曼继续追究这个疯狂想法的起源，直到它最终成长为一套完整的电子量子理论。他的创作，量子电动力学（QED），已经在实验中被证明误差小于 100 亿分之一，使其成为有史以来最精确的理论之一。这使得他和他的同事朱利安·施温格和朝永振一郎于 1965 年获得了诺贝尔奖。

（在费曼的诺贝尔奖领奖演说中，他说，作为一名年轻人，他冲动地与这些来自未来的超前波坠入了爱河，就像与一位美丽少女坠入爱河一样。今天，那位美丽的少女已经长大，成为一名成熟的妇人，并且是许多孩子的母亲。这些孩子之一便是他的量子电动力学理论。）

来自未来的快子

除了来自未来的超前波（它们已经在量子理论中一次又一次地证明了自己的效用），量子理论中还有另一个古怪的概念，似乎同样疯狂，但或许并不同样有用。这就是"快子"的概念，它在《星际迷航》中经常出现。每当《星际迷航》的编剧需要某种新的能量形式来完成某种魔法般的操作，他们就把快子祭出来。

快子生活在一个古怪的世界中，那里的一切都移动得比光更快。快子在失去能量的过程中会移动得更快，这有违常识。事实上，如果它们丧失所有能量，它们就会以无限大的速度移动。然而，当快子获得能量时，它们便减速，直到达到光速。

快子如此古怪的原因是它们有着虚质量。（"虚"的意思是，它们的质量乘以了 –1 的平方根，或者说"i"。）如果我们简单地使用爱因斯坦的方程，并且用"im"代替"m"，那么不可思议的事情就会发生。突然，粒子比光移动得更快。

这一结果引发了奇怪的状况。如果一个快子穿越物质，那么它会因为与原子相撞而失去能量。但是，当它失去能量时，它的速度会加快，而这又进一步增强了它与原子的碰撞。这些碰撞会使它失去更多能量，并使其更快。在这个过程成为一个剧烈的循环的时候，快子自身会自然获得无限大的速度。

（快子与反物质和负物质不同。反物质具有正能量，以低于光速的速度运动，并且可以在粒子加速器中被创造出来。根据理论，它会受到引力的作用落下。反物质相当于在时间中逆行的普通物质。负物质具有负能量，同样以低于光速的速度移动，但是在引力的作用下会向上运动。负物质从未在实验中被发现。理论上，大量的负物质可以用作时间机器的燃料。快子以超光速移动，并且具有幻想中的质量，尚不清楚它们在引力作用下是向上运动还是向下运动。它们同样未在实验中被发现过。）

尽管快子十分古怪，但物理学家们都认真地对它们进行了研究，包括哥伦比亚大学的杰拉德·费因伯格和得克萨斯大学奥斯汀分校的乔治·苏达山。问题在于从来没有人在实验中看到过一个快子。

快子的主要实验线索应当是对因果律的违反。费因伯格甚至建议物理学家们在接通一束激光之前对它进行检查。如果快子存在，那么或许来自激光束的光能在仪器被打开前测得。

在科幻故事中，快子常常被用于将信息送给过去的先知们。但如果有人细查物理定律就会发现，人们并不清楚这是否可行。比如，费因伯格相信发射一个在时间中前行的快子与吸收一个在时间中逆行的负能量快子完全相同（类似于关于反物质的情形），并因此没有违反因果律。

撇开科幻小说不谈，如今对于快子的现代诠释是，它们可能在大爆炸的瞬间就存在，违反了因果律，但它们现在不再存在了。事实上，它们可能已经在促使宇宙"爆炸"的过程中起到了不可或缺的作用。从这个意义上来说，快子对于一些大爆炸理论而言是必不可少的。

快子有一项怪异的性质。无论把它们引入哪个理论，它们都会使"真空"，即一个系统的最低能态失去稳定。如果一个系统中有快子，那么它处于一个假真空中，如此一来，这一系统便不稳定，并且会衰变为真真空。

想象一座在湖中挡住水的水坝。它象征"假真空"。尽管水坝似乎非常稳固，但是存在一个低于水坝的能量状态。如果水坝上出现一道裂痕，那么整个系统就随着水流向海平面而获得真真空。

以同样的方式，大爆炸前的宇宙也被认为是从假真空之中开始的，那里存在着快子。而快子的存在意味着这并不是最低能态，因此整个系统也并不稳定。一个裂口出现在时空的结构上，代表着真真空。随着裂缝的增大，一个泡出现了。在泡外，快子仍旧存在，但在泡内，快子全部消失了。随着泡的膨胀，我们发现了我们所知的宇宙，其中没有快子存在。这就是大爆炸。

宇宙学家非常认真地看待一项理论：一个被称为"暴胀"的快子开始了暴胀的最初进程。正如我们先前提到的，暴胀宇宙论陈述，宇宙最初是一个微型时空泡，经历过一场增压暴胀时期。物理学家们相信，宇宙最初始于假真空状态，暴胀场是一个快子。但是，快子的存在打破了真空的稳定，微小的气泡产生了。在其中一个气泡内部，暴胀场开始了真真空状态。这个泡开始迅速膨胀，直到它成为我们的宇宙。在我们的气泡宇宙中，暴胀已经消失，因此在我们的宇宙中再也探测不到它。因此，快子标志着一种古怪的量子状态，在这种状态中，物体移动得比光速更快，甚至可能违反因果律。但是，它们在很久以前就消失了，并且可能早于宇宙本身的诞生。

这一切听起来都像在吃饱了饭没事干的情况下做出的无法验证的推断。但是假真空理论将接受其首次实验测试，在 2008 年大型强子对撞机在瑞士日内瓦郊外投入运行之后，大型强子对撞机的关键目的之一将是找到"希格斯玻色子"，这是标准模型中最后一个尚未被发现的粒子，是拼图玩具的最后一片。（希格斯粒子非常重要，但非常难以捕捉，诺贝尔奖得主利昂·莱德曼因此称之为"上帝粒子"。)

　物理学家认为，希格斯玻色子最初由快子变化而来。在假真空中，亚原子粒子全都没有任何质量。但是它的存在使真空不稳定，然后，宇宙就转变为一个新的真空。在这个新的真空中，希格斯玻色子变成了一种普通的粒子，亚原子粒子开始具有我们如今在实验室里进行测量的质量。如此，希格斯玻色子的发现将不仅完成标准模型最后的遗失篇章，还会证明快子状态曾经存在过，只不过它变成了一种普通粒子。

　总而言之，预知被牛顿物理学排除。因与果的铁则不可违背。在量子理论中，新的物质状态是可能的，比如反物质，它等同于在时间中逆行的物质，但是因果律没有被违反。事实上，在量子理论中，反物质对于因果律的修复是必须的。快子乍一看似乎有违因果律，但物理学家相信它们真正的意图是宇宙大爆炸，并且它们因此再也无法被观察到。

　因此，预言似乎可以被排除了，至少在可以预见的未来中是这样，这使其成为一项三等不可思议。如果预言的确能在可重复的实验中被证明，那么它将严重动摇现代物理学的根本。

后记
不可思议的事物的未来

没有什么比这更加盛大或疯狂了，数以百万计的技术群体趋之若鹜，只要它在物理上具有可实现性。

——弗里曼·戴森

命运并非机缘巧合，而是出于选择。人类不应等待命运，而应去成就它。

——威廉·詹宁斯·布赖恩

　　有什么真相是我们永远无法捕捉到的吗？有什么认知领域，即使是现今的文明也无法进入的吗？在前文已经分析的所有科技中，只有永动机和预言被归入了三等不可思议的范畴。还有什么别的科技是同样不可实现的吗？

　　数学已经能提供足够的理论依据，证明有些事物的确是不可能实现的。举个简单的例子，只用圆规和尺，我们无法将一个角分成三等份——这早在 1837 年就已被证实。

　　即便是在像计算这样简单的体系里也存在不可能性。正如我之前提到的那样，在计算的基本假设前提下，不是所有真命题都能得到证明。计算中始终有一些真命题，只有当你运用一个更宽泛的、把计算学当作子集包含在内的体系时，才能得以证明。

尽管数学中有些事物是不能实现的，但在物理学范畴中，声称某事物完全无法实现却是危险的。我不妨提醒你重温诺贝尔奖得主阿尔伯特·A.迈克耳孙 1894 年在芝加哥大学瑞尔森物理实验室的致辞："物理学中非常重要的基本定律和事实都已被发现，并且现在我们都坚定地相信，由于新的发现而导致它们被取而代之的可能性微乎其微……我们未来的发现必须在小数点后第六位寻觅。"

他的这番讲话，发表于科学史上某些剧变——1900 年的量子革命以及 1905 年的相对论革命——发生的前夜。关键是，今天看来不可能的事物，违反了已知的物理学定律；但我们知道，物理学的定律是可能改变的。

1825 年，伟大的法国哲学家奥古斯特·孔德在其所著的《实证哲学教程》一书中宣称，科学无法测定星体的构成成分。在当时看来，这个言论似乎很安全，因为那时没有人了解任何关于星体性质的信息。它们太遥远，当时的人们无法前去探访。然而，就在他发表此声明的短短几年后，物理学家（利用光谱学）宣布，太阳是由氢组成的。实际上，现在我们知道，通过分析星体在几十亿年前发射出的光谱线，人类是可以测定宇宙中大多数星体的化学成分的。

孔德列出一长串其他"不可能的事"，向科学界提出了挑战：

- 他声称"人体的根本结构是我们永远无法知道的"。换言之，人类无法了解物质的真实属性。

- 他认为永远无法用数学来解释生物学和化学的问题。他声称，不可能让这些科学问题沦为数学问题。

- 他认为对天体的研究不可能对人类事务有任何影响力。

19 世纪，提出这些"不可能的事"是合情合理的，因为那时的人们对基础科学知之甚少。几乎没有任何关于物质和生命的秘密为人们所知悉。然而今天我们掌握了原子论，这为科学探究物质的结构开辟了崭新天地。我们了解 DNA 和量子理论，它们揭开了生命化学的秘密。我们还了解了宇宙空间的陨石撞击，这一活动不仅影响地球上的生命进程，同时也是塑造地球生命体的助因。

天文学家约翰·巴罗指出："历史学家仍在争论一种说法，即孔德的观点从某种程度上造成了之后法国科学的没落。"

反对孔德言论的数学家戴维·希尔伯特写道："我想，孔德找不到一个无法解决的难题的真正原因在于，这些难题都是可解的。"

但今天的科学家们又提出了一系列新的不可能性：我们永远不会知道在大爆炸前发生过什么（或者为什么会发生大爆炸）；我们永远无法得出"万有理论"。

物理学家约翰·惠勒这样评论第一个"不可能的"问题："200年前，你可以问任何人：'有朝一日，我们能够了解生命是怎样形成的吗?'而他会对你说:'荒唐！怎么可能！'我对'我们今后会了解宇宙是怎么形成的吗?'这一问题有同样的感觉。"

天文学家约翰·巴罗还说:"光速是有限的，因此，我们对宇宙结构的了解也是有限的。我们无法知晓它是有限的还是无限的，是否有一个起源或是否有一个终结，物理的结构是否在任何地方都相同，宇宙究竟是有序的还是混乱的……所有这些关于宇宙本质的大问题——从它的起源到终结——看起来都是无法解答的。"

巴罗坚定地认为我们永远无法了解宇宙的本质，这一点是正确的。但我们有可能逐渐解决这些有待解决的问题，并离最终答案无限接近。我们不应把这些"不可能"看作人类知识的绝对界限，而是应该把它们视为下一代科学家面临的挑战。这些界限就像馅饼皮，生来就是为了被打破。

探索大爆炸前时期

在对大爆炸的研究中，科学家们正在开发新一代探测器，以解决其中的一些难题。当今我们在太空使用的辐射探测器只能测量大爆炸 30 万年后——此时形成了第一批原子——所放射出的微波辐射。利用这种微波辐射，我们无法探测到大爆炸后 30 万年内的情形，因为大爆炸形成的最初那个火球发出的辐射温度极高，且极其混乱，难以产生有用的信息。

但如果我们分析其他类型的辐射，也许就可以离大爆炸发生的时间更近一些。例如，追踪微中子能够带我们更接近大爆炸的瞬间（微中子行踪非常诡异，它们能够穿过由固体铅构成的整个太阳系）。微中子辐射能将我们带到大爆炸发生后仅几秒的时间里。

但是，要想揭开大爆炸之谜，也许需要研究"引力波"——沿着时空结构移动的一种波。正如芝加哥大学的物理学家洛奇·科尔布所言："通过测量微中子背景的属性，我们可以追溯大爆炸发生后一秒时的情形，而从膨胀区放射出的引力波则是发生大爆炸 10^{-35} 秒后宇宙的遗骸。"

1916 年，爱因斯坦首先预言了引力波的存在。引力波最终或许会成为探究天文学的最重要工具。历史上对每一种新型辐射的利用，都为天文学开启了一个新纪元。第一种类型的辐射是可见光，伽利略用它来探测太阳系。第二种类型的辐射是声波，它最终使我们能够深入银河系的中心，发现黑洞。引力波或许能够揭开物种起源的神秘面纱。

从某种程度上来说，引力波的存在有其必然性。为了理解这一说法，不妨想想一个老掉牙的问题：如果太阳突然消失，那么会发生什么？根据牛顿的说法，我们会即刻感觉到它产生的影响。地球会在瞬间被甩出原本的运转轨道，进入一片黑暗。这是因为牛顿的引力定律没有考虑速率，因此力瞬间在整个宇宙中起作用。但根据爱因斯坦的理论，没有什么物体的运动速度会比光速快，太阳消失的信息需要 8 分钟才会到达地球。换句话说，太阳的引力会产生一股球状"冲击波"，最后冲击地球。在这股引力波范围之外的区域，一切就好像太阳依然照耀着一样，因为太阳消失的信息尚未抵达地球。而在这股引力波范围之内的区域，随着引力波产生的冲击波以光速不断膨胀前行，太阳已经消失了。

另一个理解为什么引力波必然存在的方法是想象一张大床单。根据爱因斯坦的说法，时空如同织物，能够弯曲或伸展，就像一张被弄皱的床单。如果我们抓着一张床单快速抖动，就会看到床单表面泛起波纹，并以一定的速度运动。同样，引力波也可以被视为沿着时空的织物运动的波纹。

引力波是当今物理学界最热门、研究进展最快的话题之一。2003年，第一套大规模引力波探测仪投入运行——被称为 LIGO（激光干涉引力波天文台）。该设施长 2.5 英里，一台设备位于华盛顿州的汉福德，另一台位于路易斯安那州的利文斯顿县。人们期望耗资 3.65 亿美元的 LIGO 能够探测到对撞的中子星和黑洞产生的辐射。

另一重大进展是 LISA（激光干涉空间天线）[①]，用以分析从大爆炸发生瞬间开始太空的重力辐射。组成 LISA——NASA 和欧洲航天局合作的项目——的三颗卫星会被送入环日轨道。这些卫星可以探测到大爆炸发生一万亿分之一秒后放射出的引力波。如果大爆炸

---

① LISA 计划已于 2011 年被正式取消。——编者注

放射出的仍在宇宙中环行的引力波撞击到其中一颗卫星，激光束就会被扰乱，而科学家可以精确测量这一干扰，从而为我们绘出宇宙形成时的"雏形图"。

LISA 由三颗围绕太阳排成三角状的卫星组成，它们彼此之间由 300 万英里长的激光射线联系起来，是世界上最大的科学仪器。这个由三颗卫星组成的系统将在距离地球 3 000 万英里的地方绕日运动。

每颗卫星都会发射出仅半瓦功率的激光射线。通过比较从其他两颗卫星上发出的射线，每颗卫星都能建立一个光干扰图。如果有引力波干扰激光射线，该干扰图就会被改变，这样，卫星就可以探测出这一干扰了。（引力波不会让卫星震动。事实上它会让三颗卫星之间的空间产生弯曲。）

尽管激光射线非常微弱，它们的精确度却不容小觑。它们能够探测到 $1/10^{21}$ 幅度的震动，相当于一个原子大小的 1/100。每一条激光射线都能够探测到 90 亿光年之外的引力波，而这覆盖了大部分可见宇宙。

LISA 的灵敏度使得它有潜力区分几种不同的"大爆炸前"场景。当今理论物理界最热门的话题之一是估测大爆炸前宇宙的特点。目前，膨胀理论可以很好地描述大爆炸发生后宇宙的演变。但膨胀理论无法解释大爆炸发生的动因。科学家的目标是利用这些推测出的大爆炸前时期的模型，来测算大爆炸放射出的引力波。每一种大爆炸前理论都做了不同的预测。例如，根据"大碰撞"理论预测的大爆炸辐射，就与某些膨胀理论所预测出的辐射不同。因此，LISA或许能够排除其中的一些理论。显然，这些大爆炸前模型无法直接被验证，因为这需要我们了解时间产生前宇宙的状态；但我们可以间接地验证它们，因为每一种理论都预测了一个不同的大爆炸后辐射谱系。

物理学家基普·索恩写道："2008—2030 年间的某个时候，大爆炸奇点产生的引力波将会被发现。接着是一个至少持续到 2050 年的时代……这些成果将会揭示大爆炸奇点的一些重要细节，并因此能够证实弦理论的某个版本是正确的重力量子理论。"

如果 LISA 不能区分不同的大爆炸前理论，那么它的下一代——BBO（大爆炸探测者）或许可以。它初步定于 2025 年发射。BBO可以扫描整个宇宙中所有双星系统，包括质量小于太阳质量的 1 000 倍的中子星和黑洞。但它的主要任务是分析大爆炸膨胀阶段放射出的引力波。从这种意义上说，BBO 是专为探究膨胀大爆炸理论的预言而设计的。

BBO 在设计上和 LISA 有一定的相似性。它也由三颗共同环日飞行的卫星组成，每颗卫星之间相距 5 万公里（这比 LISA 中的卫星距离近得多）。每颗卫星将能够发射出 300 瓦激光射线。BBO 可以探测出频率位于 LIGO 和 LISA 能够探测出的引力波之间的引力波，这填补了一个重要的空白。（LISA 能够探测出 10~3 000 赫兹的引力波，而 LIGO 则能探测出 10 微赫到 10 毫赫之间的引力波。BBO 能够探测出涵盖以上两个范围频率的引力波。）

"到 2040 年，我们将能利用那些（量子引力）定律来为那些深奥难解的问题找到较为确定的答案，"索恩写道，"包括……在大爆炸奇点之前发生过什么，是否有'之前'这个状态？还有其他的宇宙吗？如果有，它们和我们的宇宙之间有怎样的联系和关系？……物理学定律是否允许高度发达的文明社会创造或维持虫洞以实现星际旅行，或者发明时间机器让时光倒流？"

关键是，在接下来的几十年里，将有足够多从空间引力波探测器传来的资料涌入，来区分各种大爆炸前理论。

宇宙的终结

诗人 T.S. 艾略特问道："宇宙会在一声巨响或低咽中消亡吗？"罗伯特·弗罗斯特问道："我们都将消失在火焰或寒冰中吗？"最新的证据指出，宇宙将在一次大冻结中消亡，此时的温度将接近绝对零度，一切智慧生命都将灭绝。但我们对此确定吗？

有人提出了另一个"不可能的"问题。他们问，既然这是个亿万年之后的事件，那么我们如何能够知道宇宙的最终命运？科学家相信"暗能量"或真空能量似乎在以前所未有的速度使星系分崩离析，这表明宇宙似乎处在失控状态。这种膨胀会降低宇宙温度，最终导致大冻结。但这种膨胀是一时的吗？未来它会自行逆转吗？

例如，在两层膜相撞并创造了宇宙的"大冲撞"情景中，似乎这些薄膜会周期性地碰撞。如果真是这样，那么看似会导致大冻结的膨胀就仅仅是一个临时性状态，终将自行修正过来。

目前促使宇宙加速的是暗能量，而它反过来可能正是由"宇宙常数"造成的。因此，关键在于了解这个神秘的常数，或者说真空能量。这一常数是否会随着时间变化？它真的是个常数吗？现在没人能肯定什么。我们通过目前正在环绕地球飞行的威尔金森微波各向异性探测器卫星可知，这一宇宙常数似乎正在促使当前的宇宙加速，但我们不知道这是一时的还是永远的。

事实上，这是个古老的难题，可追溯到 1916 年爱因斯坦首次引入宇宙常数的概念。在 1915 年提出广义相对论后不久，他根据自己的理论推算出了宇宙蕴含式。令他惊讶的是，他发现宇宙是动态的，非扩张即收缩。但这一想法似乎又与那些数据相矛盾。

爱因斯坦碰到了本特利悖论，这一悖论甚至让牛顿也倍感苦恼。早在 1692 年，牧师理查德·本特利写了一封言语坦率的信给牛顿，但这封信对于牛顿的理论来说是毁灭性的。本特利问，如果牛顿所说的万有引力总是具有吸引力的，那么宇宙为什么还没有崩溃呢？如果宇宙是由一系列有限的、相互吸引的星体组成的，那么这些星体应该不断聚合，而宇宙则会变成一个大火球，从而毁灭！牛顿被这封信深深地困扰，因为它指出了其引力定律中的一个主要漏洞：任何关于万有引力具有吸引性的理论其自身都是不稳定的。在万有引力的作用下，任何有限的星体集合都必然会毁灭。

牛顿回信道，创造一个稳定的宇宙的唯一方法是拥有一个无限且完全均匀的恒星集合，每颗恒星都均匀地被各个方向的力量拉扯，因此所有的力都将抵消。这是个聪明的解决方法，但牛顿也聪明地意识到，这种稳定是自欺欺人的。如同一堆纸牌，即使是最轻微的震动也能让整副牌倒下。这是"亚稳定状态"，即它暂时保持稳定，直到一阵最轻微的震动导致它崩溃。牛顿总结道，上帝有必要定期微微移动这些星体，以保证宇宙不会崩溃。

当1916年爱因斯坦被本特利悖论困扰时，他的方程却正确地告诉他：宇宙是动态的——非扩张即收缩；而一个静态的宇宙是不稳定的，会在万有引力作用下崩溃。但当时的天文学家坚持认为宇宙是静态且恒久不变的。因此，屈服于天文学家观测结果的爱因斯坦又引入了宇宙常数——一种将星体推离彼此的反重力——以平衡会导致宇宙崩溃的重力聚合作用。（这种反重力对应于真空能量。在该情况下，即使是广袤的真空空间也蕴含着大量无形的能量。）为了抵消重力的吸引作用，这个常数必须非常精确。

不久后的1929年，当埃德温·哈勃证明宇宙实际上是在扩张时，爱因斯坦也许会说宇宙常数是他"最大的错误"。然而，直到70年后的今天，爱因斯坦的"错误"——宇宙常数，实际上可能是宇宙中最大的能量来源——构成了宇宙中物质能量的73%。（相反，组成人体的高阶元素却只占 0.03%。）爱因斯坦的错误很有可能决定着宇宙的终极命运。

但宇宙常数是从哪儿来的呢？目前无人知晓。在时间产生之初，反重力也许大到足以使宇宙膨胀，并因此导致大爆炸。接着，由于某种未知的原因，这一力量突然消失了。（这一时期内的宇宙仍在扩张，但速度减缓了。）之后，大约在大爆炸发生 80 亿年后，这种反重力再次出现，星系被推散，导致宇宙再一次加速。

那么，是不是"不可能"确定宇宙的终极命运了呢？也许并非如此。大多数物理学家都相信，量子作用最终决定宇宙常数的大小。一项使用了量子理论初始版本的计算表明，宇宙常数相差 10^{120} 倍。这是科学史上最大的误差。

但在物理学家之间也有一个共识，那就是，这一异常误差表明我们需要一个关于量子引力的理论。由于宇宙常数通过量子修正产生，所以有必要找到一种万有理论——该理论不仅能让我们计算出标准模型，还能算出即将决定宇宙最终命运的宇宙常数之值。

因此，要确定宇宙的终极命运，就有必要找到一种万有理论。但讽刺的是，一些物理学家认为，寻获一种万有理论是不可能的。

万有理论

我之前就已提到，弦理论是"万有理论"最有力的竞争者，但也有反对方质疑弦理论是否够资格。另一方面，有一些人，如麻省理工学院教授马克斯·泰格马克，写道："2056 年，我想你能买到印着描述宇宙统一物理定律的方程的 T 恤。"另一方面，一派新兴的批评家坚定地宣称，弦理论还没有成为主流。有人说，无论产生多少与弦理论有关的惊人文章或电视纪录片，该理论都无法提供一个经得起推敲的事实。批评家说，它不是万有理论，而是乌有理论。2002 年，当斯蒂芬·霍金改变立场，引用"不完全性定理"并声称万有理论甚至在数学上都可能行不通时，物理学界的争论进入了白热化。

这一争论使得物理学家之间针锋相对，因为目标是那么的高高在上，令人难以捉摸。对统一自然界一切法则的渴望，几千年来一直引诱着哲学家和物理学家。苏格拉底本人曾说过："对我来说，知悉万事万物的定义、它们的来由、它们消亡及存在的原因，是一件至高无上的事情。"

人类远在公元前 500 年就第一次正式提出万有理论，希腊毕达哥拉斯学派被授权破解音乐中的数学定律。通过分析七弦琴琴弦的节点和振动，他们得出结论：音乐遵守十分简单的数学规律。接着他们推测，自然界万物都可以通过七弦琴琴弦的协奏得到阐释。（从某种意义上说，弦理论唤起了人们对毕达哥拉斯学派的记忆。）

发展至今，几乎 20 世纪所有的大物理学家都在试图寻找一个统一的理论。但正如弗里曼·戴森告诫大家的那样："物理学的园地上已经铺满大一统理论的尸体。"

1928 年，《纽约时报》上出现了一则极具轰动性的标题："爱因斯坦即将做出重大发现，请勿打扰"。这则新闻让媒体对万有理论达到了近乎狂热追捧的状态。有标题叫嚷道："爱因斯坦为人们对于理论的狂热所震惊。整整一星期牵动着 100 名记者的关注。"许多记者云集在他位于柏林的家附近，日夜不停地守候着，希望能看见这位天才，写出新闻。爱因斯坦不得不隐居起来。

天文学家亚瑟·爱丁顿写信给爱因斯坦："也许你听来会觉得好笑，我们伦敦最大的百货公司之一塞尔福里奇，已将您的论文贴在橱窗上（6 页论文一页页地贴好），这样，过往行人就可以阅读到全文了。一大群人围在一起争相阅读。"（1923 年，爱丁顿提出了自己的统一场论，之后一直致力于对该理论的研究，直到 1944 年去世。）

1946 年，量子力学的奠基人之一薛定谔召开了一场记者发布会，宣布他的统一场论，连爱尔兰总理埃蒙·德·瓦莱拉也出席了这场发布会。当一名记者问薛定谔，如果他的理论是错误的，那么他要怎么办时，薛定谔回答道："我相信我是正确的。如果我错了，那么我看上去会像个大傻瓜。"（当爱因斯坦礼貌地指出薛定谔的理论中的谬误时，薛定谔十分丢脸。）

在所有批评者中，对统一论抨击得最严厉的是物理学家沃尔夫冈·泡利。他斥责爱因斯坦："上帝撕裂的事物，没有人应该将它们合在一起。"他无情地讽刺和打压那些未完成的理论："它连错误都算不上。"因此，当极度愤世嫉俗的泡利本人也不可避免地"落入俗套"时，人们觉得这是相当具有讽刺意味的。20 世纪 50 年代，他和沃纳·海森堡共同提出了他们自己的统一场论。

1958 年，泡利在哥伦比亚大学提出了海森堡 - 泡利统一论。尼尔斯·玻尔也在场，但并未被打动。玻尔站起来说："我们听众都相信您的理论是疯狂的。但让我们有分歧的是，您的理论是否足够疯狂。"一时间评论四起。由于所有已提出的理论都被思考并否定了，所以真正的统一场论必须和过去的理论截然不同。海森堡 - 泡利理论仅仅是太守旧太平常了，缺乏真理所需要的那种疯狂。（那一年，海森堡在一次广播中解说道，他们的理论只是少了几个技术细节。闻言，泡利很不高兴。他给海森堡写了封信，里面画了一个空白的矩形，题注："这向世人证明，我能画得和提香一样好，只是缺了一些技术细节而已。"）

对弦理论的批评

当今主要（且唯一）有可能成为万有理论的是弦理论。但反驳的声音相伴而来。反对者称，要想在顶级大学谋得终身职位，你就必须研究弦理论。如果不这样，你就会被解雇。这是当时的一阵狂热，无益于物理学的发展。

听到这一评论时我笑了，因为物理学和人类其他一切活动一样，会受到潮流的影响。伟大理论——尤其是处在人类知识尖端的理论——的命运，是起伏不定的。事实上，数年前形势就已经变了，弦理论是被历史遗弃的理论，早已过时，是从众效应的牺牲品。

弦理论诞生于 1968 年，两名年轻的博士后加布里埃尔·韦内齐亚诺和铃木真彦无意中发现一个公式，该公式似乎可以描述亚原子粒子的碰撞。很快，人们又发现这一伟大的公式可从振动弦的碰撞中得出。但该理论到 1974 年就逐渐销声匿迹了。一个新的理论——量子色动力学（QCD），或称夸克和强相互作用理论——横空出世，使其他一切理论黯然失色。大队人马放弃了弦理论转而研究 QCD。所有的资金、工作机会和名誉都流向了那些研究夸克模型的物理学家。

我还清晰地记得那些黑暗的年代。只有那些愚勇顽固的人坚持研究弦理论。而当人们发现这些弦只能在十个维度中震动时，这一理论成了天大的笑话。弦理论的先锋人物，加州理工学院的约翰·施瓦茨有时会在电梯里遇上理查德·费曼。诙谐的费曼就会问他："约翰，那么你今天进了几个维度？"我们曾经开玩笑说只有在失业的队伍中才能找到弦理论家。（诺贝尔奖得主、夸克模型的奠基人默里·盖尔曼曾经向我吐露心声，说他很同情那些弦理论家，所以在加州理工学院设立了一个"濒危弦理论家自然保护区"，如此一来，像约翰这样的人就不至于失业了。）

鉴于当今很多年轻物理学家争相研究弦理论，史蒂文·温伯格写道："弦理论为我们目前仅有的资源提供了一个最终理论——我们又怎么能认为，这最聪明的年轻理论家不该去研究它呢?"

弦理论无从验证?

当今对弦理论最主要的一种批评是，它无从验证。批评家称，只有使用银河系那么大的核粒子加速器才能验证该理论。

但该批评忽略了一个事实：大多数科学的研究方式都是间接而非直接的。从没有人去太阳上做直接考证，但我们通过分析它的光谱线知道它是由氢组成的。

或者以黑洞为例。黑洞理论创始于 1783 年，其时，约翰·米歇尔在《皇家学会哲学汇刊》上发表了一篇文章。他宣称，有些星体十分庞大，足以"让所有从该星体发出的光线在该星体本身的引力作用下返回"。米歇尔的暗星论黯淡了几个世纪，因为无法对其做直接的考证。1939 年，爱因斯坦甚至写了一篇论文，说明这类暗星是无法自然生成的。批评认为，这些暗星本质上是无从验证的，因为从定义上看，它们是不可见的。然而今天的哈勃太空望远镜已经为我们提供了关于黑洞的完美证据。现在我们相信，星系中潜藏着亿万个黑洞，而在我们的银河系中也游走着几十个黑洞。但关键是，黑洞存在的证据都是间接获得的，也就是说，我们是通过分析环绕在这些黑洞周围的吸收盘来收集关于黑洞的信息的。

此外，很多"无从验证"的理论最终都变得可证实了。在德谟克里特首次提出原子论后，人类用了 2 000 年的时间证明了原子的存在。19 世纪的物理学家（如路德维希·玻耳兹曼）就因为相信该理论而被逼死，然而今天，我们有华丽壮观的原子照片。泡利本人于 1930 年提出了微中子的概念，它的行踪十分诡异，能够穿过由固体铅构成的整个星系那么大的物质而不被吸收。泡利说："我犯了本质上的错误；我提出了一种根本无法观察到的粒子。"探测微中子是"不可能"的，所以好几十年来它一直被当作科学幻想。然而今天，我们能够制造出微中子束。

事实上，物理学家们希望，有不少实验都将对弦理论做出第一次间接验证：

- 大型强子对撞机也许足够有力产生"超粒子"——超弦理论（类似于其他超对称理论）预测出的高层次颤动。
- 如我在上文中提到的，LISA 和它的后继者也许足够灵敏，能够验证出几种"大爆炸前"理论，包括弦理论的不同版本。
- 许多实验室都在通过分析毫米水平上牛顿著名的平方反比定律的偏差来探究高维度的存在。（如果有第四维空间，那么重力就应该遵守立方反比律而非平方反比律。）弦理论的最新版本（M-理论）预测有十一个维度。

- 许多实验室都在尝试探测暗物质，因为地球运行在宇宙暗物质流中。弦理论对暗物质的物理属性做出了详细可靠的预测，因为暗物质可能是弦的一种高层次颤动（如光微子）。

- 科学家还希望有一系列其他的实验（如在南极研究微中子的极化）通过分析宇宙射线——其能量远远超过大型强子对撞机的能量——的异常，探测出微型黑洞及其他异类物质的存在。宇宙射线实验和大型强子对撞机将在标准模型之外，开辟出一片崭新的、令人振奋的研究领域。

- 也有一些物理学家相信，大爆炸的爆发性非常强烈，所以也许会有微小的超弦膨胀到很大。如，塔夫茨大学的物理学家亚历山大·维连金写道："一种非常令人振奋的可能性是超弦……也许拥有宇宙维度……那么我们就可以在天空中观测到它们并直接验证超弦理论。"（找到一个在大爆炸时被膨胀放大的巨型超弦遗骸的可能性微乎其微。）

物理学是不完整的吗？

1980 年，斯蒂芬·霍金发表题为"理论物理的终结来临了吗？"的演讲，激发了人们对万有理论的兴趣。他在该演讲中说道："在在座某些人的有生之年，我们或许能看到一个完整的理论。"他声称，在未来的 20 年，有 50% 的可能找到一个终极理论。但当 2000

年到来之时，学界并没有达成对万有理论的共识，于是霍金改变了主意，又称下一个 20 年里会有 50% 的概率发现万有理论。

到了 2002 年，霍金再次改变主意，宣称哥德尔的不完全性定理可能指出了他最初的思维方式的一个致命错误。他写道："如果没有一个用有限的原理来表述的终极理论，那么有些人将会感到非常失望。我曾经也属于这群人，但现在我已经改变了想法……哥德尔的定理表明，数学家们永远有做不完的事。我想，M–理论对于物理学家来说具有同样的意义。"

他的说法并不新鲜：既然数学是不完全的，而物理的语言又是数学，那么永远存在我们无法了解的物理理论，因而万有理论是不可能的。由于不完全性定理扼杀了希腊人试图证明一切数学真命题的梦想，因此它也会使万有理论永远可望而不可即。

弗里曼·戴森非常雄辩地写道："哥德尔证明了纯数学的世界是无尽的；没有固定的公理集或推论法则能够涵盖整个数学……我希望类似的情况也存在于物理界。如果我对未来的看法是正确的，就意味着物理和天文的世界也是无尽的；无论我们能探究到多么遥远的将来，仍会有新事物出现，会有新信息来到，会有新世界等着我们去探索，那里是生命、意识和记忆无尽扩张的疆土。"

天体物理学家约翰·巴罗这样总结这一逻辑："科学是以数学为基础的；数学无法探究出全部真理，所以科学也不能。"

这样的论断可能正确，也可能不正确，但存在潜在的缺陷。大多数职业数学家在工作时无视不完全性定理，这是因为该定理是以分析与自身相关的命题为起点的，也就是说，它们是自我指涉的。例如，下面的命题就是自相矛盾的：

这句话是错的。

我是个说谎者。

这个命题无法被证明。

第一个命题中，如果这个陈述为真，就表示"这句话是错的"。而若这句话为假，那么这个命题又为真。同样地，如果我在说真话，就表示"我在说谎"；而如果我在说谎，那么这句话则为真。最后一句话中，如果这个命题为真，它就无法被证明为真命题。

（第二个命题即著名的说谎者悖论。克里特岛哲学家埃庇米尼得斯曾用这样一句话阐释这个悖论："所有克里特岛人都是说谎者。"但圣保罗完全没有抓住这句话的重点，他在给提图斯的信中写道："克里特岛上有一个先知说过，'所有克里特岛人都是骗子、邪恶残忍之徒、懒惰的贪食者'。他的确说出了事实啊。"）

不完全性定理建立在诸如"该命题无法用算术原理证明"这样的命题基础上，并给这些自我指涉的矛盾命题编织了一张复杂的网。

然而，霍金运用不完全性定理证明不存在一个万有理论。他声称哥德尔不完全性定理的关键在于，数学是自我指涉的，物理学也有着同样的毛病。观测者无法同观测进程分离开来，这就意味着物理学永远会指向自身，因为我们不可能脱离宇宙。在最终的分析中，观测者亦是由原子和分子组成的，因此必然是其正在进行的实验的一部分。

但也有一个方法可以避免霍金的这个论断。为了避免哥德尔定理中的内在矛盾，今天的很多职业数学家都简单地声称，他们的研究排除了所有自我指涉的命题。这样他们就可以绕开不完全性定理。从很大程度上说，哥德尔之后数学之所以迅速发展，仅仅是因为这些数学家不去理会不完全性定理，即假定他们的研究不提出任何自我指涉的命题。

同样，构建一个能够解释所有已知的、脱离了观测者/观测对象二分法的实验的万有理论，或许也是可能的。如果这样一个万有理论能够解释从大爆炸起源到环绕我们的可见宇宙中的所有事物，那么我们如何描述观测者和观测对象之间的关系就变得很有学术性。事实上，万有理论的一个标准应为：它的结论完全不取决于我们如何划分观测者和观测对象之间的界限。

此外，自然或许是无穷无尽的，即使它的法则屈指可数。想想国际象棋。让一个从别的星球来的人仅仅通过观看比赛指出象棋的规则，不一会儿，他就可以告诉你，兵卒、主教和国王分别是怎么走的。比赛的规则是有限而简单的，但可能出现的棋局种类却是天文数字。同样，自然的法则也可能是有限而简单的，对这些法则的应用却是无尽的。我们的目标是找到物理学的法则。

从某种程度上说，我们已经有了一个关于大多数现象的完备理论。还没有人从麦克斯韦的光学方程中看出缺陷。标准模型常被称为"准万有理论"。现在假设我们可以脱离引力，那么标准模型就成为解释除引力之外其他一切现象的完美理论。理论本身看上去或许不太漂亮，但的确可行。即使有不完全性定理，我们也可以拥有一个非常合理的万有理论（除了引力）。

对我来说，只用一张白纸就能写下统治所有已知物理现象（包括 43 个数量级，从 100 多亿光年开外的遥远宇宙到夸克和微中子的微观世界的定律）是一件令人惊叹的事。在这张白纸上只会有两个方程式：爱因斯坦的引力定律和标准模型。我认为它们揭示了自然界本质上的简单与和谐。宇宙或许曾经是反常、混乱而变化无常的，但现在呈现在我们面前的是完整、和谐与美丽的。

诺贝尔奖得主史蒂文·温伯格将我们对万有理论的追寻比作科学家对北极的寻找。几个世纪以来，从古代航海家开始，人们就一直使用着没有北极的地图。所有的指南针和航海图都奔着这块地图上缺失的部分而去，但没有人真的造访过那里。同样，我们所有的数据和理论都是为了寻获万有理论。这是我们缺失的一个方程式。

总有一些事物是我们无法掌握的，亦无法探究（如电子的精确位置，或者光速之外的世界）。但我相信，基本的定律是可知的、有限的。而未来几年的物理学界也将是最振奋人心的，因为我们使用了新一代粒子加速器、空间引力波探测仪以及其他技术来探索宇宙。我们并没有走到终点，而是站在一个新物理学的起点。但无论我们发现了什么，前方都有新的地平线等着我们跨越。

致谢

本书的素材涉及许多领域和学科，以及许多杰出科学家的研究成果。我要感谢以下每个人，他们慷慨地付出了大量时间参与冗长的访谈、咨询以及有趣、富有启示的谈话：

利昂·莱德曼，诺贝尔奖得主，伊利诺伊理工学院

默里·盖尔曼，诺贝尔奖得主，圣菲研究所、加州理工学院

已故的亨利·肯德尔，诺贝尔奖得主，麻省理工学院

史蒂文·温伯格，诺贝尔奖得主，得克萨斯大学奥斯汀分校

戴维·格罗斯，诺贝尔奖得主，卡弗里理论物理研究所

弗兰克·维尔泽克，诺贝尔奖得主，麻省理工学院

约瑟夫·罗特布拉特，诺贝尔奖得主，圣巴塞洛缪医院

沃尔特·吉尔伯特，诺贝尔奖得主，哈佛大学

杰拉德·埃德曼，诺贝尔奖得主，斯克利普斯研究所

彼得·多尔蒂，诺贝尔奖得主，圣裘德儿童研究医院

贾雷德·戴蒙德，普利策奖得主，加州大学洛杉矶分校

斯坦·李，漫威漫画和蜘蛛侠的缔造者

布赖恩·格林，哥伦比亚大学，《优雅的宇宙》作者

丽莎·兰德尔，哈佛大学，《弯曲的旅行》作者

劳伦斯·克劳斯，凯斯西储大学，《〈星际迷航〉里的物理学》作者

理查德·高特，普林斯顿大学，《在爱因斯坦的时空里旅行》作者

阿兰·古斯，物理学家，麻省理工学院，《暴胀宇宙》(*The Inflationary Universe*) 作者

约翰·巴罗，物理学家，剑桥大学，《不论》作者

保罗·戴维斯，物理学家，《超力》(*Superforce*) 作者

伦纳德·萨斯坎德，物理学家，斯坦福大学

约瑟夫·吕克，物理学家，费米实验室

马文·明斯基，麻省理工学院，《心智社会》作者

雷·库兹韦尔，发明家，《灵魂机器的时代》作者

罗德尼·布鲁克斯，麻省理工学院人工智能实验室负责人

汉斯·莫拉维克，《机器人》作者

肯·克罗斯韦尔，天文学家，《宏伟的宇宙》(*Magnificent Universe*) 作者

唐·戈德史密斯，天文学家，《失控的宇宙》(*Runaway Universe*)

作者

尼尔·德·格拉斯·泰森，海顿天象馆负责人，纽约城市大学

罗伯特·科什那，天文学家，哈佛大学

富尔维亚·梅利亚，天文学家，亚利桑那大学

马丁·里斯爵士，剑桥大学，《开始之前》(*Before the Beginning*)
作者

迈克尔·布朗，天文学家，加州理工学院

保罗·吉尔斯特，《半人马座之梦》(*Centauri Dreams*)作者

迈克尔·莱蒙尼克，《时代周刊》高级科学编辑

蒂莫西·费里斯，加利福尼亚大学，《银河系大定位》(*Coming of Age in the Milky Way*)作者

已故的泰德·泰勒，美国军方核弹头设计者

弗里曼·戴森，普林斯顿高等研究院

约翰·霍根，斯蒂文斯理工学院，《科学的终结》作者

已故的卡尔·萨根，康奈尔大学，《宇宙》作者

安·德鲁彦，卡尔·萨根的遗孀，宇宙工作室

彼得·施瓦茨，未来学家，全球商业网络创始人

阿尔文·托夫勒，未来学家，《第三次浪潮》作者

戴维·古斯丁，加州理工学院副教务长

赛斯·劳埃德，麻省理工学院，《宇宙的设计》(*Programming the Universe*)作者

弗雷德·沃森，天文学家，《星空凝视者》（*Star Gazer*）作者

西蒙·辛格，《大爆炸简史》作者

塞思·肖斯塔克，地外智慧生物搜寻研究所

乔治·约翰逊，《纽约时报》科学记者

杰弗里·霍夫曼，麻省理工学院，NASA 宇航员

汤姆·琼斯，NASA 宇航员

阿兰·莱特曼，麻省理工学院，《爱因斯坦的梦》作者

罗伯特·祖布林，火星协会创办人

唐娜·舍利，NASA 火星探测计划

约翰·派克，全球安全网

保罗·萨弗，未来学家，未来研究所

路易斯·弗里德曼，行星协会共同创办人

丹尼尔·沃茨黑默，SETI@home 计划，加利福尼亚大学伯克利分校

罗伯特·齐默尔曼，《离开地球》（*Leaving Earth*）作者

玛西亚·芭楚莎，《爱因斯坦尚未完成的交响乐》作者

迈克尔·H. 萨拉蒙，NASA 超越爱因斯坦计划

杰夫·安德森，美国空军军官学校，《望远镜》（*Telescope*）作者

我要感谢我的代理人斯图尔特·克里切夫斯基，他多年来一直在我身边，打理我所有的书。我还要感谢我的编辑罗杰·肖勒，他

以严谨的工作、准确的判断力和丰富的编辑经验，对我的许多作品进行了指导。我也要感谢我在纽约城市大学城市学院和纽约城市大学研究生中心的同事们，特别是 V.P. 奈尔和丹·格林伯格，他们慷慨地贡献了他们的时间与我进行讨论。